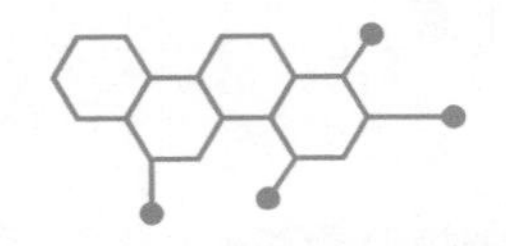

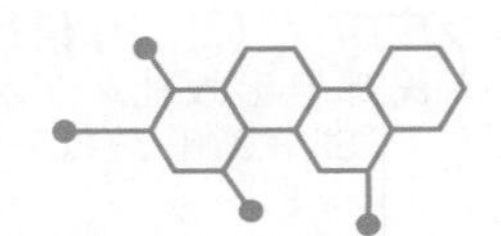

物理·化学大百科：

生活中无处不在的物理·化学及应用

[日] 泽信行 著 | 郭菲 王盛昊 译
崔特 张晶晶 审

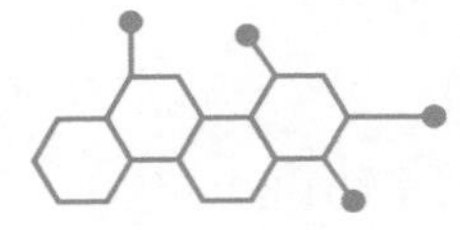

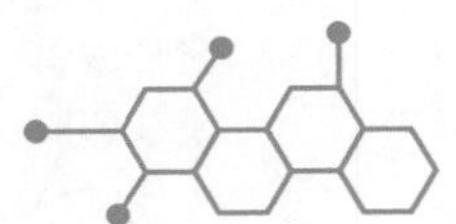

人 民 邮 电 出 版 社
北 京

图书在版编目（CIP）数据

物理·化学大百科 ：生活中无处不在的物理·化学及应用 /（日）泽信行著 ；郭菲，王盛昊译．-- 北京 ：人民邮电出版社，2024.1
ISBN 978-7-115-62396-6

Ⅰ．①物… Ⅱ．①泽… ②郭… ③王… Ⅲ．①物理学－普及读物②化学－普及读物 Ⅳ．①04-49②06-49

中国国家版本馆CIP数据核字(2023)第177372号

◆ 著　[日]泽信行
译　郭 菲　王盛昊
审　崔 特　张晶晶
责任编辑　周 璇
责任印制　马振武
◆ 人民邮电出版社出版发行　北京市丰台区成寿寺路 11 号
邮编　100164　电子邮件　315@ptpress.com.cn
网址　https://www.ptpress.com.cn
北京天宇星印刷厂印刷
◆ 开本：880×1230　1/32
印张：9.75　2024 年 1 月第 1 版
字数：264 千字　2024 年 12 月北京第 3 次印刷
著作权合同登记号　图字：01-2022-2379 号

定价：89.80 元

读者服务热线：(010)53913866　印装质量热线：(010)81055316
反盗版热线：(010)81055315
广告经营许可证：京东市监广登字 20170147 号

内容提要

本书细致、全面地介绍了生活及工作中常用的物理知识和化学知识。全书共7章，其中第1~4章是物理篇，系统讲解了力学、热力学、波、电磁学和量子力学；第5~7章是化学篇，详细介绍了理论化学、无机化学和有机化学。本书每一节分为3个板块：首先，标明参考星级，指导读者按需阅读；其后，列出知识点概述和公式、法则，用文字进行简单讲解并配以易于理解的趣味插图；最后，具体介绍这个物理知识或化学知识在实际生活及工作中的应用。

本书不仅可以帮助读者学习或巩固物理知识和化学知识，更能帮助读者了解物理知识和化学知识的各种应用场景。本书适合中学生、大学生及物理和化学爱好者阅读。

前言

我们生活的世界离不开物理与化学

许多人曾有过这样的疑问："我们为什么一定要学习并参加考试呢？"答案是：因为大部分人需要通过参加考试来升学。

要参加考试，就必须学习多门学科，其中不乏高难度的学科。尤其是物理和化学，是很多人心目中的"难度高""理解不透彻"的学科。回忆起学生时代，或许有不少人会感慨："上学时稀里糊涂没怎么学明白，但也就那么过去了。"

考试测试的是考生的思维能力，而物理试题和化学试题恰好最适合用来考查这种能力。

但事实上，在高考中设置物理和化学（或者说在高中学习物理和化学）这两大科目，主要是因为它们拥有较强的实用性。我们生活的世界离不开物理和化学的支撑。没有物理和化学领域的成就，就没有当下的便利生活。无论你能否注意到，物理和化学时时刻刻都在支撑着我们的生活。

对于需要运用物理知识、化学知识完成工作的人来说，以上观点是不言而喻的。因为他们每天都能体会到物理知识和化学知识的必要性。

不过，能抽出时间认真、系统地复习教科书内容的上班族毕竟是少数。现实情况是人们很难从终日繁忙的生活中抽出学习的时间。

鉴于这一情况，本书选择归纳物理和化学知识中的要点并进行讲解，且针对工作中必须了解的部分予以详尽的说明。比起使用教科书，阅读本书可以更高效地回顾在学校学过的物理知识、化学知识。

另外，本书细致地讲解了难度较高的知识，读者可以通过重新学习这些知识来深入理解学生时代没有充分掌握的内容。

本书的特点与阅读方法

什么是物理和化学？

本书的目的是引导读者**学习物理知识和化学知识并了解这些知识的应用**。

研究物理和化学这两个学科可以解开世界上很多谜题。物理和化学引领我们畅想浩瀚无垠的宇宙，也指引我们探索肉眼不可见的微小世界。**从微观到宏观，人类对未解之谜的探寻是永恒的**。

力学是物理的基础。以力学为铺垫，进一步研究物理中的热力学、波、电磁学及量子力学。正如字面所言，力学是一门研究“力”的科学。“力”是什么，都有什么“力”，不同的“力”又有哪些不同的特征，会对物体产生什么影响？我们在高中物理的课堂上学习过这些内容。

事实上，人类无法在没有“力”的世界中生存。如果没有“力”，人们连拿东西、推东西、搬东西都无法做到。人们在走路时也一样，没有摩擦力的地方是无法前进的。没有摩擦力，人们甚至连铅笔都拿不起来。摩擦力只是“力”的一个例子，“力”使人类得以生存，甚至可以说，世间万物皆因“力”而存在。

化学是**研究身边各种物质组成成分的科学**。所谓成分，归根结底就是构成物质的原子、分子及其他微观粒子。在学习了微观粒子的性质后，才能明白宏观物质的特性是由何而生的。不仅如此，还能根据这些知识来改变宏观物质的特性。

化学的基础是理论化学。物质的特性究竟由何而生？人类不断探求着其中的规律。理论化学是高中化学课堂的“第一课”，后期的学习还包含无机化学、有机化学和高分子化学，在这些领域中出现的化学物质种类繁多，若想在学习时做到融会贯通、得心应手，就必须要先掌握理论化学的知识。

学习物理、化学知识的诀窍

在上一页中已经介绍了高中物理知识、化学知识的概要。两者都是难倒大批高中学子的学科，许多人甚至在上班以后依然忘不掉学生时代学习物理、化学时的感受。

话虽如此，基础的理论知识毕竟是有限的。许多人在学习之初可能会碰到难以理解的内容，不过如果耐下性子将知识点逐一攻克，那么未来的学习就能事半功倍，这就是学习物理和化学的特点。物理和化学的知识量庞大是不言而喻的事实，但如果在学习基础知识时便马马虎虎，后续的知识就更加难以掌握。**其实，保持不急不躁的心态是学好高中物理、化学的最大诀窍。**

上班族和考生都受用的知识

物理知识、化学知识是生产的基础。优秀的产品通常不会偶然诞生，没有这两方面知识的支撑，研发更先进的产品就是痴人说梦。

从这个角度来看，对多数上班族而言，复习高中物理知识、化学知识是有百利而无一害的。况且，高中物理知识、化学知识在上班族应对各类资格考试时也能发挥作用。

而对高考考生来说，物理与化学的重要性就无须多言了。

本书的阅读方法

本书的阅读方法如下页图所示。阅读前请参考星标等级和知识概要，先大致把握知识概要，再去理解细节部分。

你可以选择性阅读你想学习的部分。如果时间充裕，还是建议尽可能通读一遍本书，把握物理、化学的知识全貌。

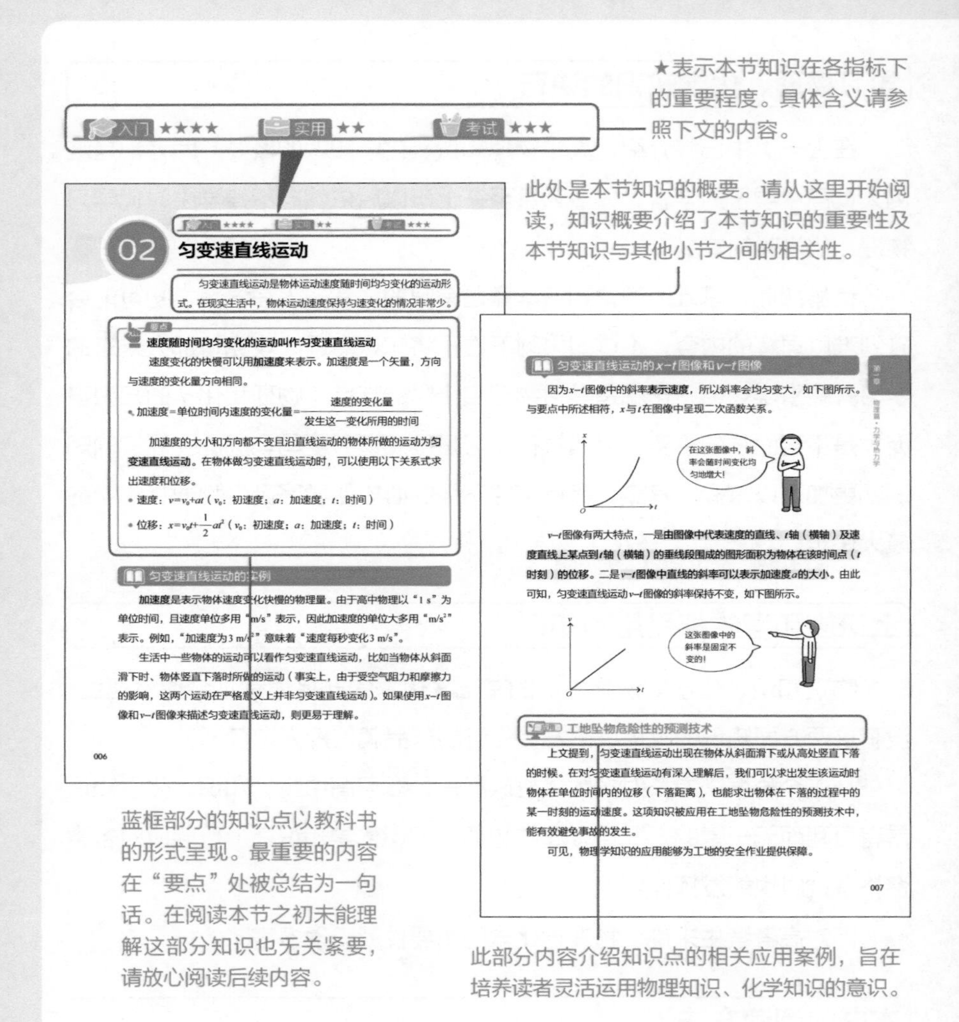

02 匀变速直线运动

入门 ★★★★ 实用 ★★ 考试 ★★★

匀变速直线运动是物体运动速度随时间均匀变化的运动形式。在现实生活中，物体运动速度保持匀速变化的情况非常少。

要点

速度随时间均匀变化的运动叫作匀变速直线运动

速度变化的快慢可以用**加速度**来表示。加速度是一个矢量，方向与速度的变化量方向相同。

- 加速度＝单位时间内速度的变化量＝$\frac{速度的变化量}{发生这一变化所用的时间}$

加速度的大小和方向都不变且沿直线运动的物体所做的运动为**匀变速直线运动**。在物体做匀变速直线运动时，可以使用以下关系式求出速度和位移。

- 速度：$v=v_0+at$（v_0：初速度；a：加速度；t：时间）
- 位移：$x=v_0t+\frac{1}{2}at^2$（v_0：初速度；a：加速度；t：时间）

匀变速直线运动的实例

加速度是表示物体速度变化快慢的物理量。由于高中物理以“1 s”为单位时间，且速度单位多用“m/s”表示，因此加速度的单位大多用“m/s^2”表示。例如，“加速度为3 m/s^2”意味着“速度每秒变化3 m/s”。

生活中一些物体的运动可以看作匀变速直线运动，比如当物体从斜面滑下时、物体竖直下落时所做的运动（事实上，由于受空气阻力和摩擦力的影响，这两个运动在严格意义上并非匀变速直线运动）。如果使用$x-t$图像和$v-t$图像来描述匀变速直线运动，则更易于理解。

006

匀变速直线运动的$x-t$图像和$v-t$图像

因为$x-t$图像中的斜率表示速度，所以斜率会均匀变大，如下图所示。与要点中所述相符，x与t在图像中呈现二次函数关系。

$v-t$图像有两大特点，一是**由图像中代表速度的直线、t轴（横轴）及速度直线上某点到t轴（横轴）的垂线段围成的图形面积为物体在该时间点（t时刻）的位移**。二是**$v-t$图像中直线的斜率可以表示加速度a的大小**。由此可知，匀变速直线运动$v-t$图像的斜率保持不变，如下图所示。

工地坠物危险性的预测技术

上文提到，匀变速直线运动出现在物体从斜面滑下或从高处竖直下落的时候。在对匀变速直线运动有深入理解后，我们可以求出发生该运动时物体在单位时间内的位移（下落距离），也能求出物体在下落的过程中的某一时刻的运动速度。这项知识被应用在工地坠物危险性的预测技术中，能有效避免事故的发生。

可见，物理学知识的应用能够为工地的安全作业提供保障。

007

本书将知识的重要程度按学习目标划分为“入门”“实用”“考试”三大参考指标，其目标读者和★数的意义如下文所述。

参考“入门”指标的读者

- 生产企业的管理人员或需要补充学习高中物理、化学基础知识的人群。

★★★★★　极其重要的知识点，需要充分、全面地理解该知识点。

★★★★　重要的知识点，需要全面地理解该知识点。

★★★　大致理解即可的知识点，细节部分可忽略。

★★　理解字面意思即可的知识点。

★　“入门”水平不需要了解的知识点。

参考“实用”指标的读者

- 在电器制造、信息、机械、建筑、化学、生物、制药类生产企业担任研发、设计岗位的人群。从事实际生产的人群。

★★★★★　在工作中每天使用的知识点，需要充分、全面地理解该知识点。

★★★★　在工作中经常使用的知识点，需要全面地理解该知识点。

★★★　在工作中偶尔会用到的知识点，大致理解该知识点即可。

★★　在工作中很少使用的知识点。

★　在工作中几乎用不到的知识点。

参考“考试”指标的读者

- 参加高考或大学自命题物理考试、化学考试的考生群体。

★★★★★　必须理解透彻的知识点。

★★★★　频繁出现，需要全面理解的知识点。

★★★　大致理解即可的知识点，细节部分可忽略。

★★　不出现在考试内容中的知识点，有兴趣可以学习。

★　应试不需要掌握的知识点。

目录

第1章 物理篇　力学与热力学 001

导言

物理的基础领域 …… 002

01　匀速直线运动 004

用图像表现物体的运动状态 …… 004

匀速直线运动的 $x-t$ 图像和 $v-t$ 图像的关系 …… 004

02　匀变速直线运动 006

匀变速直线运动的实例 …… 006

匀变速直线运动的 $x-t$ 图像和 $v-t$ 图像 …… 007

应用　工地坠物危险性的预测技术 …… 007

03　抛体运动 008

随处可见的抛体运动 …… 008

竖直方向的分运动 …… 009

水平方向的分运动 …… 009

04　共点力的平衡 010

巧用共点力的平衡，轻松举起重物 …… 010

应用　起重机的原理 …… 011

05　压强与浮力 012

压强翻倍时的水深变化是多少 …… 012

应用　深海探测器——“深海6500”号 …… 013

06　刚体的受力平衡 014

力矩的平衡可使物体立而不倒 …… 014

应用　大型建筑的设计 …… 015

07　运动方程 016

物体的质量越大，越难改变运动状态 …… 016

应用　如何在太空中精确地测量体重 …… 017

08　空气阻力与收尾速度 018

为什么雨点越大，雨越猛烈 …… 018

09　功与机械能 020

工具可以省力但不能改变力做功的量 …… 021

10 机械能守恒定律 022
高度与下落速度之间的关系 …… 022
应用 利用重力势能发电 …… 023
11 冲量和动量 024
延长受力时间可以减少冲击力 …… 024
应用 使用缓冲材料延长受力时间 …… 025
12 动量守恒定律 026
利用动量守恒定律抑制冲击 …… 026
应用 为什么炮弹能够飞行很远的距离 …… 027
13 两物体的碰撞 028
结合动量守恒定律和碰撞系数，求物体发生碰撞后的速度 …… 028
14 圆周运动 030
周期与转速为倒数关系 …… 030
15 惯性力（离心力） 032
通过测量惯性力，可知物体的加速度 …… 033
16 简谐运动 034
弹簧振子做简谐运动的周期由弹簧的劲度系数决定 …… 035
17 单摆 036
调节单摆的长度，改变单摆的周期 …… 036
应用 地震或强风引起高楼大厦晃动的原因 …… 037
18 开普勒三大定律 038
用开普勒第三定律计算目标星体的公转周期 …… 039
19 万有引力作用下的运动 040
求人造卫星和宇宙探测器的最低飞行速度 …… 041
20 温度和热 042
揭开“热”的神秘面纱 …… 043
21 热传递 044
利用导热性较差的材料提升隔热效果 …… 044
22 热膨胀 046
利用热胀冷缩的原理设计铁轨 …… 046
应用 双层金属片式温控开关的原理 …… 047
23 玻意耳·查理定律 048
气体压强与体积之间的关系 …… 048
应用 乘坐飞机时，为什么会出现耳朵疼的情况 …… 049
24 分子动理论 050

📖 计算宏观气体的能量 …… 051
25 热力学第一定律 —— 052
📖 在绝热状态下，气体膨胀则温度下降，气体压缩则温度上升 … 052
应用 发动机内部的秘密 …… 053
26 热机和热效率 —— 054
📖 合理利用废热，提高总体热效率 …… 054
专栏 离心力能使人产生恐惧 …… 058

第2章 物理篇 波 059

导言

声和光都属于波 …… 060
01 波的表现形式 —— 062
📖 在使用图像表示波时，需要注意横轴的单位 …… 063
02 纵波和横波 —— 064
📖 为什么地震能产生两种类型的振动 …… 065
应用 畅想地球的内部构造 …… 066
03 波的叠加 —— 068
📖 冲击波是如何形成的 …… 068
04 波的反射、折射和衍射 —— 070
📖 为什么冬夜里的声音传得更远 …… 071
05 波的干涉 —— 072
📖 利用波的干涉原理消除噪声 …… 073
应用 消除噪声的原理 …… 073
06 声波 —— 074
📖 超声波的作用 …… 074
📖 人耳无法察觉的次声波 …… 075
07 弦的振动、气柱的共鸣 —— 076
📖 为什么身材高大的人声音低沉 …… 077
08 多普勒效应 —— 078
📖 通过多普勒效应实现天体观测 …… 079
应用 多普勒效应在气象观测中的应用 …… 079
09 光 —— 080
📖 肉眼可见的光很少 …… 081
📖 眼中的事物皆为过去 …… 081
应用 许多越位都是误判 …… 082

10 透镜成像 084
实像的成因 084
虚像的成因 084
结合两种透镜的特征 085
应用 人为什么能看见物体 086
11 光的干涉 088
太阳能电池板的防反射膜 089
专栏 炸药和雷电都能产生冲击波 090
专栏 为什么人在吸入氦气后音调会变高 090
第3章 物理篇 电磁学 091
导言
没有学过数学的法拉第 092
01 静电 094
静电力在电子设备中的应用 094
应用 激光打印机同样利用静电原理 095
02 电场和电势 096
从电场中学习静电势能 097
03 电场中的导体和绝缘体 098
金属能屏蔽静电感应 099
应用 隧道中信号差的原因 099
04 电容器 100
电容器中的电介质 101
05 直流电路 102
没有电池也能产生电流 102
应用 宇宙探测器使用的核电池 103
06 电能 104
将千瓦·时换算为焦耳 104
应用 使用电池供电划算还是使用电源供电划算 105
07 基尔霍夫定律 106
研究复杂电路不可或缺的基尔霍夫定律 106
08 非线性电阻 108
在考虑阻值变化的同时计算实际电流的大小 108
09 电流能产生磁场 110
探寻地球内部结构的方法 110

10 磁场对电流的作用力 112
利用磁场的作用形成强大的推进力 113
11 电磁感应 114
用途广泛的涡流 114
应用 电动汽车的刹车构造 115
12 自感和互感 116
用线圈结构抑制电路中电流的急剧变化 116
13 交流电的产生 118
电磁感应现象——发电厂的核心原理 118
阿拉戈圆盘 119
14 交流电路 120
日本东西部输电频率不同的原因 121
15 变压器与交流电输送 122
利用高压减小输电损耗 122
16 电磁波 124
现代生活离不开电磁波 125
应用 无线电在国际电台中的应用 127
专栏 频率的转换 128
第4章 物理篇 量子力学 129
导言
探索肉眼不可见的世界 130
01 阴极射线 132
基本电荷的计算历程 132
基本电荷的发现 133
02 光电效应 134
我们能看见暗淡星辰的原因 135
应用 日照强度取决于紫外线的强度 135
03 康普顿效应 136
利用动量守恒定律和能量守恒定律求散射后X射线的波长 136
04 粒子的波动性 138
电子的波长极短 138
05 原子模型 140
99%以上的物质组成部分为真空状态 141

06 原子核的衰变——142
射线在工业、医疗和农业领域中的应用 …… 143
应用 提升材料的性能 …… 143
应用 无损检测和耐久检测 …… 143
07 原子核的聚变与裂变——144
核聚变堪称完美能源 …… 144
应用 太阳内部也存在核聚变 …… 145
专栏 厚度测量 …… 146
第5章 化学篇 理论化学——147
导言
理论化学是学习化学的起点 …… 148
化学计算的基本思路 …… 148
01 混合物的分离——150
根据物质的性质，选择分离方法 …… 150
应用 石油联合企业的工作 …… 151
02 元素——152
同种元素能表现出不同的性质 …… 152
应用 烟花五彩缤纷的原因 …… 153
03 原子的结构——154
原子可以分割 …… 154
应用 电子显微镜下的世界 …… 155
04 放射性同位素——156
只有极少的同位素具有放射性 …… 156
应用 碳定年法（$^{14}_{6}C$ 断代法）…… 157
05 电子排布——158
电子的排布规律 …… 158
应用 制造半导体的原材料 …… 159
06 离子——160
离子的电子排布与稀有气体相同 …… 161
应用 离子空气净化器的工作原理 …… 161
07 元素周期律——162
碱金属单质为什么不常见 …… 162
应用 氦气也被应用于医疗领域 …… 163

08 离子晶体——164
离子晶体的性质……164
应用 自动发泡沐浴露的发泡原理……165
09 分子——166
分子的表示方法……166
应用 气体是由分子组成的典型物质……167
10 分子晶体——168
分子间作用力……168
应用 萘属于分子晶体……169
11 共价晶体——170
部分共价晶体示例……170
应用 硅元素是制作半导体的关键……171
12 金属晶体——172
金属性质的来源——自由电子……173
应用 电线的原材料为什么是铜……173
13 物质的量（1）——174
计算物质所含的微观粒子的数目……174
14 物质数量（2）——176
气压由数量庞大的气体分子引起……176
应用 无尘车间的清洁程度……177
15 化学方程式与物质的量——178
化学方程式的使用方法……178
应用 汽油燃烧时的二氧化碳排放量……179
16 酸和碱——180
如何定义pH……180
应用 产品质量检测中的pH测定……181
17 中和反应——182
通过酸碱中和滴定实验确定酸或碱的准确浓度……182
应用 中和反应在卫生间除臭剂中的应用……183
18 物态变化与热量——184
化学世界中的热力学温度……185
应用 cal和J的区别使用……185
19 气液平衡与蒸气压——186
有时，即便液体蒸发殆尽，容器内的压强也无法达到饱和蒸气压……186
应用 高压锅的工作原理……187

20 理想气体状态方程 188
确定一个定量，研究两个变量 188
应用 为什么在电梯快速上升时耳朵会疼 189
21 道尔顿分压定律 190
求空气的平均相对分子质量 190
22 溶解平衡和溶解度 192
相似相溶原理 193
23 浓度单位的换算 194
浓度单位换算的窍门是以1L溶液为标准 194
应用 大气中二氧化碳的浓度单位 195
24 沸点升高与凝固点降低 196
沸点升高值和凝固点降低值可使用类似的公式计算 196
25 渗透压 198
渗透压的计算公式与理想气体状态方程类似 198
应用 淡化海水的方法 199
26 胶体 200
胶体的特殊性质 201
应用 肾脏透析的原理 201
27 热化学方程式 202
热化学方程式的书写方法 202
28 氧化还原反应 204
通过氧与氢的得失来理解氧化还原反应 204
应用 “暖宝宝”的发热原理 205
29 金属的氧化还原反应 206
通过金属活动性顺序判断反应能否进行 206
应用 白铁皮和马口铁的电镀工艺 207
30 电池 208
从早期电池中学习电池的构造 208
应用 燃料电池的放电原理 209
31 电解 210
阴极反应 210
阳极反应 211
32 化学反应速率 212
决定化学反应速率的三大因素 212
33 化学平衡 214
化学平衡朝着能够减弱这种改变的方向移动 215

34 电离平衡 216
电离平衡常数与电离度的关系 217
应用 缓冲溶液的原理 217
专栏 有效去除油性墨水（油墨）的最佳方法 218
专栏 道路防冻的秘密 218
第6章 化学篇 无机化学 219
导言
与生命无关的物质 220
无机化合物学习过程中的重点 220
01 非金属元素（1） 222
按照分类学习气体的制备方法 222
碱性气体的制备方法 224
挥发性酸（气体）的制备 225
应用 地球的大气成分 227
02 非金属元素（2） 228
气体在水中的溶解性 228
03 非金属元素（3） 230
在使用干燥剂时需要注意物质的酸碱性 230
实验：制备气体并研究其性质 231
04 金属元素（1） 232
碱金属离子大多不沉淀 232
应用 海洋及河流的水质调查 233
05 金属元素（2） 234
合金的用途 234
应用 形状记忆合金 235
06 金属元素（3） 236
含钙化合物的生成过程 236
应用 自热食品的加热原理 237
07 化学试剂的保存方法 238
不同的化学试剂保存方法的缘由 238
08 无机化工（1） 240
发烟硫酸的制备与稀释 241
应用 肥料的成分 241

09 无机化工（2）242
阳离子交换膜对离子具有选择透过性 …… 242
应用 肥皂的原材料 …… 243
10 无机化工（3）244
为索尔维创造巨额财富的氨碱法 …… 244
应用 碳酸钠在胃药中的应用 …… 245
11 无机化工（4）246
为什么不能用水溶液电解铝 …… 246
应用 铝与飞机、汽车的轻量化 …… 247
12 无机化工（5）248
钢铁厂的职责 …… 248
应用 金属之王——铁 …… 249
13 无机化工（6）250
粗铜中杂质的去向 …… 250
应用 电线的材料 …… 251
专栏 有毒气体的应用 …… 252
专栏 备受期待的新能源——可燃冰 …… 252

第7章 化学篇 有机化学 253

导言
有机化合物碳原子为骨架 …… 254
01 有机化合物的分类与分析 256
如何记忆烃的化学式 …… 257
02 脂肪烃 260
脂肪烃的不同性质 …… 261
03 醇和醚 262
醇和醚的性质 …… 262
04 醛和酮 264
醛的性质 …… 264
05 羧酸 266
羧酸的性质 …… 266
应用 乙酸的多种用途 …… 267
06 酯 268
酯的性质 …… 268
应用 酯类是饮料和点心中常用的增香剂 …… 269

07 油脂和肥皂 270
油脂是肥皂的生产原料 271
应用 肥皂的清洁原理 271
08 芳香烃 272
苯的相关反应 273
09 酚类化合物 274
酚类的相关反应 274
10 芳香酸（1） 276
酸性的强弱对比 276
应用 食品添加剂的原料 279
11 芳香酸（2） 280
水杨酸可用于制药 280
12 有机化合物的分离 282
有机化合物分离的具体示例 283
13 含氮的芳香族化合物 284
苯胺和硝基苯的关系 284
偶氮染料的合成 286
结束语 287

第1章

物理篇
力学与热力学

物理的基础领域

物理的基础一定是力学，**力学的思维方式适用于整个物理知识体系**。因此，在高中物理课程中，首先要学习力学。本书将力学中的重要知识点列于开头部分，供读者学习。

英国科学家牛顿是17世纪中一颗耀眼的明珠，力学知识体系的大部分内容都是由他构建的。

牛顿在18岁时进入剑桥大学，他在大学中学习了大量的知识并展现出了卓越的才能。然而这段时间伦敦大瘟疫爆发（后被确认为淋巴腺鼠疫），肆虐的瘟疫自伦敦大规模蔓延。鼠疫是一种致死率极高的烈性传染病，为此，剑桥大学也关闭了两年。

在这两年间，牛顿返回家乡，独自一人继续钻研物理学和数学的知识。事实上，他在物理学和数学方面的大量发现都得益于这一时期的研究。这些发现没有出现在大学里的科研阶段，反倒诞生于他独自钻研的阶段。牛顿拥有一股韧劲，使他在孤独中依然能够持续思索，帮助他取得了辉煌的成果。

时至今日，人类虽然已步入21世纪，却依然发生了病毒肆虐致使学校暂时关闭的情况。其实，同样的事件在历史的长河中上演过许多次。即使在如此恶劣的环境下，人类的科学研究依然取得了进展。也正因如此，我们才拥有了如今的美好生活。

言归正传，请读者朋友们在学习力学之后，再学习热力学。研究“热”的科学之所以被称为“热力学”，**原因在于学习它需要运用力学的思维方式**。因此，如果没有充分掌握力学知识，就很难理解热力学的知识。

于入门学习者而言

首先从运动方程出发，研究功与机械能、动量与冲量之间的关系。接下来，进一步学习圆周运动、简谐运动等复杂的运动。随着学习内容的不断深入，我们将步入更大尺度的物理世界，去思考天体的运动。那么，请读者朋友们依据有限的知识，去体会包罗万象的力学魅力吧！

于上班族而言

机械设计离不开力学知识，当然，力学知识在建筑工地也是不可或缺的。

于考生而言

力学是物理的基础，在考试中的分数占比很高。而且，如果不能掌握力学知识，后续领域的知识也会变得难以理解。

由此来看，考生们应该优先学习力学领域的相关知识。基础内容是最为重要的，建议认真学习**每节知识**。请带着必须掌握的信念去学习力学知识吧！

入门 ★★★ 实用 ★★★★ 考试 ★★

01 匀速直线运动

匀速直线运动是物体最基础的运动模式。

要点

匀速直线运动是最简单的机械运动

物体的运动状态用**速度**表示。

- 速度包括运动方向和运动速率

物体以恒定的速度沿着直线的运动叫作**匀速直线运动**。运动速度恒定是指物体在运动时，物体的运动速率和运动方向保持不变。

位移是用来表示物体的位置变化的物理量。位移是一个有大小和方向的物理量，即矢量。其大小与路径无关，方向由起点指向终点。

当物体做匀速直线运动时，可使用以下关系式计算位移。

位移＝速度 ×时间

用图像表现物体的运动状态

物体的运动存在若干种形式，其中最简单的运动形式是**匀速直线运动**。

仅通过公式研究物体的运动状态会遇到很多困难。不仅如此，还难以对物体的运动状态进行描述，使用图像就能解决这一问题。

描述物体运动状态的图像有许多种，下面介绍其中最基本的$x-t$图像和$v-t$图像。

匀速直线运动的$x-t$图像和$v-t$图像的关系

$x-t$图像是表示物体位移x随着时间t的变化而变化的图像。

物体在做匀速直线运动时，相同时间间隔t内，物体的位移x的变化量相同，其形式如下页图所示。

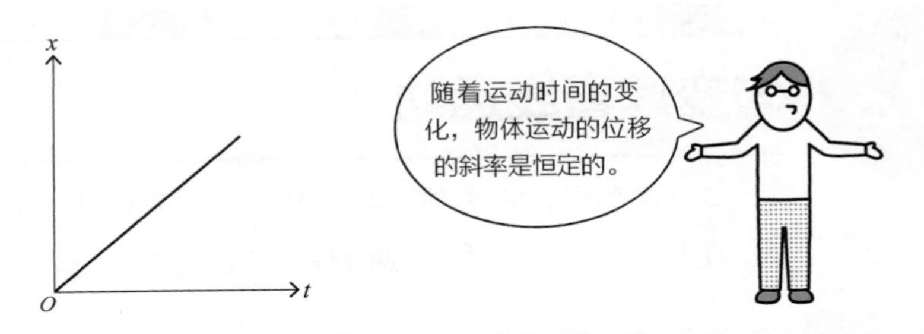

$v-t$图像是表示物体运动的速度v随着时间t的变化而变化的图像。在物体做匀速直线运动时，即使时间t发生变化，速度v也是恒定不变的，其形式如下图所示。

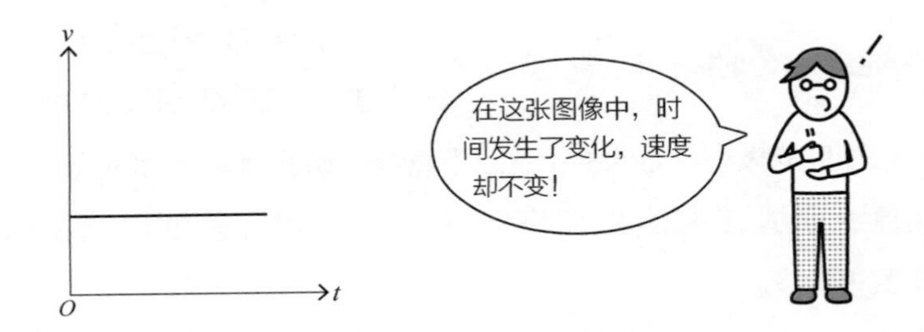

此处的重点是理解两个图像之间的关系。

$x-t$图像中位移的斜率代表运动速度。物体在进行匀速直线运动时，$x-t$图像的斜率是恒定的，这意味着速度v不变。

$v-t$图像中速度和t轴（横轴）所围的面积表示物体运动的位移x。物体在做匀速直线运动时，图中面积的大小与时间成正比。也就是说，物体运动的位移x与时间t成正比。

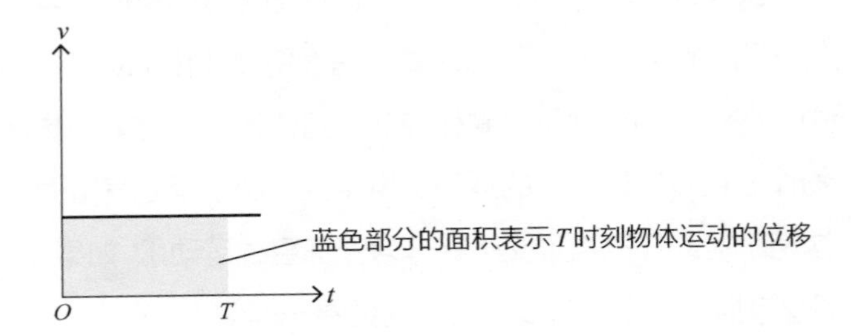

往后在思考更加复杂的运动时，这种方法具有重要的作用。

入门 ★★★★　实用 ★★　考试 ★★★

匀变速直线运动

匀变速直线运动是物体运动速度随时间均匀变化的运动形式。在现实生活中，物体运动速度保持匀速变化的情况非常少。

要点

速度随时间均匀变化的运动叫作匀变速直线运动

速度变化的快慢可以用**加速度**来表示。加速度是一个矢量，方向与速度的变化量方向相同。

- 加速度＝单位时间内速度的变化量＝$\frac{\text{速度的变化量}}{\text{发生这一变化所用的时间}}$

加速度的大小和方向都不变且沿直线运动的物体所做的运动为**匀变速直线运动**。在物体做匀变速直线运动时，可以使用以下关系式求出速度和位移。

- 速度：$v=v_0+at$（v_0：初速度；a：加速度；t：时间）
- 位移：$x=v_0t+\frac{1}{2}at^2$（v_0：初速度；a：加速度；t：时间）

匀变速直线运动的实例

加速度是表示物体速度变化快慢的物理量。由于高中物理以“1 s”为单位时间，且速度单位多用“m/s”表示，因此加速度的单位大多用“m/s^2”表示。例如，“加速度为3 m/s^2”意味着“速度每秒变化3 m/s”。

生活中一些物体的运动可以看作匀变速直线运动，比如当物体从斜面滑下时、物体竖直下落时所做的运动（事实上，由于受空气阻力和摩擦力的影响，这两个运动在严格意义上并非匀变速直线运动）。如果使用$x-t$图像和$v-t$图像来描述匀变速直线运动，则更易于理解。

匀变速直线运动的$x-t$图像和$v-t$图像

因为$x-t$图像中的斜率**表示速度**，所以斜率会均匀变大，如下图所示。与要点中所述相符，x与t在图像中呈现二次函数关系。

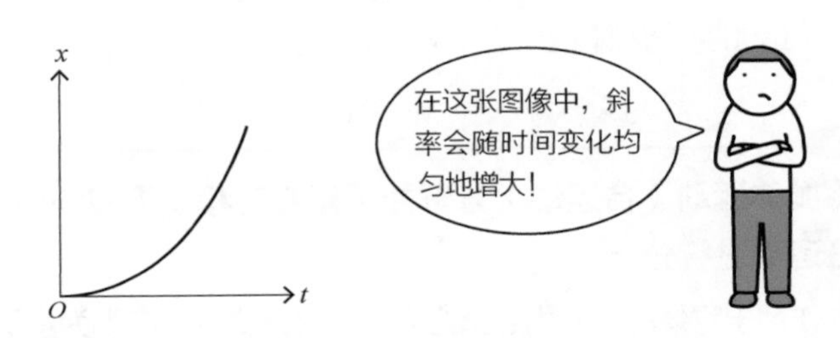

$v-t$图像有两大特点，一是**由图像中代表速度的直线、t轴（横轴）及速度直线上某点到t轴（横轴）的垂线段围成的图形面积为物体在该时间点（t时刻）的位移**。二是**$v-t$图像中直线的斜率可以表示加速度a的大小**。由此可知，匀变速直线运动$v-t$图像的斜率保持不变，如下图所示。

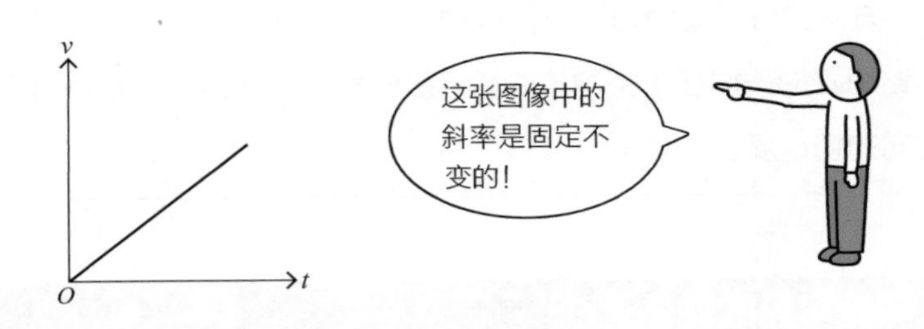

应用 工地坠物危险性的预测技术

上文提到，匀变速直线运动出现在物体从斜面滑下或从高处竖直下落的时候。在对匀变速直线运动有深入理解后，我们可以求出发生该运动时物体在单位时间内的位移（下落距离），也能求出物体在下落的过程中的某一时刻的运动速度。这项知识被应用在工地坠物危险性的预测技术中，能有效避免事故的发生。

可见，物理学知识的应用能够为工地的安全作业提供保障。

入门 ★★★★ 实用 ★★ 

抛体运动

物体以一定的初速度向空中抛出，仅在重力作用下所做的运动叫作抛体运动。

要点

可将抛体运动（合运动）分解为竖直方向和水平方向两个方向的分运动进行分析

重力作用于物体的方向为**竖直方向**，与之正交的方向则为**水平方向**。

当物体做抛体运动时，将其分解为上述两个方向的运动更易于分析物体运动的状态。

- 竖直方向的分运动为匀变速直线运动。加速度为重力加速度（g一般取9.8 m/s^2）
- 水平方向的分运动为匀速直线运动

该思路的关键在于将物体的初速度分解为竖直方向的初速度和水平方向的初速度。

随处可见的抛体运动

在传递棒球时，往往要思考往什么方向、以多快的速度投球才能使球正好落到接球者的位置。在远处往垃圾箱里扔垃圾时也是同样的道理。在此类情况下，物体的运动轨迹可认为是一条抛物线，因此这类运动被称为**抛体运动**。

在生产棒球发球机时必须要了解抛体运动的原理。发球机能以各种初速度发球，一旦其发球速度发生改变，就必须同时调整发射方向，否则棒球就无法飞至接球者身边。

呈抛物线轨迹的运动看似很复杂，但如果把它分解成竖直方向和水平方向两个方向的分运动来思考，就不难了。

竖直方向的分运动

在竖直方向上，物体受重力影响产生的加速度叫作**重力加速度**，通常使用“g”（gravity的首字母）表示。g的大小会因物体在地球上所处地理位置的不同而略有差异。总体趋势是离北极、南极越近则g值越大，离赤道越近则g值越小。这是因为赤道附近离心力较强。

其实，不同地区的差异非常微小，在南极的观测基地附近测得的g为9.8524 m/s^2，而在距离赤道很近的新加坡地区其数值为9.7806 m/s^2。总体而言，地球上所有地区的g约为9.8 m/s^2。

研究竖直方向的运动（竖直下抛运动），可以将本章02小节所学公式中的加速度a替换为重力加速度g，从而得到以下公式。

- 速度：$v=v_0+gt$（v_0：竖直方向向下的初速度；g：重力加速度；t：时刻）
- 下落距离：$y=v_0t+\frac{1}{2}gt^2$（v_0：竖直方向向下的初速度；g：重力加速度；t：时间）

如果竖直方向的初速度向上，在上面两式中的v_0前面加负号。

水平方向的分运动

重力在水平方向不起作用，所以水平方向上的运动不会受重力影响产生加速度。然而在现实中，在水平方向上还会受到空气阻力等其他力的作用。因此，水平方向通常也会产生加速度。但此处考虑的是没有空气阻力（或小到可以忽略不计）的情况。按这种理想状态思考，水平方向上的分运动不会产生加速度，物体在水平方向上做匀速直线运动。因此，研究水平方向的运动可以使用在本章01小节中学到的公式，具体如下。

- $x=v\cdot t$

上述思路的关键点在于将抛体运动合运动分解为两个方向的分运动。

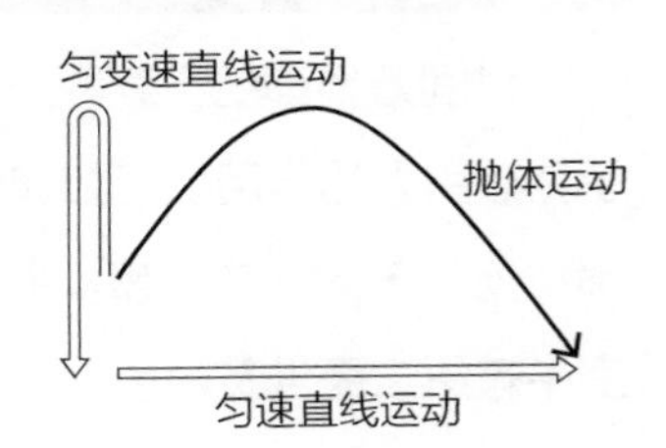

入门 ★★★　实用 ★★★★★　考试 ★★

04 共点力的平衡

许多时候，物体会同时受到多个力的作用，而物体处于平衡状态。此时，原本处于静止状态或匀速直线运动状态的物体将继续保持原来的状态。

要点

研究共点力的平衡时，使用平行四边形法则进行力的合成

我们可以把作用于物体的力合成后再研究，其表现形式如下图所示，两个分力的合力与以这两个分力为邻边的平行四边形的对角线的大小与方向相同。

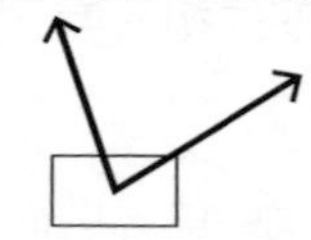

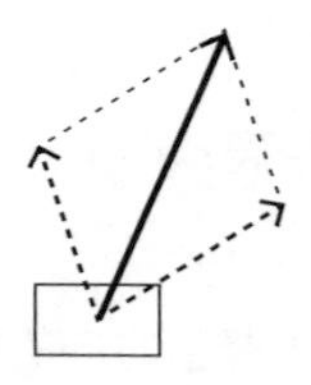

可以用图像的形式来表示共点力的合成。总而言之，作用在某个物体上的多个共点力的合力为零时，我们称这几个共点力为**平衡力**。

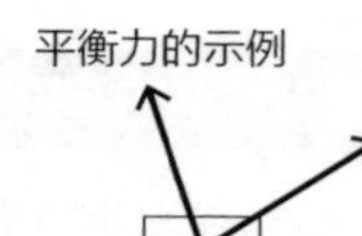

巧用共点力的平衡，轻松举起重物

世间万物都处于某种力的作用之下。存在于地球上的事物，至少受到了地心引力的作用。可如果作用于物体的只有地心引力，那么所有的事物都将处于下落状态。事实并非如此，因为人们脚下的大地提供着支撑力，空中有绳索提供着牵引力。一般情况下，当一个物体处于静止状态时，作用于该物体的力相互平衡。

应用 起重机的原理

在建筑工地，常常需要将非常沉重的货物抬至高处。此时就是起重机大显身手的时刻。起重机一般利用钢丝吊起货物。

可如果只是使用钢丝进行单纯的硬拉，那么钢丝本身将承受很大的拉力。所以，起重机还具有下图所示的滑轮组结构。

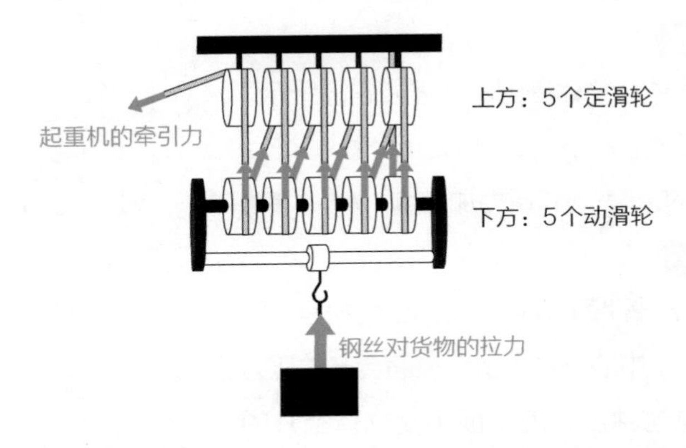

将钢丝按一定顺序缠绕在若干滑轮上，每一个滑轮都参与了牵引提拉货物的过程，这种结构可以使钢丝的力量增加数倍。使用上图所示的滑轮组结构能将起重机作用在钢丝上的力量增加10倍，这样就可以吊起货物了。人类对力的合成的应用无处不在，起重机只是其中的一例应用而已。

需要补充说明的是，容易与力的平衡相混淆的“**作用力与反作用力**”关系。如果把物体A作用于另一物体B的力称为“作用力”，则物体B作用于物体A的力为“反作用力”。此时，不可能出现物体A对物体B有作用力，物体B却对物体A没有反作用力的情况。两个物体间的作用力和反作用力总是大小相等、方向相反的，且作用在同一直线上，这就是牛顿第三定律。

力的平衡考虑的是作用于某**单一物体**上的所有力之间的关系。与此相对，作用力与反作用力考虑的是**两个物体之间**力的关系。分清楚研究对象是单一物体还是两个物体，就不容易将两者混淆了。

入门 ★★★★ 实用 ★★★ 考试 ★★★★

05 压强与浮力

物体在水中要承受比大气中更大的压强。因此，浸入水中的物体受到来自水的使物体漂浮起来的力量。

要点

水中压强的变化产生了浮力

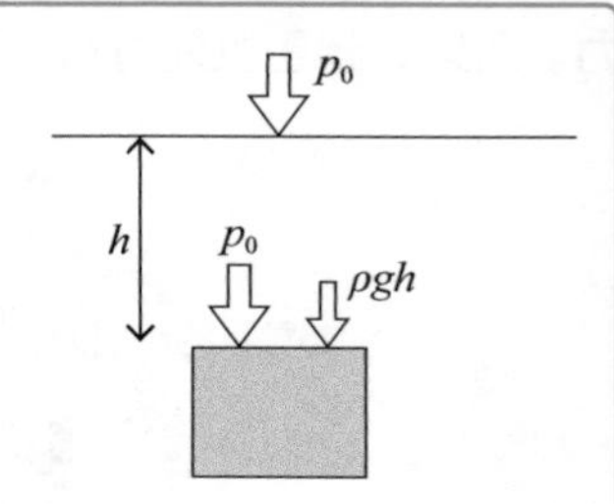

水的压强

在水中，物体受到的压强如右图所示。

- 水的压强：$p=p_0+\rho gh$（p_0：标准大气压；ρ：水的密度；g：重力加速度；h：水深）

浮力

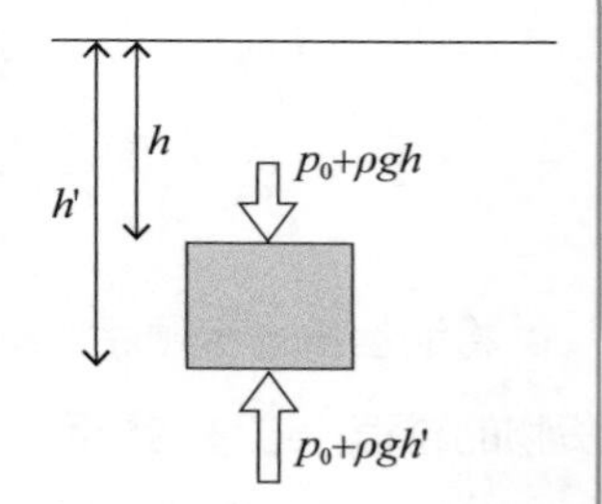

在同一深度下，各方向的压强相等。因此，沉入水中的物体的上下表面会产生压力差，正是这种压力差形成了使物体上升的**浮力**。

- 物体上表面受到的压力：$F=(p_0+\rho gh)S$（S：浸没物体的横截面面积）
- 物体下表面受到的压力：$F'=(p_0+\rho gh')S$

由此可推导出浮力计算公式，具体如下。

- 浮力：$F_{浮}=F'-F=\rho g(h'-h)S=\rho Vg$（$V$：物体浸入到水中的体积）

压强翻倍时的水深变化是多少

物体所承受的压强与上方水体的重力相关，所以物体在水中下潜得越深，所承受的压强就越大。

标准大气压p_0约为100 kPa（帕斯卡，压强单位），水的密度ρ约为

1000 kg/m^3，g约为10 m/s^2（实际约为9.8 m/s^2），那么假设当水中压强为标准大气压的2倍时的水深为h，由200 kPa$=p_0+\rho gh=$100 kPa+1000×10×h Pa的关系可求得h=10 m。也就是说，水深每增加10 m，水中的压强就会**增加一个标准大气压**。

应用 深海探测器——“深海6500”号

潜水艇并非海洋深处唯一的潜行者。对人类来说，大海的深处依然是一个未知的世界。为探寻海底深处的秘密，深海探测器应运而生。

日本有一台名为“深海6500”号的载人深海探测器，它可以完成海面以下6500 m深处的探查工作。下潜至海面以下如此之深的地方，深海探测器将承受多大的压强呢？

在上文中我们求出每多下潜10 m，水中的压强就会增加一个标准大气压。那么，从海平面（此处的压强为一个标准大气压）开始算起，下潜至深海6500 m处相当于下潜了650个10 m。由此可推算出，水下6500 m的地方是压强为650倍标准大气压的“恐怖”世界！

需要补充说明一点，一个标准大气压原本就相当每平方米承受10 t重的压力。那么，可以试想一下，650倍的标准大气压是多么可怕的压强。为了能够抵御如此大的压强，据说“深海6500”号的内径为2 m的船舱由厚度高达73.5 mm的钛合金材料制成。

入门 ★★★　实用 ★★　考试 ★★★

06 刚体的受力平衡

力对物体的影响取决于它的作用位置（作用点）。即使力没有让物体产生形变，也会使其运动状态发生改变。

要点

力矩的大小与力臂长度有关

力矩是描述作用于物体上的力使物体产生转动效应强度的物理量。力矩的大小等于力与力臂的乘积，力臂的大小为力的作用线到转动轴的垂直距离，如左上图所示。

大小为F的力

旋转轴

力臂L

力矩的大小 $=F \cdot L$

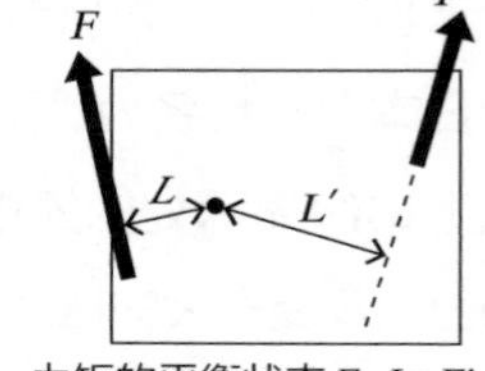

力矩的平衡状态 $F \cdot L=F' \cdot L'$

当受力物体处于非旋转静止状态时，则力矩为平衡状态，如右上图所示。

力矩的平衡可使物体立而不倒

首先，思考一下身边存在的力矩。

假设两个人分别握住棒球棒的两端，然后同时用力，如右图所示，左侧的人胳膊不动，手腕转动，向上转动棒球棒，右侧的人阻止这个趋势。此时，哪一边的人更占优势呢？

实际尝试一下就可以发现，握着棒球棒粗端的人更占优势。这是因为手对棒球棒较粗一端施加的**力在作用位置上离球棒转动轴更远**，也就是力臂更长。在作用力相同时，力臂更长，也就能产生更大的力矩。从这个例子中我们可以看到，即使施力的大小相同，但根据其作用位置的不同，力对物体旋转产生的影响也大不相同。

应用 大型建筑的设计

风能是一种重要的清洁能源，利用风能的方式是风力发电。在日本，能够安装大型风力发电设备的陆地非常有限，于是人们把目光投向了拥有巨大潜力的海洋。在海上设置风力发电机不仅可以一举解决噪声和景观破坏问题，还能获得稳定的风力来源。

然而，日本的近海大都很深，如果将风力发电机底部固定在海底（海底固定式风力发电机），成本会很高。因此，日本开始着手研发漂浮型风力发电机。

这项研究的最大难点是**如何让风力发电机在海面上屹立不倒**。漂浮型风力发电机的上部由中空的薄铁制成，下部则是由中空的混凝土制成。

将海水灌入风力发电机底部结构可以降低风力发电机的整体重心。

此时，海水的浮力能够让风力发电机漂浮在海面上。浮力大致作用于风力发电机水下部分的中心位置。如此一来，即使风力发电机受风浪影响产生倾斜，也能在力矩的作用下恢复竖直状态，从而保持机身稳定。其原理如下图所示。

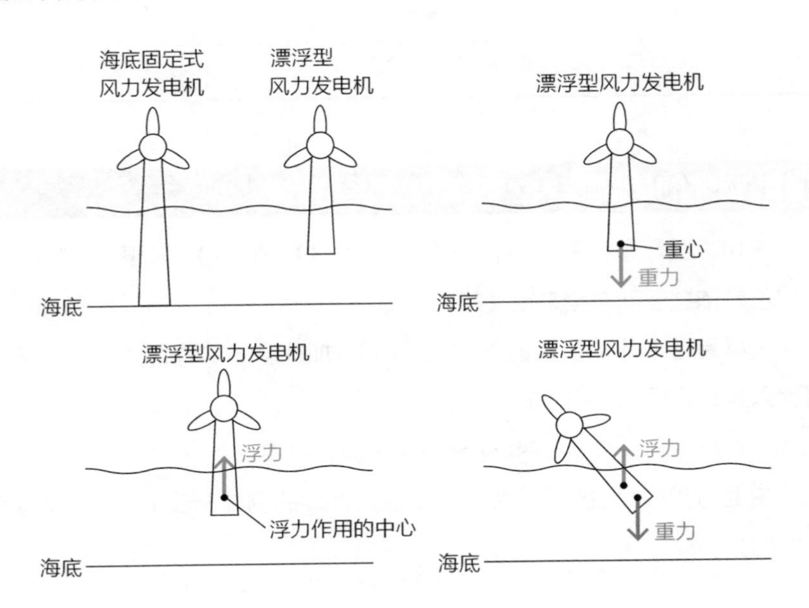

入门★★ 实用★★★★ 考试★★★★

07 运动方程

当作用于物体的力不平衡时，物体的运动速度会发生变化。运动方程能够解释力与运动速度的变化的关系。

要点

依据运动方程可求得物体的加速度

当物体在大小为F的力的作用下产生大小为a的加速度时，加速度与力的关系如下所示。

- 牛顿第二定律——运动方程：$F=ma$（m：物体的质量）

由此可知，物体产生的加速度a与物体受到的作用力F成正比。另外，当作用力F的大小一定时，加速度a也会随物体质量m的变化而变化，两者成反比关系。

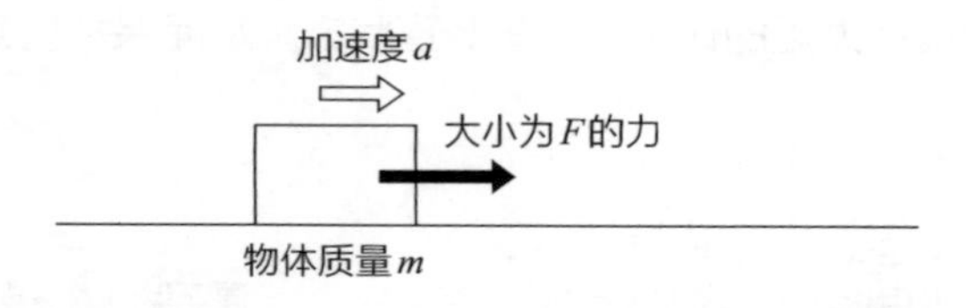

物体的质量越大，越难改变运动状态

在SI（国际单位制）中，力的大小用**“N（牛顿）”**来表示。“N”这一单位是依据运动方程来定义的。

同样是在SI中，质量的单位为“kg”，加速度的单位为“m/s^2”。将二者代入运动方程后可得下式。

$$F=ma=1\ \text{kg}\times 1\ \text{m/s}^2=1\ \text{N}$$

由此可见，1 N被定义为能使质量为1 kg的物体产生1 m/s^2的加速度的力的大小。

由运动方程可知，**在受力大小不变时，物体的质量越大，其加速度就越小**。与较轻的物体相比，较重的物体更难开始运动、停止运动或改变运动状态，这一点不难理解。

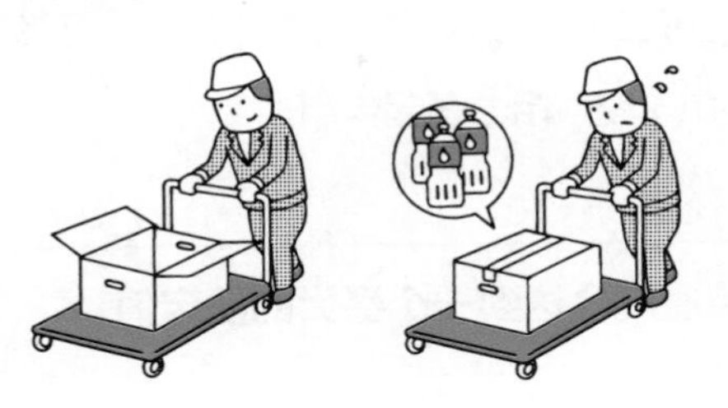

应用 如何在太空中精确地测量体重

运动方程的原理也被应用于质量测量仪器中。人们经常用体重计来测量体重。但体重计测量的是“重量”而不是“质量”。试想自己身处于ISS（国际空间站）这样的失重空间中，就能明白其中的道理。在失重状态下，任何物体的“重量”都为零，但这并不代表物体的“质量”也等于零。

长期停留在国际空间站中的航天员会通过测量自己的“质量”来管理身体健康状况。然而，由于在国际空间站中没有引力，人体的“重量”为零，无法用体重计测量体重。因此，人们想出了使用橡胶拉力带测量体重的方法。航天员拉紧橡胶拉力带，然后用仪器测量他被橡胶拉力带拖拽回来的速度。在这个过程中，橡胶拉力带的力量会改变航天员的运动速度（产生加速度）。航天员的“质量”越大，运动速度变化就越小，据此可以测算出航天员的质量。

入门 ★★　实用 ★★★　考试 ★★★

空气阻力与收尾速度

坠落的物体在重力的作用下加速，但其加速度会越来越小，这是由于空气阻力在起作用。

要点

下落物体的速度会达到一个最大的固定值

空气阻力

本书在本章03小节中介绍了物体下落时的加速度为重力加速度g（约为9.8 m/s^2）。不过，这只是在不考虑空气阻力的情况下。在现实生活中，坠落的物体会受到**空气阻力**的影响。所以，其实际加速度将小于g。

物体受空气阻力影响产生的实际加速度a可由下述公式求得。

- 运动方程：$ma=mg-kv^2$（m：物体的质量；v：物体的速度）

由此可知，$a=g-\frac{kv^2}{m}$。

当物体相对于空气的速度v较小时，空气阻力的大小与速度v成正比，k为比例系数。

终端速度

随着速度v逐渐增加，最后$a=g-\frac{kv^2}{m}=0$，即达到加速度为零的状态。也就是说，物体的速度达到了最大值。此时的物体速度即**收尾速度**。

- 收尾速度：$v=\sqrt{\frac{mg}{k}}$

为什么雨点越大，雨越猛烈

“雨落不上天，水覆难再收”，提起从天而降的事物，人们总是会想起雨滴。雨滴飘飘洒洒，自数千米高的云层中落下，在这个过程中，它一直受到重力的作用。

假设不受空气阻力的影响，雨滴会以多快的速度到达地面呢？以高度为1 km的地方为起点来计算，可求出雨滴落至地面时的速度高达140 m/s（约为500 km/h），这个速度可要比新干线（日本的高速铁路系统）的运行速度快太多了。如果真的以如此之快的速度落至地面，就算是小小的雨滴也十分危险。

事实上，雨滴落下的速度要比计算结果慢得多。在雨滴落至地表时已经达到了收尾速度（极限速度），收尾速度的大小取决于**雨滴的大小**。

此处，我们不妨简单地思考一下。在收尾速度的计算公式$v=\sqrt{\frac{mg}{k}}$中出现的各项中，g是恒定的，与雨滴的大小无关。所以，雨滴的大小能够影响的只有雨滴的质量m与其所受空气阻力的比例系数k。

如果雨滴在下落的过程中维持球体形态，则其质量与自身球体半径的三次方成正比。原因在于质量等于密度与体积的乘积，所以雨滴的质量与雨滴的体积成正比，而雨滴的体积又与其自身球体半径的三次方成正比。

此外，空气阻力的比例系数k基本上与球体的横截面积成正比。由于球体的横截面积为π乘球体半径的平方，故比例系数k与球体半径的平方成正比。

综上所述，收尾速度计算公式$v=\sqrt{\frac{mg}{k}}$正比于$\sqrt{\frac{（雨滴半径）^3}{（雨滴半径）^2}}=\sqrt{（雨滴半径）}$。因此，雨滴的**收尾速度$v$与雨滴半径二次方成正比**。

在气象播报员的资格考试中有求雨滴下落速度（收尾速度）的题目，因为气象局需要通过观测云层形态来预估雨滴的大小，进而预报雨势。

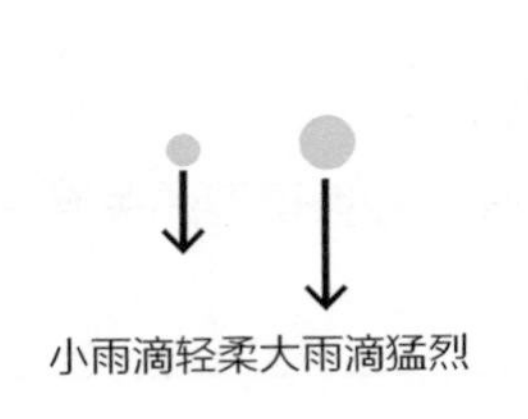

入门 ★★　　实用 ★★★★　　考试 ★★★

09 功与机械能

本节将介绍抬起物体或使其加速时发生的能量的变化，在关注“力”的同时着眼于“能量”的变化，介绍两者间的关系。

要点

力在一个过程中对物体做的功等于物体动能的变化量

功

在物理学中，如果一个物体受到力的作用并在力的作用方向上发生了一段位移，我们就说这个力对物体做了**功**。需要注意的是，即使存在力的作用，也可能没有做功。例如，假设在桌上放有一本书，尽管桌面对书有支持力，由于支持力没有使书发生位移，所以支持力并没有做功。

功的大小可以用$W=Fs\cos\theta$（F：力的大小；s：位移的大小）来计算。

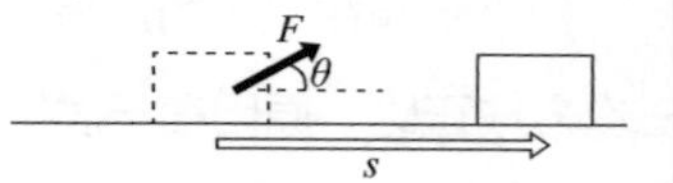

机械能

物体拥有做功的能力，这种能力即“**能量**”。

能量包括**动能**（运动物体所具有的能量）、**重力势能**（位于高处的物体所具有的能量）、**弹性势能**（弹簧形变所存储的能量）等，上述3种能量的计算公式分别如下所示。

- 动能$=\dfrac{1}{2}mv^2$（m：物体的质量；v：物体的速率）
- 重力势能$=mgh$（g：重力加速度；h：物体距参考平面的高度）
- 弹性势能$=\dfrac{1}{2}kx^2$［k：劲度系数；x：弹簧的伸长（收缩）的距离］

并且，动能与势能的和即为**机械能**。

最后补充一点，功和能量之间存在一种很重要的关系——力对物体做的功会转化为物体的动能。

工具可以省力但不能改变力做功的量

在本章04小节中，我们介绍了起重机的构造。起重机可以将钢丝的拉力提升数倍，从而吊起重物。

省力原理不仅出现在建筑工地，也常被用于电梯及其他机械工具的设计中。

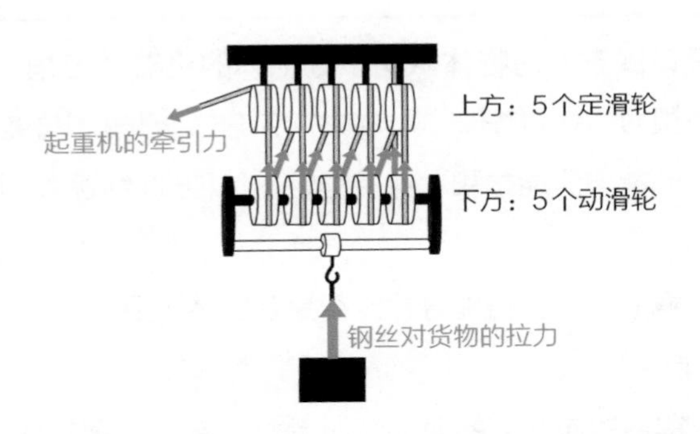

有一点必须注意，**使用工具后并不能减少所需要的做功量**。

留心观察就能发现，起重机吊起物体的速度很慢，但缠绕在滑轮组结构上的钢丝的运动速度却非常快。

这一现象是起重机的滑轮组结构造成的。上图所示的滑轮组结构有动滑轮、定滑轮各5个，能将钢丝的拉力增加10倍。当使用该滑轮组结构吊起货物时，货物每上升1 m，滑轮组间的10根钢丝必须同时缩短1 m。由此可知，起重机的钢丝共计回收了10 m（是物体被吊起高度的10倍）。

在上图所示的滑轮组结构中，牵引力的大小减小为原来的1/10，但做功距离却增加了10倍，最终的做功量保持不变。

这就是**做功的原理**：不论使用多先进的工具，也不可能减少所需要的做功量。

总而言之，在移动、抬起物体时，应着眼于力而不是功，这样就能尽可能地减小所需要的力（代价是在减小力的同时，做功距离会相应增大）。

入门 ★★　实用 ★★★★　考试 ★★★

10 机械能守恒定律

当物体的能量形式发生转化时，可参考机械能守恒定律。当然，也存在不符合此定律的例外情况。

要点

如果只有保守力对物体做功，则物体的机械能守恒

在只有重力和弹力等保守力做功的系统内，动能和势能相互转化，而机械能（动能与势能之和）保持恒定，这种规律被称为**机械能守恒定律**。

需要注意的是，机械能守恒定律是在物体不受“非保守力”作用时才成立的定律。

- 保守力：存在对应势能的力（例如重力、弹力、静电力）
- 非保守力：不存在对应势能的力（例如摩擦力、支持力）

机械能守恒定律的经典模型如下图所示。

落体运动（抛体运动同理）

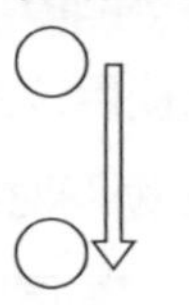

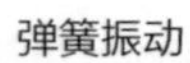

弹簧振动

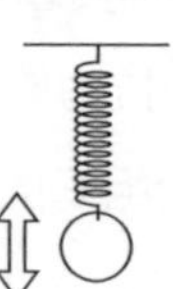

钟摆运动

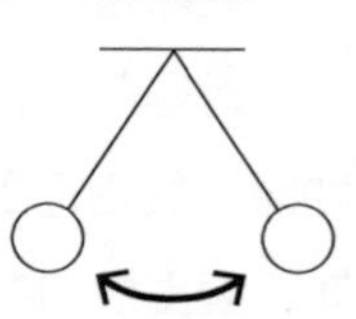

高度与下落速度之间的关系

从高处下落的物体，速度会逐渐加快。根据机械能守恒定律，可以计算出在物体的下落过程中的某一时刻的速度。

物体下落 1 m 时的速度：由 $mgh=\frac{1}{2}mv^2$，$g\approx 9.8\ \mathrm{m/s^2}$，$h=1\ \mathrm{m}$，可知 $v\approx 4.4\ \mathrm{m/s}$。

物体下落10 m时的速度：由$mgh=\frac{1}{2}mv^2$，$g\approx9.8\ \mathrm{m/s^2}$，$h=10\ \mathrm{m}$，可知$v\approx14\ \mathrm{m/s}$。

物体下落100 m时的速度：由$mgh=\frac{1}{2}mv^2$，$g\approx9.8\ \mathrm{m/s^2}$，$h=100\ \mathrm{m}$，可知$v\approx44\ \mathrm{m/s}$。

应用 利用重力势能发电

合理利用重力势能可以造福人类社会，其中最有代表性的应用当属水力发电。

在水力发电站，水库中的水的**重力势能可以被转化为动能，以进行利用**。通过释放水的重力势能产生巨大的动能，然后一泻千里的水流就能够带动发电机旋转发电。这就是水力发电站的工作原理。

日本的水力发电供电量约占电力总需求的10%。粗略估算，日本电力公司的发电量最大可达约2×10^8 kW，这相当于每秒产生2×10^{11} J的能量。

这10%（2×10^{10}J）的电能其实就源自水库中的水的重力势能。那么，这些能量是由多少水产生的呢？

日本《河流法》规定，大坝的高度必须在15m以上。此处为了方便计算，假设大坝的高度是100 m（事实上，有许多大坝都超过了这一高度，“黑部大坝”的高度就达到了186 m）。

1 kg的水在下落100 m后所释放的重力势能如下。

$$E_p=mgh=1\ \mathrm{kg}\times9.8\ \mathrm{m/s^2}\times100\ \mathrm{m}=980\ \mathrm{J}$$

所以，获取2×10^{10} J的能量需要释放的水量如下。

$$2\times10^{10}\ \mathrm{J}\div980\ \mathrm{J/kg}\approx2\times10^7\ \mathrm{kg}=20000\ \mathrm{t}$$

由此可知，发电所需要的水量为20000 t。考虑到一些影响因素的存在，比如发电效率不可能达到100%，所以需要的水量将大大超出计算结果。

虽然水力发电所用的水量并不是总能达到上文计算的数量，但我们可以了解一个事实——维持日本的电力供应需要大量的水资源作保障。

入门 ★★　实用 ★★★★★　考试 ★★★

11 冲量和动量

力可以使物体的运动状态发生变化，可以从功与能量的角度来研究这一过程，但在某些情况下，从冲量和动量的角度去研究这一过程更加方便。

要点

物体的动量随其所受力的冲量的大小变化而变化

动量

与动能不同，**动量**这一概念是用来表示物体在运动方向上保持运动的趋势的。

- 动量：$p=mv$（m：物体的质量；v：物体的速度）

冲量

物体在受力后，动量可能会发生改变。动量的变化量等于物体受到的合力的**冲量**。

- 冲量：$I=Ft$（F：力的大小；t：力的作用时间）

延长受力时间可以减少冲击力

物体运动的激烈程度用“质量”和“速度”的乘积来表示。

马路上，速度快的车比速度慢的车更危险。在被物体撞到时，该物体的运动速度越快则冲击力越大。而且，在运动速度相同时，质量越大的物体运动势头越猛。显而易见，当微型轿车和载货卡车以同一速度行驶时，载货卡车更加危险。

运动保持运动的趋势（动量）不是一成不变的。以车辆为例，在踩下油门后，车的动量就会增加。相反，在踩下刹车后，车的动量就会减小。踩油门和刹车的操作都对汽车施加了力，汽车的动量随其所受力的冲量的大小变化而变化。

把火柴棒放进吸管里吹出来，就能简单地验证这种关系。把火柴棒分别放在吸管的离嘴远的一端和靠近嘴的一端，使用同样的力度吹气，在将火柴棒放在靠近嘴的一端时火柴棒会飞得更远。这是因为在受力的时间长时，火柴棒受到的力的冲量更大，所以动量变化（速度变化）也更大。

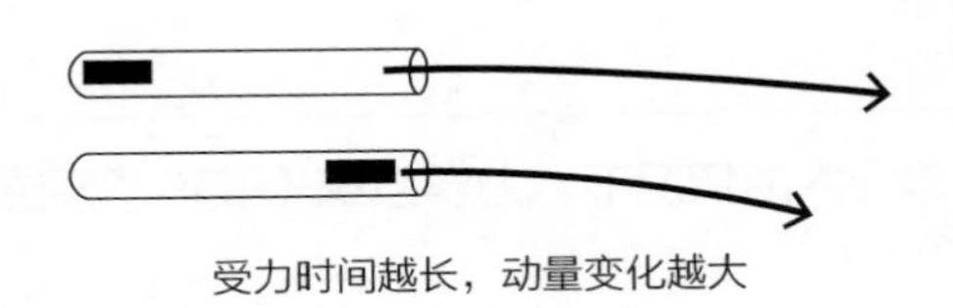

受力时间越长，动量变化越大

应用 使用缓冲材料延长受力时间

生活中对动量与冲量之间的关系的应用无处不在。

在搬运易碎货物时，常使用缓冲物将其包裹，一般选用由软质材料制成的缓冲物。不论是撞到坚硬或柔软的物体，包裹内货物的动量变化都一样，这意味着包裹中货物受到的力的冲量相同。

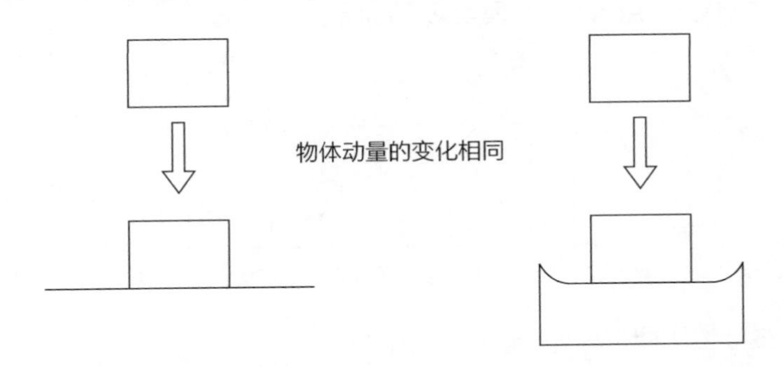

那么，使用由软质材料制成的缓冲物改变了什么呢？答案是**受力时间**。使用软质材料的包裹能通过延长受力时间减小货物受到的冲击力，从而达到保护货物的效果。

入门 ★★★　实用 ★★　考试 ★★★★★

12 动量守恒定律

在研究单个物体时，冲量与动量之间的关系非常实用。在研究两个或两个以上的物体间的整体关系时，常使用动量守恒定律。

要点

在没有外力介入的情况下，力学系统（简称“系统”）的总动量不变

比如，在两个物体发生碰撞时会给彼此施加力的作用。继而，两物体各自的动量发生改变。

但是，如果两个物体只受系统内力（系统中物体间的作用力）作用，无其他外力介入（或所受外力为平衡力，即所受外力的矢量和为零），那么两物体的动量之和（系统的总动量）保持不变。这就是**动量守恒定律**。

动量守恒定律的经典模型如下图所示。

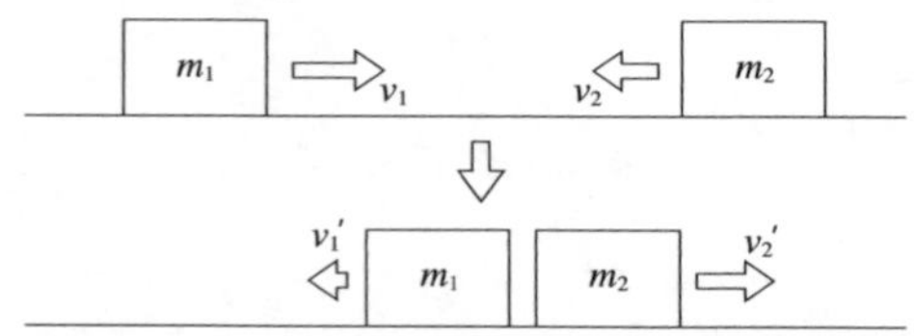

两个物体所受外力（重力和支持力）的矢量和为零

- 动量守恒定律：$m_1v_1-m_2v_2=-m_1v_1'+m_2v_2'$

利用动量守恒定律抑制冲击

动量是包含大小和方向的矢量。如果两个质量相同的完全非弹性物体以大小相同的速度正面碰撞，那么两个物体都会停止运动。此时，**并不是两个物体的动量消失了**，而是两物体原本的动量之和为零。用公式表示，两物体的动量之和为：$m_1v_1-m_2v_2=0$。

熟练掌握动量守恒定律能够拓展思路，我们可以将其运用于生活中的不同场景。

应用 为什么炮弹能够飞行很远的距离

大炮是一种常用的作战武器，能向敌方阵地发射炮弹。被大炮射出炮膛的炮弹拥有巨大的动量。

如下图所示，在炮弹发射前，炮身与炮弹组成的装置整体是静止的，没有动量。根据动量守恒定律，如果炮弹在静止状态下产生了向右的动量，那么炮身也应该同时产生向左的动量。

在炮弹出膛时，所发出的声音往往震耳欲聋，此时的炮弹获得了巨大的动量。

实际上，在炮弹出膛后，炮身在反方向上也产生了相同的动量。这一现象对身处大炮周围的人来说是非常危险的，也是大炮发生故障的原因之一。

为解决这一问题，无后坐力炮问世。如左下图所示，当大炮同时向左右两侧发射炮弹时，装置整体的动量之和为零，炮身不会产生动量。然而，这种构造会导致大炮必须向己方阵营发射炮弹。为改善这一状况，专家研制了能向相反方向喷射气体的炮身，如右下图所示。

这一原理也被应用于棒球投球机等装置上。

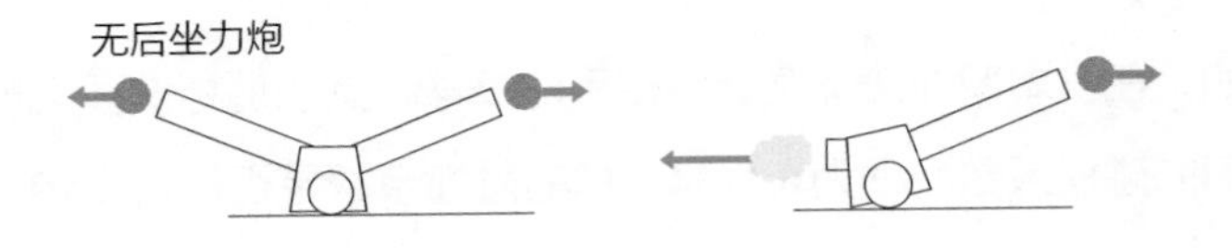

入门 ★★★ 实用 ★★ 考试 ★★★★★

13 两物体的碰撞

当两个物体发生碰撞时，仅凭动量守恒定律无法计算碰撞后的速度，所以必须引入另一个概念——碰撞系数。

要点

在发生碰撞时用“碰撞系数”来表示两个物体的反弹程度

如下图所示，当球体撞到地板被弹回时，球与地板之间的碰撞系数可用公式$e=\frac{v'}{v}$来表示。

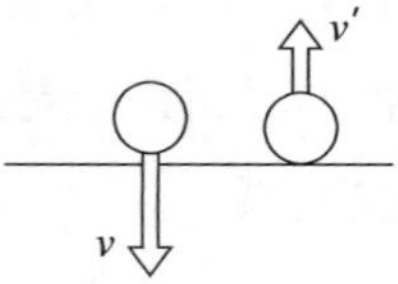

v'

v

另外，在运动的两个球体发生下图所示的碰撞时，可将球与球之间的碰撞系数表示为$e=\frac{v_1'+v_2'}{v_1+v_2}$。

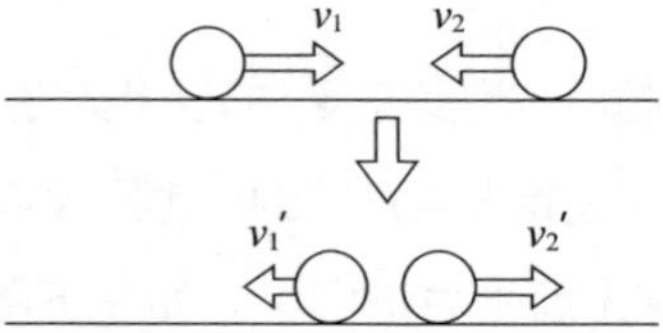

v_1　v_2

v_1'　v_2'

结合动量守恒定律和碰撞系数，求物体发生碰撞后的速度

不同的球类比赛项目对球的要求各不相同，大小和质量自不必说，弹性也是标准之一。

例如，在日本职业棒球联赛中使用的棒球，其制造标准要求球与固定铁板之间的碰撞系数必须为0.4134。球的碰撞系数是否符合规定，可以通过使用传感器测量球碰撞前后的速度来进行检测。

实际上，不使用测速传感器也能简单地求出碰撞系数。通过让球从地面上某一高度自由落下并测量球落地后弹起的最大高度，就能实现这一目的。

如果将球与地面发生碰撞前的速度设为v_1，将与地面发生碰撞后的速度设为v_2，联系在本章09小节中出现的公式$mgh=\frac{1}{2}mv^2$，进而可以计算出下列数据。

- 球的初始高度$h_1=\frac{v_1^2}{2g}$（g：重力加速度）
- 球与地面发生碰撞后弹起至最高点的高度$h_2=\frac{v_2^2}{2g}$
- 球和地面之间的碰撞系数$e=\frac{v_2}{v_1}=\sqrt{\frac{h_2}{h_1}}$

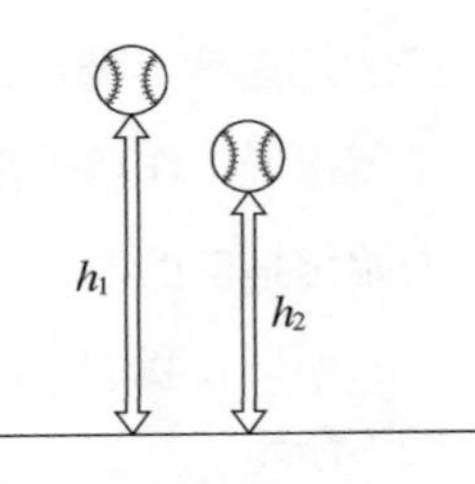

综上所述，将h_1和h_2代入公式后即可求得弹性系数e。

另一方面，在需要求两物体发生碰撞后的速度时，必须结合动量守恒定律进行计算。

如下图所示，假定发生碰撞前两球的速度分别为v_1和v_2，

在发生碰撞后，两球的速度分别为v_1'，v_2'，

那么可得到下列关系。

- 动量守恒定律：$m_1v_1-m_2v_2=-m_1v_1'+m_2v_2'$
- 球与球之间的碰撞系数：$e=\frac{v_1'+v_2'}{v_1+v_2}$

通过联立方程即可求出v_1'与v_2'的大小。

入门 ★★★ 实用 ★★★ 考试 ★★★★★

圆周运动

在物体绕圆心旋转的“圆周运动”中，都有哪些力参与其中呢？其实，物体会持续进行圆周运动的原因是受到了大小不变、方向始终指向圆心的合力。

要点

做匀速圆周运动的物体，其加速度方向总指向圆心

物体在进行匀速圆周运动（线速度大小恒定的圆周运动）时会产生右图所示的加速度。

如本章07小节所述，要使物体在一个方向上产生加速度，那么必须在该方向上对物体施力。也就是说，作用于在匀速圆周运动的物体上的合力始终指向圆心。

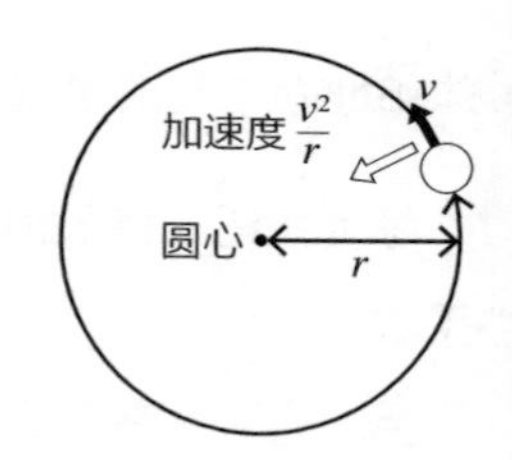

所以，我们称该合力为**向心力**，其计算公式如下所示。

- 向心力：$F=m\frac{v^2}{r}$（m：物体的质量）

周期与转速为倒数关系

在链球运动中，投掷者需要快速转动身体，使与铁链连接的铅球做圆周运动。如果不用力拉紧铁链以维持铅球做圆周运动所需要的向心力，旋转就无法持续。

圆周运动还被广泛应用在游乐园的娱乐设施中，旋转型的娱乐设施必须受到向心力才能运转。

在实际情况下，重力也会影响物体的运动状态。所以，维持圆周运动需要牵引力和重力的合力指向圆形轨道的中心，如下页中的图例所示。

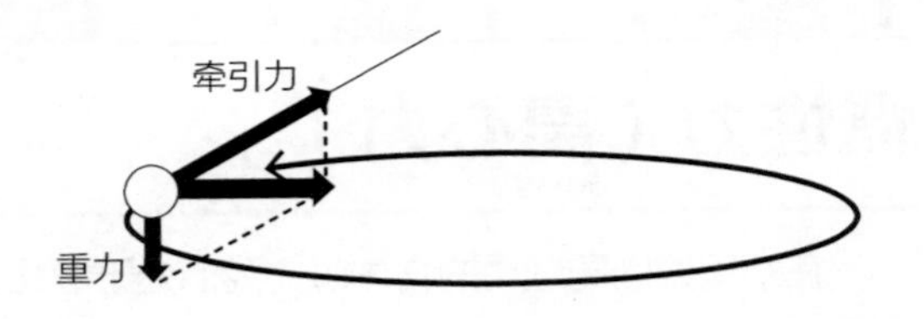

在车辆或机械装置中有很多齿轮，通常用“转速”表示单位时间内物体旋转的圈数。

假设物体在做圆周运动时的半径为r，那么每当物体完成一次圆周运动，就会转过$2\pi r$的距离。由此可知，物体做一次圆周运动所需要的时间为$\frac{2\pi r}{v}$。这一时间即为圆周运动的**周期**。

假设圆周运动的周期为0.1 s，那么物体每0.1 s旋转一圈。因此，物体每秒将旋转10圈，即转速为10 r/s。

综上所述，周期与转速成倒数关系，如下式所示。

$$\text{周期}=\frac{1}{\text{转速}}$$

已知“周期”就能立即求出“转速”，相反，已知“转速”也能立即求出“周期”。我们的身边有许多旋转的物品，典型的例子就是电机。如果没有电机，许多电器将无法运转。而且，很多零件需要连接电机才能获得转动的动力。由此可见圆周运动的实用性，设计机械装置只是其众多应用中的冰山一角。

运动员把链球扔出去之前，链球的运动也是圆周运动。

入门 ★★★　实用 ★★★★　考试 ★★★★

惯性力（离心力）

在观察做圆周运动的物体时，我们处于静止参考系，但当观察者的参考系与物体一同旋转时，物体则处于静止状态。此时，便出现了一种特殊的力。

要点

离心力并非真实存在的力

在参考系与物体一同做匀速圆周运动时，物体受到的惯性力被称为离心力。

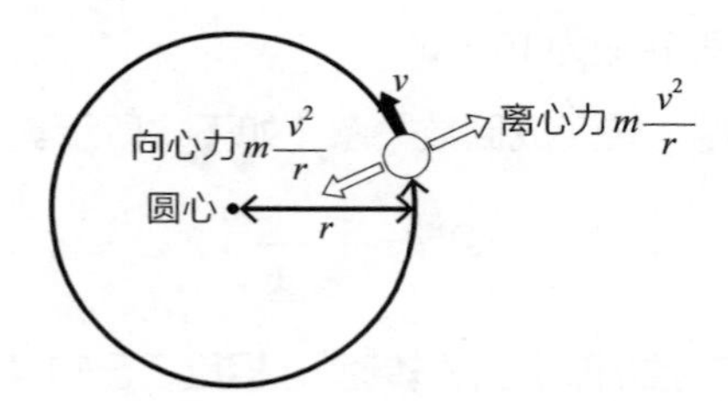

在此视角观察物体时，在做匀速圆周运动的物体看似是静止的。这是因为向心力与离心力处于平衡状态。

需要注意的是，在静止参考系中离心力不存在。

离心力是惯性力的一种。只有当观察者的参考系位于具有加速度的物体之上时才能观察到惯性力，其大小和方向如下图所示。

车辆的加速度 a

惯性力 $F=ma$
（m：物体的质量）

通过测量惯性力，可知物体的加速度

在科技发展日新月异的今天，智能手机也能轻松快捷地使用加速度计了。

实际上，加速度计测量的是**惯性力**。由于惯性力与加速度成正比，所以在测得惯性力后，就能推算出加速度的大小。

当司机踩下急刹车时，安全带就能立即利用惯性力锁死，从而保护乘客的安全。汽车安全带的设计就利用了惯性力的原理。在司机踩下急刹车后，汽车会产生向后的加速度，此时惯性力的方向为与加速度方向相反的正前方。于是，在惯性力的作用下，安全带锁止机构被触发。

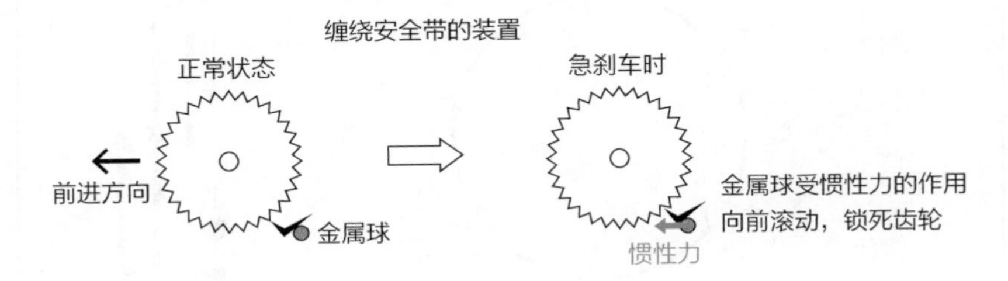

惯性力也存在于上下运行时处于加速或减速状态的电梯中。在电梯向上加速时，乘客会感到身体变得沉重；相反，在电梯向下加速时，乘客会感觉身体变得轻盈。受惯性力的影响，乘客感受到的重力发生了变化。

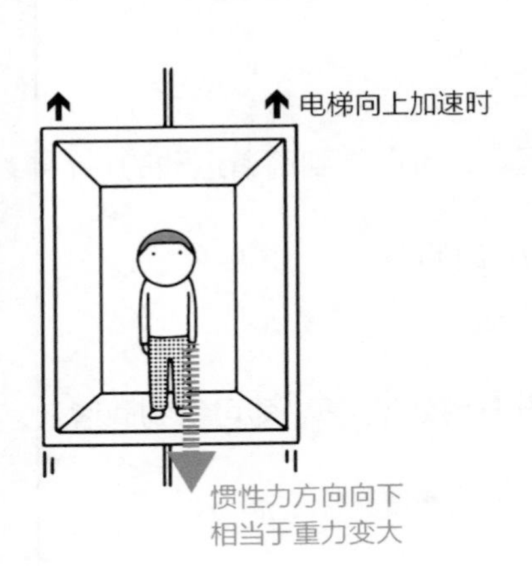

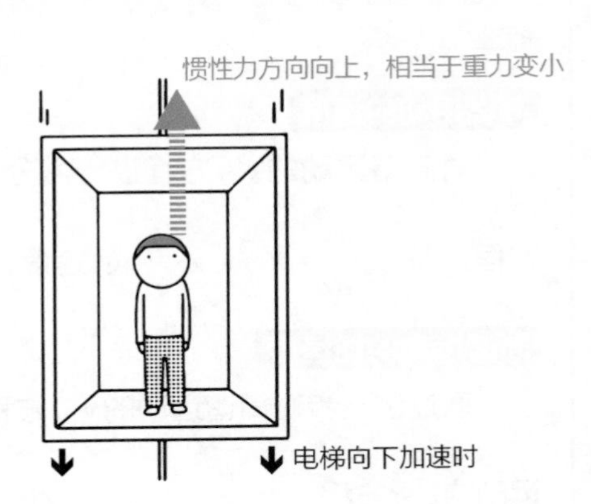

入门 ★★★ 实用 ★★★★ 考试 ★★★★

16 简谐运动

连接在弹簧上的物体可做简谐运动。以圆周运动为基础即可轻松理解简谐运动的原理。

要点

简谐运动是匀速圆周运动的投影

给处于匀速圆周运动中的物体的侧面打光，观察物体运动形成的投影。此投影为匀速圆周运动的**投影**，投影的运动方式即简谐运动。

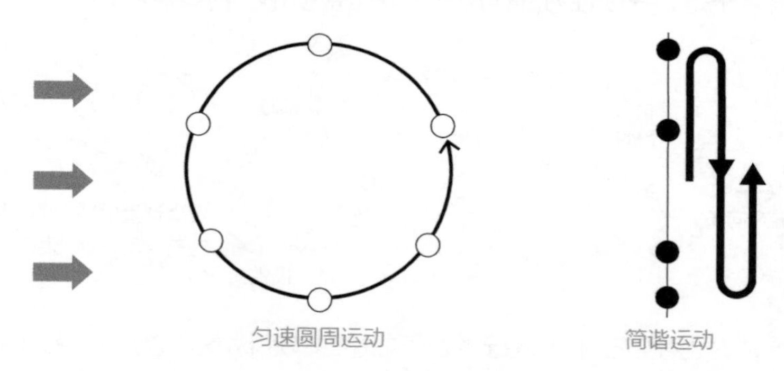

做简谐运动的物体在$t=0$时刻的位置在正中间，将此处设为0，那么在t时刻，物体的位移x可被表示为$x=A\sin\omega t$（A：振幅；ω：角频率）。

简谐运动的速度

对简谐运动的$x-t$方程进行微分运算，可以得到简谐运动的$v-t$方程，即$v=\dfrac{dx}{dt}=A\omega\cos\omega t$（$v$：速度；$t$：时间）。

简谐运动的加速度

通过进一步对简谐运动的$v-t$方程进行微分运算，即可得到简谐运动的$a-t$方程：$a=\dfrac{dv}{dt}=-A\omega^2\sin\omega t$（$a$：加速度；$t$：时间）。

弹簧振子做简谐运动的周期由弹簧的劲度系数决定

在生活中，很难有仔细观察简谐运动的机会，弹簧的简谐运动常常被隐藏在各种装置的内部。

在连接汽车轮胎的悬挂装置中就存在弹簧结构。当汽车在崎岖不平的道路上行驶时，悬挂装置中的弹簧结构能够吸收使车身晃动的能量，在一定程度上达到减少车身晃动的效果。

这项技术的关键是控制弹簧的**振动周期**。一次振动所需要的时间即简谐运动的振动周期。弹簧的振动周期由所连接物体的质量m与弹簧的劲度系数k决定，如右图所示。

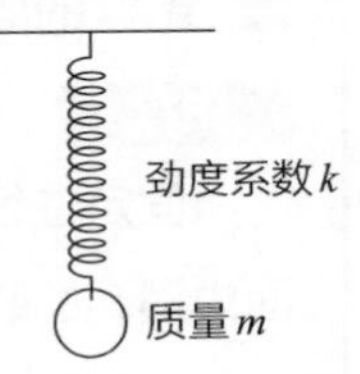

弧长是角的度量单位，单位缩写是rad。弧长等于半径的弧所对的圆心角为1弧度，所以一个圆周对应2π弧度，即2πrad。一次振动相当于旋转了2πrad（360°）的角度。角频率ω（rad/s）用来表示每秒振动了多少个“rad”单位。

因此，可以通过公式$T=2\frac{\pi}{\omega}$求得周期T（s）。

做简谐运动的物体，可以用“$F=ma$”表示其运动方程。若物体的加速度$a=-A\omega^2\sin\omega t=-\omega^2 x$，物体受到的力$F$为$F=-kx$，那么联立运动方程、加速度方程、受力方程这三式可得$-m\omega^2 x=-kx$。化简方程可得到公式$\omega=\sqrt{\frac{k}{m}}$。

综上所述，周期T（s）的计算公式如下。

$$T=2\frac{\pi}{\omega}=2\pi\sqrt{\frac{m}{k}}$$

通过调整物体的质量和弹簧的劲度系数，可以将简谐运动的振动周期设定至预期的数值。在生活中，用到弹簧结构的物品数不胜数，在设计此类物品时，公式$T=2\pi\sqrt{\frac{m}{k}}$发挥了巨大的作用。

入门 ★★　实用 ★★★　考试 ★★

17 单摆

可将振幅较小的单摆运动视为简谐运动。与简谐运动相同，掌握单摆运动的关键在于研究其周期。

要点

单摆的周期与运动物体的质量无关

单摆

固定住细线的一端，在细线的另一端上拴上重物，使其在竖直平面内摆动的装置叫作**单摆**。

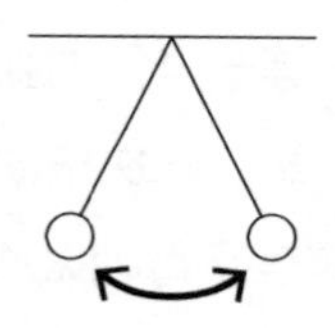

因为可以将振幅较小的单摆运动近似看作直线上的往复运动，因此可以把单摆运动当作简谐运动来研究。

单摆的周期

$T=2\pi\sqrt{\frac{L}{g}}$（L：单摆的长度；g：重力加速度）

由上式可知，单摆的周期仅由单摆的长度和重力加速度的大小决定。

重点在于，单摆运动与运动物体的质量无关。虽然物体质量越大运动越困难，但是物体质量越大所受到的重力也越大，两者的作用能相互抵消。

调节单摆的长度，改变单摆的周期

单摆的周期由单摆的长度和重力加速度的大小决定。

然而，地球上任意地点的重力加速度几乎相同，所以**单摆的长度**是决定单摆的运动周期的关键。通过测量具有相同长度的单摆的运动周期，也可以计算出不同地区重力加速度之间的差异。

秋千这种儿童娱乐设施的设计总是大同小异的。为秋千的悬绳设计一个标准长度，孩子们就可以在合适的摆荡周期内愉快地玩耍了。换句话说，一旦将秋千的长度固定下来，无论如何用力地摆荡，其摆荡周期也不会改变。在不改变秋千长度的条件下，缩短摆荡周期的唯一方法就是站在秋千上，因为站立可以使人与秋千的整体重心升高，此举相当于变相地缩短了秋千悬绳的长度。

应用 地震或强风引起高楼大厦晃动的原因

虽然肉眼难以察觉，但其实高楼大厦也会在风或地震的影响下产生轻微的晃动。若高楼大厦的摇晃过于剧烈，大厦就会倒塌，为避免这种情况的发生，建筑师在设计大厦时已将抗震、抗风性考虑在内。

建筑物的**振动周期随建筑物高度的不同而变化**。建筑物越高，振动周期就越长。因此，当周期很长的震波来袭时，若震波与建筑物的固有频率相同或接近时，高层建筑会产生剧烈的晃动，这种现象叫作**共振**。

美国东部河岸曾发生过这样一起事故，刚刚竣工的高楼在强风的影响下产生了剧烈的晃动，原因在于高楼与风产生了共振。这种典型的设计失误的出现就是因为没有考虑到风的振动周期。可是，拆除重建又是一项费钱费力的浩大工程，建筑师们是如何解决问题的呢？

右图所示的改良方案使问题迎刃而解。将高楼与相对低矮的建筑物连接在一起，降低高楼的重心，从而使其振动周期缩短。可见，风力的影响也是建筑设计中必须考虑的环节。

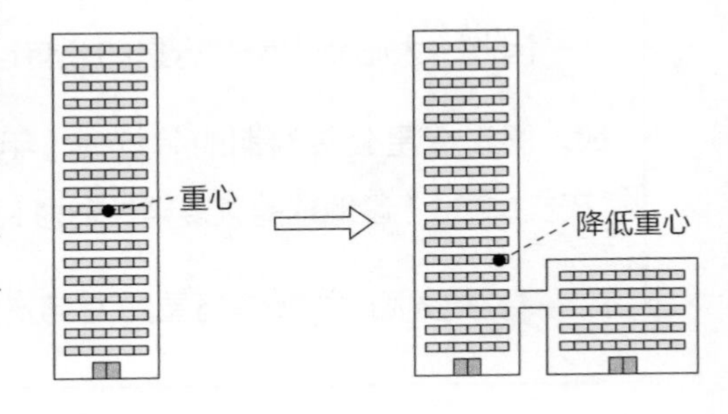

入门 ★★　实用 ★★★　考试 ★★★★

18 开普勒三大定律

绕太阳公转的行星，其运动符合一定的规律，这些规律被总结为“开普勒三大定律”。

要点

行星离太阳越远，公转速度就越慢

开普勒通过研究得出行星在运动时满足以下3条定律。

- 开普勒第一定律：太阳系内任意行星的公转轨道都是椭圆，太阳位于其椭圆轨道的一个焦点上

太阳系行星的运动并不是完美的圆周运动，它们的运动轨道为椭圆。以地球为例，其轨道的远日点与近日点到太阳的距离相差约 5×10^6 km。

- 开普勒第二定律：行星的面积速度恒定不变

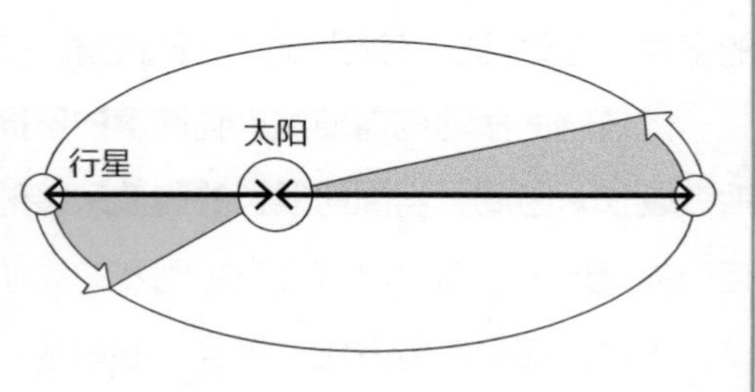

如右图所示，连接太阳和行星的线段在单位时间内扫过的面积被称为**面积速度**。由此可知，行星离太阳越远公转速度就越慢。

- 开普勒第三定律：太阳系中所有行星的公转周期的二次方 T^2 与其轨道半长轴（椭圆轨道长轴的一半）的三次方 a^3 的比值都相等

因此，太阳系中所有行星的公转运动均满足 $\dfrac{T^2}{a^3}=k$ 恒定不变的规律。假设行星公转周期的单位为“年”，公转轨道半长轴的单位为“天文单位”（设地球的轨道半长轴为1天文单位），那么地球的情况为 $\dfrac{T^2}{a^3}=1$，故太阳系中所有行星的 T^2 与 a^3 的比值都恒定为1。

用开普勒第三定律计算目标星体的公转周期

行星在椭圆轨道上离太阳最近的位置被称为**近日点**。相反，行星在椭圆轨道上离太阳最远的位置则被称为**远日点**。

以地球为例，当地球运行至近日点时是每年的1月初，北半球为冬季。而当地球运行至远日点时是每年的7月初，北半球则为夏季。

距离太阳越近，地球的公转速度就越快。也就是说，当日本处于冬季时，地球的公转速度更快。

秋分到春分的天数（冬季时间）比春分到秋分的天数（夏季时间）少，这一事实验证了上述观点。地球的公转速度是变化的，所以夏季时间比冬季时间长，然而却很少有人注意到这一现象。

不止是行星符合开普勒三大定律，包括小行星、彗星在内的天体也一样，它们的运动同样遵循开普勒三大定律。

彗星是一种公转周期较长的天体，它们距离太阳相当遥远，其主要组成物质为冰。只有在接近太阳时，彗星上的冰才会逐渐融化，因为彗星的公转轨道为形状非常扁的椭圆形。

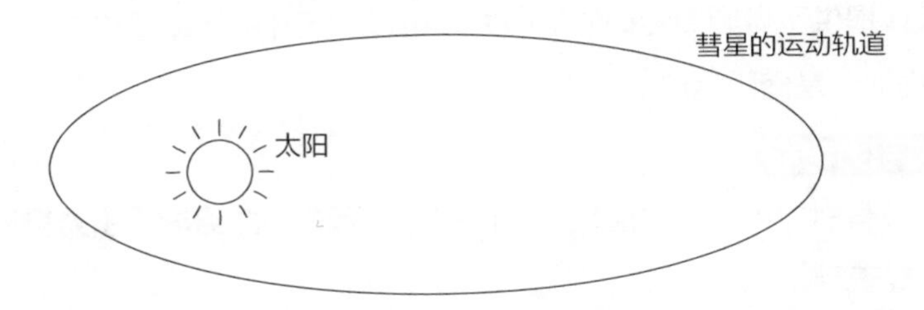

1986年，人们在地球上观测到了哈雷彗星。约在2月9日，它刚好过近日点。据计算，哈雷彗星的轨道半长轴为约18个天文单位。据此，可以将其代入开普勒第三定律公式，得到的$\frac{18^3}{T^2}=1$，进而求出哈雷彗星的周期为$T\approx76$年。

通过运用开普勒第三定律进行计算，人类预测哈雷彗星将在2061年7月下旬再一次飞抵近日点。

入门 ★★★　实用 ★★★★　考试 ★★★★★

万有引力作用下的运动

自然界中的任何物体之间都相互吸引、存在引力作用。这就是万有引力，也是决定天体运动的力。

要点

物体间的距离越近，万有引力的能量就越小

在具有质量的物体之间，万有引力的关系如下所示。

$F=G\dfrac{Mm}{r^2}$（G：引力常量；r：物体间的距离；M、m：各物体的质量）

天体间的万有引力决定了天体的运动状态。

以太阳系为例。由于太阳的质量占据绝对的优势，所以太阳系内其他天体受到的力几乎全部是来自太阳的万有引力。太阳的万有引力为天体提供了做圆周运动的向心力，可以将天体的运动看作圆周运动（准确地说是椭圆运动）。

万有引力势能

万有引力可以产生能量，我们称之为**万有引力势能（引力势能）**，用下式表示。

$$U=-G\frac{Mm}{r}$$

万有引力产生的势能，通常以无穷远为基准。需要注意的是，万有引力产生的势能为负值。

求人造卫星和宇宙探测器的最低飞行速度

在地球周围有许多绕行的卫星，用途各不相同，其中包括通信卫星、GPS卫星和地球观测卫星等。它们**不需要持续消耗燃料**也能长期在卫星轨道上运行。基本上只依靠来自地球的万有引力就可以维持人造卫星在轨道上运行。万有引力为卫星提供了向心力，使其保持匀速圆周运动。因此，只有在人造卫星偏离轨道，需要修正的时候，才会消耗燃料。可见，人造卫星是非常节能的。

当然，人造卫星必须拥有一定的运行速度，才能维持匀速圆周运动。如果失去了速度，重力就会使卫星坠落。那么，多大的速度才能让卫星刚好围绕地球旋转呢？

这与卫星的轨道半径相关。让我们试想一下卫星绕地表旋转的情况。你可能会想："怎么可能有绕地表旋转的卫星呢？"那么这里举出一例。国际空间站在距离地表约400 km的高空运行，然而这个距离只有地球半径的1/16。虽说是"空间站"，但从距离地球较远的太空视角观察，它几乎是贴着地球表面运行的。

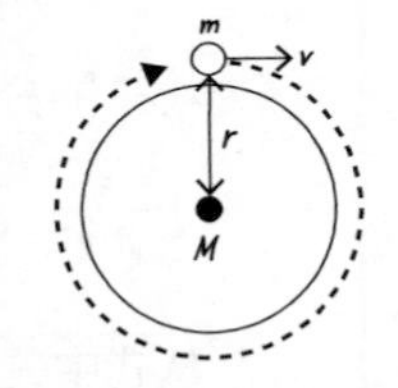

此时，可以将人造卫星的运动方程表示为$m\dfrac{v^2}{r}=G\dfrac{Mm}{r^2}$，求解后得到$v=\sqrt{\dfrac{GM}{r}}$。将对应的数值带入后，可计算出人造卫星的速度约为7.9 km/s（第一宇宙速度）。

由此可知，在地表附近运行的人造卫星，其运行速度相当之快。只要使卫星在到达太空轨道时的初速度达到第一宇宙速度，它就可以在万有引力的作用下持续围绕地球做圆周运动。

如果超过第一宇宙速度，卫星就会脱离圆周运动轨道，绕地球做椭圆运动。

入门 ★★★ 实用 ★★★ 考试 ★★★★

20 温度和热

在日常生活中，如果人体的体温过高，我们就称这个人在“发烧”或“发热”，此时的“热”和“温度”虽然有相同的意思，但在物理上是不同的概念。

要点

“温度”描述微观粒子，“热”描述宏观整体

温度

构成物质的原子、分子等粒子不是静止的，而是随机运动的。这就是所谓的**热运动**，也是粒子具有分子动能的原因。

粒子的分子动能可以用下式表示。

$\frac{1}{2}mv^2=\frac{3}{2}kT$（$k$：玻耳兹曼常数；$T$：物质的热力学温度）

从式中关系可知，**温度**用来描述一个原子（分子）所具有的动能。

另外，温度的单位并不是日常使用的摄氏温度的单位（℃），而是热力学温度的单位（K），两者之间数值的关系是“热力学温度=摄氏温度+273.15”。

热

构成物质的全体原子（分子）所具有的能量叫作**热**。

在单原子分子理想气体的情况下，全体原子（分子）所具有的能量即为内能，可将内能表示为：$U=\frac{3}{2}nRT$［n：气体的物质的量（单位为摩尔，mol）；R：摩尔气体常数］。

揭开“热”的神秘面纱

1843年，英国物理学家焦耳发现热的本质是“**能量**”。同一时期，德国医生、物理学家迈尔发表了论文，他预测可以将能量转换成多种形式；德国物理学家亥姆霍兹也推导出了热力学第一定律。这一阶段，热力学取得了空前的发展。

其实，在发现热是一种能量之前，人类一直认为热是由一种叫“热素”的元素构成的。比如，当时的人们认为热水中含有大量的热素，冷水只含有少量的热素。

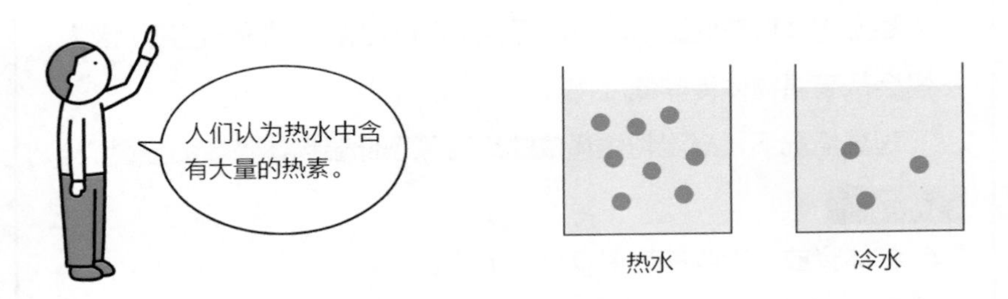

顺便一提，“热素”的说法源自“caloric”一词。该词也是热量的非法定计量单位“cal（卡路里）”的词源。

随着研究不断深入，人们开始对“热素说”持怀疑态度。提出质疑的是从美国移居欧洲（主要在英国、德国两国活动）的科学家伦福德伯爵。

伦福德曾管理过磨制大炮炮身的工作。在此期间，他注意到在用马匹的力量带动炮身旋转进行打磨工作时，炮身会产生热量。于是，他又将炮身置入水槽中持续打磨。两个半小时后，他发现水槽中的水沸腾了。

至此，热量可以无限释放的观点越来越难以立足。1798年，人们开始察觉到热的本质是原子和分子的无规则运动。

在1827年，“布朗运动”的横空出世使得热运动观点的可靠性得到了进一步的提高。

入门 ★★ 实用 ★★★★ 考试 ★★★

21 热传递

当温度较低的物体接触温度较高的物体时，两者的温度会逐渐趋于相同。这是因为，热量从温度较高的物体传向温度较低的物体。

要点

热量是守恒的

热传递

高温物体在与低温物体接触后，两者最终将达到同一温度。因为，热量会从高温物体传向低温物体。

理想情况下，**高温物体释放的热量等于低温物体吸收的热量**。

热量

物体释放、吸收的热量Q可用下式表示。

$Q=mc\Delta T$（m：物体的质量；c：物体的比热容；ΔT：物体变化的温度）

比热容：使单位质量的物质上升（或下降）单位温度所吸收（或放出）的热量。

利用导热性较差的材料提升隔热效果

在寒冷的地区，提高建筑物的隔热性能显得尤为重要。如前文所述，在经过一定的时间后，互相接触的两个物体最终会达到同一温度。现实中，室内温度并不会在短时间内趋近于室外温度，因为热量的传递并没有想象中那么快速。

使用**热导率**（导热系数）较低的材料，可以有效降低室内温度的逃逸速度。在下页的表格中列出了各种物质的热导率，其中空气的热导率极低。为了提高隔热性能，房屋的窗户常采用中空的双层结构。这种双层窗的设计就是巧妙地利用了空气热传递效率较低的特性。

物质	热导率/ $W \cdot cm^{-1} \cdot K^{-1}$
铜	403
铝	236
不锈钢	16.7~20.9
玻璃	0.55~0.75
木材	0.15~0.25
聚苯乙烯	0.10~0.14
空气	0.0241

另外，不同的物质在吸收热量后，其温度的变化程度也不尽相同。在艳阳高照的天气去海边游玩时，我们发现沙滩被晒得烫脚，可海水的温度却不太高。原因在于**沙子与海水的比热容不同**。沙子的比热容比海水小得多，所以温度上升很快。

白天的沙滩温度很高，但由于沙子的比热容较小，在夜幕降临后，沙滩的温度很快就降低了。而比热容较大的海水则不同，即使到了晚上也能保持一定的温度。

理解沙滩与海水温度变化的差异后，就能够解释海风的形成原因了。在白天，温度较高的沙滩区域会产生上升气流。于是，在海岸线附近形成了从凉爽海面吹向大陆的海风，这种清凉的海风具有缓解酷暑的作用。

相反，在夜晚，沙滩温度下降，生成下降气流，从而在海岸线上形成从大陆吹向海面的海风，这种风能使夜晚不那么寒冷。

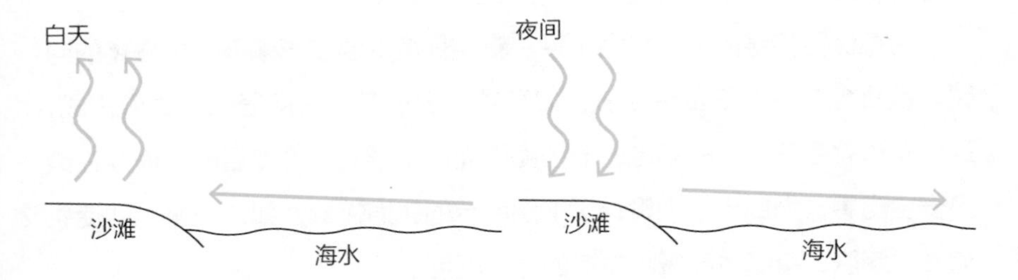

海风吹拂的方向昼夜交替，在恰好交替的时间点上，海岸线一带将处于短暂的无风状态，此时就是所谓“风平浪静”的时段。

入门 ★★★★ 实用 ★★★★★ 考试 ★★★

22 热膨胀

物体温度升高，意味着构成物体的粒子的热运动变得剧烈。物体宏观的体积会因为粒子运动的加剧而膨胀。

要点

无论物体处于何种状态，只要温度上升就会发生膨胀

固体的温度上升后，体积随之增大，这就是**热膨胀**。

液体也会随着温度的上升而膨胀。不过，水的体积在温度为0~4 ℃时会随着温度的上升而收缩，在温度超过4 ℃后水的体积才会膨胀。

同样，气体体积也会随着温度的上升而膨胀。气体体积的变化最为明显，在压力一定的情况下，温度上升1倍，体积也能膨胀1倍（具体参考本章23节知识）。

利用热胀冷缩的原理设计铁轨

许多人认为，火车的轨道是无缝的长轨道。其实，通常情况下一根轨道的长度为25 m，通过接缝将它们连接在一起。

特意保留接缝的设计是为了解决**轨道长度受温度影响而发生变化**的问题。铁轨会在高温下发生膨胀。如果铁轨由一条没有接缝的长轨道构成，那么轨道就会在夏季的高温时节因膨胀而产生形变，形变后的轨道存在诸多安全隐患。为此，人们设计了下图所示的轨道接缝。如此一来，即使轨道发生膨胀，接缝也能减小轨道的形变程度。

在日本新干线上之所以很难听见传统火车的“哐当哐当”的声音，是因为设计师在轨道的接缝结构的设计上下了功夫。

轨道的接缝

气温上升后的轨道接缝状态

当然也有特例，日本青函海底隧道内长达52.6 km的轨道没有一处接缝。能够使用如此之长的轨道，是因为日本青函海底隧道中的温度与湿度常年稳定，不需要考虑轨道发生热膨胀的情况。中国的沪昆高铁全线2264km、双线4528km均为无缝钢轨，是世界最长的无缝钢轨。

应用 双层金属片式温控开关的原理

除铁路以外，热膨胀还有其他的应用案例，典型的例子就是双层金属片式温控开关。如其名称所述，双层金属片由重叠在一起的两种金属构成。

不同种类金属的热膨胀程度不同。假设金属A在受热时比金属B的膨胀更剧烈，那么在温度上升后，开关结构就会发生下图所示的弯曲。

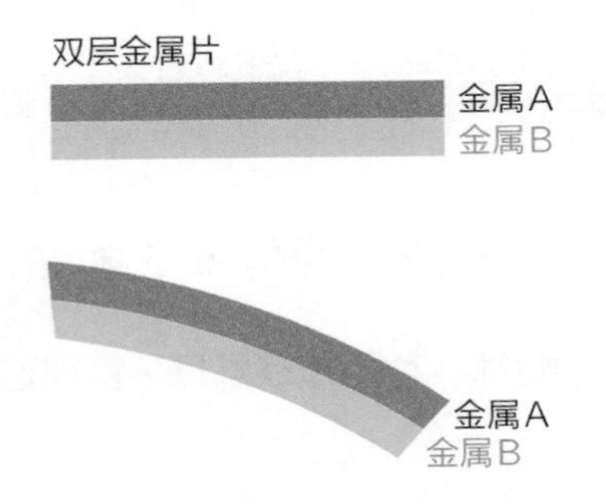

使用双层金属片结构制作开关，能够实现在温度升高时自动关闭开关、在温度下降时自动开启开关的效果。

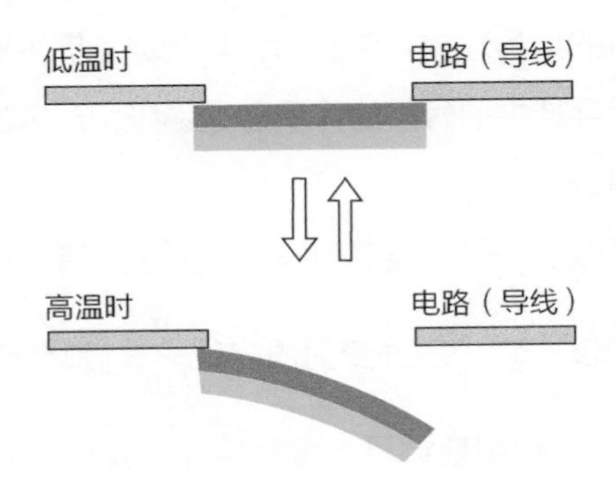

入门 ★★★★　实用 ★★★★★　考试 ★★★

23 玻意耳·查理定律

比起固体和液体，气体的体积和压强更容易发生变化。本节内容将探讨气体状态的变化规律。

要点

合并运用玻意耳定律和查理定律

玻意耳定律

在气体的温度一定时，p与V的乘积恒定不变（p：气体的压强；V：气体的体积）。

查理定律

在气体的压强一定时，V与T的比值恒定不变（T：气体的热力学温度）。

两条定律虽然不是同时被提出的，但在学习的过程中可以将二者合并使用，得出新的定律，称为即**玻意耳·查理定律**，即$\frac{pV}{T}$的值恒定不变。

气体压强与体积之间的关系

将被压出凹坑的乒乓球放入沸水后，乒乓球能够恢复原本的形状。因为温度上升后，乒乓球中的气体的体积随之膨胀，球内的压强增大，乒乓球的凹坑得以恢复。

结合生活中类似的例子，能够更好地理解玻意耳·查理定律。

假设空气的温度一定，压强变为原来的$\frac{9}{10}$，那么空气的体积将膨胀为原来的$\frac{10}{9}$。所以，利用玻意耳·查理定律，我们能够计算气体各项状态的变化值。

应用 乘坐飞机时，为什么会出现耳朵疼的情况

为保证人体的健康，在气压变化激烈的场所需要采取特殊的设计。在乘坐飞机时，人们经常会感觉耳部疼痛难耐，尤其是在飞机起飞和着陆的时候。

随着飞机飞行高度的上升，**机身周围的气压会逐渐降低**。气压的降低使机舱内部的空气体积膨胀，膨胀的空气增加了耳部承受的压强，因而耳部会疼痛。

飞机的飞行高度通常在空中10000 m左右，此处的大气压只有地面的1/4左右。这种程度的低气压是人体无法承受的，所以必须为飞机机舱加压。即便如此，加压后的舱内压强也只有地表压强的0.8倍左右。压强不足，那么空气产生膨胀也就在所难免了。

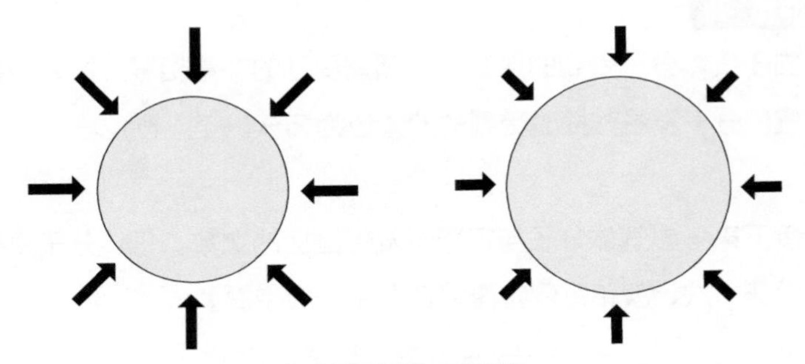

气压降低导致空气膨胀

在乘坐大厦电梯向高层快速上升时，耳部也会感到疼痛。原因和乘坐飞机时一样。在电梯急速上升时，电梯周围的大气压会降低，电梯内的空气膨胀，从而引起耳部的疼痛。

工程师在研发高速电梯时，已经考虑到电梯可能会为人体带来的伤害，所以在设计过程中使用了调节气压的装置保证气压处于对人体健康无害的范围。因此，我们可以放心地乘坐高速电梯。

24 分子动理论

通过累积计算单个微观气体分子的运动状态，可以推导出计算宏观气体能量的公式。

要点

气体分子间的无规则碰撞形成了宏观气体的压强

动量的变化

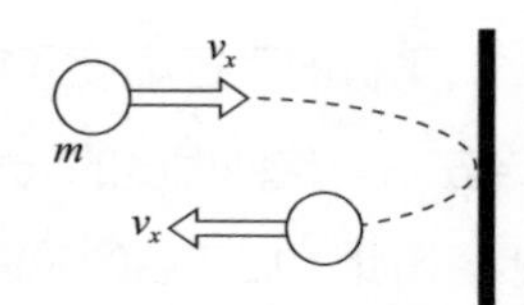

首先研究单个气体分子的运动。如右图所示，气体分子在与容器壁发生碰撞时符合关系：**气体分子的动量$2mv_x$=气体分子从容器壁获得的冲量**。

冲量

由于气体分子受到的冲量与容器壁受到的冲量相等，所以**容器壁在与气体分子发生碰撞时受到的冲量也为$2mv_x$**（容器为边长为L的正方体）。

接下来考虑气体分子与容器壁发生碰撞的次数。气体分子每往复容器两侧一次，就和每侧容器壁各发生一次碰撞。

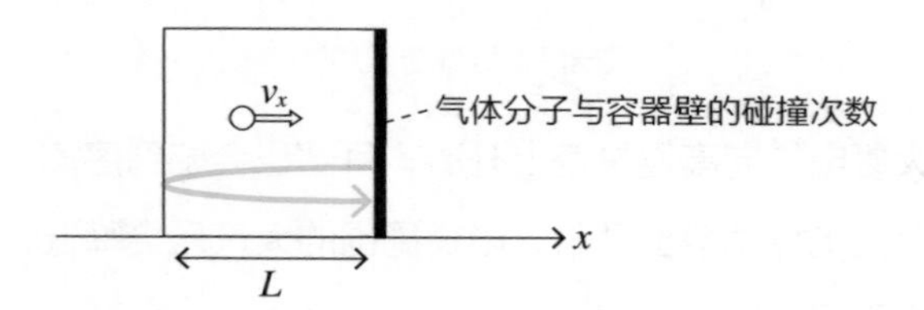

也就是说，气体分子每运动$2L$的距离，就与每侧容器壁各发生一次碰撞。

由于气体分子在单位时间内的运动距离为v_x（$v_x \times 1$），那么单位时间内的气体分子的碰撞次数为$\frac{v_x}{2L}$。

计算宏观气体的能量

由冲量$I=Ft$（F：力的大小；t：受力时间）可知，单位时间内的冲量在数值上等于受力的大小（$I=F\times 1$）。因此可以得出以下结论。

容器壁受到单个分子的作用力=单个分子在单位时间对容器壁造成的冲量=单次碰撞产生的冲量 × 单位时间内的碰撞次数，即$2mv_x\times\frac{v_x}{2L}=\frac{mv_x^2}{L}$。

其中，$v_x^2=\frac{1}{3}v^2$（由于分子的个数N极多，且所有的分子不倾向于特定的方向做不规则运动，所以任意方向的速度都相等。也就是说$v_x^2=v_y^2=v_z^2$。根据$v_x^2+v_y^2+v_z^2=v^2$，可得$v_x^2=\frac{1}{3}v^2$），故容器壁从单个分子受到的力为$\frac{mv^2}{3L}$。

因此，容器壁受N个气体分子施加的平均合力$F=\frac{Nmv^2}{3L}$。如此一来，则可求出容器壁受到的压强如下式。

$$p=\frac{F}{L^2}=\frac{Nmv^2}{3L^3}=\frac{Nmv^2}{3V}\text{（}V\text{：气体的体积）}$$

将此公式变形后可得下式。

气体的宏观总动能为：$\frac{1}{2}mv^2\times N=\frac{3}{2}pV$。

综上所述，**通过考虑单个气体分子的运动，我们可以求出宏观气体的能量**。由此可见，微观视角在研究热力学时极为重要。

入门 ★★★　实用 ★★　考试 ★★★★

25 热力学第一定律

气体的温度、体积和压强等状态的变化总伴随着做功和传递热量的过程。

要点

只有在外界对气体做功或给予气体热量时，气体的内能才能增加

热力学第一定律

$\Delta U=Q+W$（ΔU：内能变化；Q：外界向物体传递的热量；W：外界对物体做的功）

依据定律可总结出以下4条规律。

- 如果气体从外界获得热量，那么气体的内能将相应增加。
- 如果气体向外界传递热量，那么气体的内能也会相应减少。
- 如果外界对气体做功，那么气体的内能将会相应增加。
- 如果气体对外界做功，那么气体的内能也会相应减少。

在绝热状态下，气体膨胀则温度下降，气体压缩则温度上升

气体的内能与气体的热力学温度成正比。气体的内能增加，意味着气体的温度也会上升。

气体在吸收热量后温度上升，这一点不难理解。然而，做功使气体温度上升的原因却让人很难联想。在物理学中，“**做功**”意味着物体在力的作用下发生了一段位移，对气体做功其实就是将其压缩。

有一种叫空气压缩点火器的实验装置，如右图所示。先在装置中放入小纸屑，然后用力压缩该装置，小纸屑就会被火焰点燃。因为压

力做的功可使装置内的温度升至500 ℃左右，纸片在达到燃点后即发生燃烧现象。

应用 发动机内部的秘密

在绝热状态下，压缩气体获得高温的应用案例其实就发生在我们的身边，比如发动机的内部。

在绝热状态下，压缩空气能有效地使空气升温，这一原理被应用在柴油发动机上。柴油发动机的燃料是柴油而不是汽油。汽油发动机通过火花塞将与空气混合的燃料点燃；柴油发动机则不同，它的内部没有火花塞。

柴油的燃点比汽油低，所以即使没有火花塞，只要达到燃点，柴油就能燃烧。柴油发动机会在空气被压缩升温的一瞬间向燃烧室内喷柴油，于是，柴油便在高温下被点燃。

与此相反，绝热状态下的空气如果发生膨胀，它的温度会随之下降。这种现象在我们的身边也常有发生。

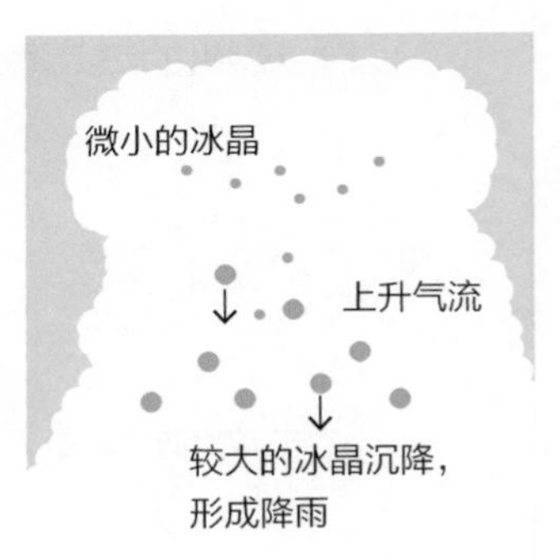

气温升高后，空气随之变暖，与此同时，暖空气的体积也开始膨胀。体积膨胀后的暖空气的密度下降，呈向上飘浮的趋势，进而形成上升气流。

随着暖空气逐渐爬升，大气压也在不断地减小，空气的体积进一步增大，密度进一步下降，暖空气呈持续上升的趋势。此时，高空中的气温开始下降。

当暖空气的温度降低到一定程度时，会出现凝结的水滴，这是由于原本暖空气中含有的水蒸气变成了液体。因为温度下降会导致空气存储水蒸气的能力（空气中的水蒸气浓度饱和时的含量）降低，所以水蒸气液化成水滴，形成了在天空中飘浮的朵朵白云。由此可见，云就是空气在绝热状态下发生膨胀后孕育的产物。

入门 ★★★★　实用 ★★★　考试 ★★★★

26 热机和热效率

对于汽车发动机等利用热能做功的热机来说，其燃烧效率一直是一个重要的研究课题。为了有效地利用能源，如何提高热能转化率至关重要。

要点

热效率由吸收的热量和释放的热量决定

凡是能够利用燃料燃烧时放出的能量来做机械功的机器就叫作**热机**。然而，现实中不存在能利用所有热能做机械功的热机。如果利用100个单位的热能做30个单位的机械功，那么会余下70个单位没有被转化的废热。

此时，热机的热效率为

$$\eta=\frac{W}{Q_1}=\frac{Q_1-Q_2}{Q_1}$$

热机

燃料放出的热量 Q_1　→　W 气对外做的机械功

没有被利用的热量 Q_2

合理利用废热，提高总体热效率

日本对火力发电的依赖相当严重。火力发电一般通过燃烧天然气、煤炭、石油等化石燃料，利用其产生的热量带动涡轮机发电。在火力发电厂，蒸汽涡轮的热效率最高只能达到50%。这意味着一半的热量沦为了无法直接利用的废热。

汽车发动机的热效率更低，甚至不足32%。

由此可见，热机会无可避免地产生一定程度的能源浪费。

因此，近来社会上兴起了关于**废热利用的研究**。在一些发电厂的附近建起了温泉和温水泳池，将发电厂产生的废热用于加热此类设施中的冷水，可以有效地再利用被浪费的能源。

近年来，人们开始关注能够使用低温废热发电的斯特林发动机。斯特林发动机是英国牧师、发明家罗巴特·斯特林于1816年发明的，因此被命名为“斯特林发动机”。当时的主流热机是蒸汽机，但由于高压锅炉爆炸事故频发，以安全性著称的斯特林发动机开始进入了人们的视线。

但随着高功率汽油发动机和柴油发动机的问世，功率较小的斯特林发动机又逐渐淡出了人们的视野。

沉寂了将近200年的斯特林发动机有一个明显的优势，只要300 ℃的温度就足够使其驱动发电机旋转。

蒸汽涡轮驱动火力发电需要维持600 ℃左右的温度。相比之下，斯特林发动机只需要维持相对较低的温度就能发电。

斯特林发动机能将工厂、船只等生成的废热回收起来用于发电。如今，日本各地正在推广小规模发电，尝试利用以往只能被浪费的废热进行发电。

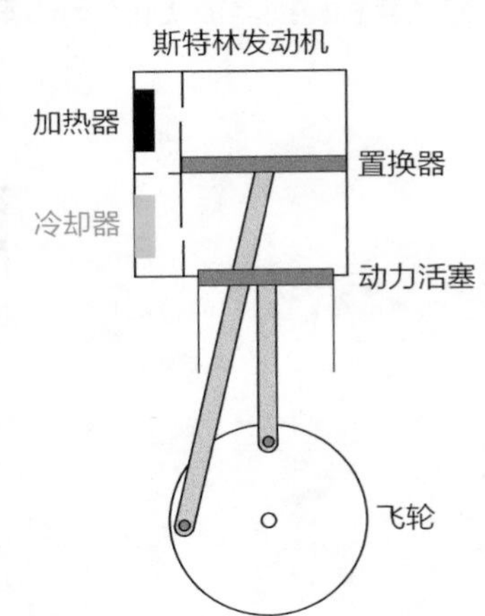

斯特林发动机的结构如右图所示。

斯特林发动机的气缸内封闭着高压气体。缸内气体常选用分子体积较小、导热性良好的氦气。气缸被置换器隔开，使一侧能被加热器加热，另一侧能用冷却器降温。这种设计能在装置内实现加热和冷却的切换，使效率得到了提升。

下面介绍斯特林发动机的工作原理。如下页图所示，在置换器向下推进后，气体从冷却端被“驱赶”至加热端。

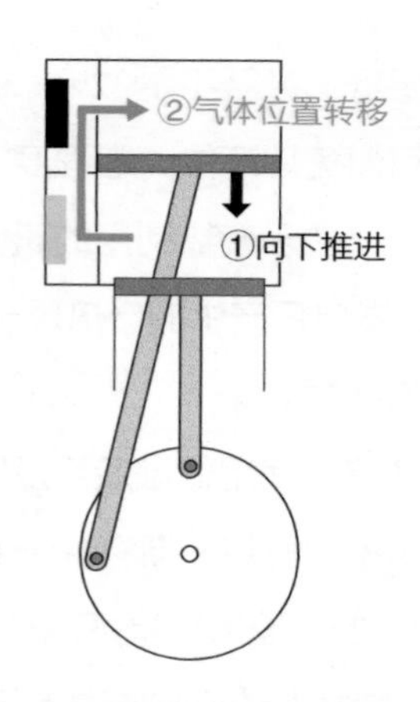

由于气体向加热端转移，气缸内部的高温气体增多。在气体温度上升后，加热端的压力也会增加，并且气缸内部气体的整体压强也随之增加。气缸内气压增加，从而推动动力活塞向下运动。

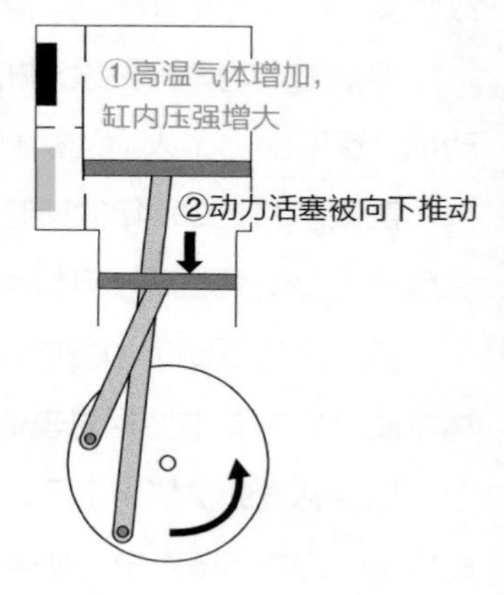

随后，飞轮在惯性作用下继续旋转。动力活塞和置换器被飞轮带动，转而向上推进。

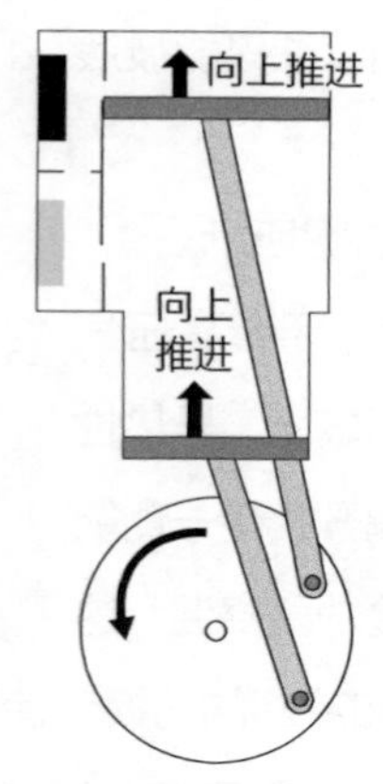

这次气体从加热侧被挤压至冷却侧。随着气缸内气体整体压强的下降，动力活塞被进一步推升。

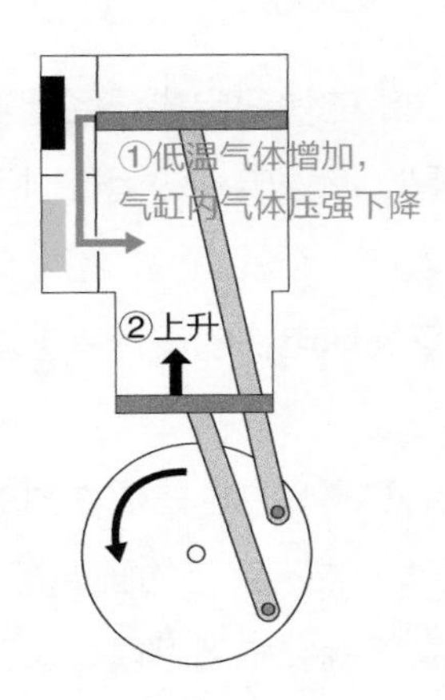

重复上述过程，飞轮将持续旋转。利用此结构，在飞轮上安装磁铁和线圈，就能通过电磁感应发电。

能回收发电站的废热并将之用于热水供给和为冷暖气设施供能的系统被称为热电联产系统，斯特林发动机在热电联产系统中的应用目前正处于发展阶段。

专栏

离心力能使人产生恐惧

东京晴空塔等高层建筑的快速电梯已经能够实现在短时间内爬升或下降很长的距离。可是，缩短电梯的运行时间就必须加快其运行速度，这会导致惯性力的增加。也就是说，不能单纯地加快电梯的运行速度。为此，东京晴空塔高速电梯的设计者考虑了乘客身体能承受的最大压力。

做圆周运动时感受到的离心力也是惯性力的一种。汽车转弯的瞬间可以近似看作圆周运动（或不完整的圆周运动）。如果汽车一边加速一边转急弯，车上的乘客就会感到恐惧，这是因为身体受到了离心力的作用。并且，速度越快，离心力就越大。

游乐园中的许多娱乐设施能产生离心力。娱乐设施产生的离心力太小会让人觉得不刺激，太大的话身体又会不堪重负。在有些情况下，离心力会引起非常严重的危险事故。所以必须先计算安全范围，然后为娱乐设施设定合适的运行速度。

第2章

物理篇
波

导言

声和光都属于波

波是一种身边常见的物理现象。特别是声波和光波，两者在生活中不可或缺。声波在空气中传播时，空气中的分子扮演着辅助传播的角色（也叫**介质**），声音在空气分子的振动下才得以传播，所以真空中是听不见声音的。

同样是波，光波的情况又如何呢？即使是处于真空状态下的太空环境中，光的传播也不受影响。按理说，波需要介质辅助才能传播，可人们却没有找到与光的传播相对应的介质。这非常不可思议，也可以说是光的深奥之处吧。

在高中物理课堂上，我们首先要学习**形成所有波的通用原理**。通用原理不仅适用于声波和光波，而且适用于其他所有类型的波，包括水面波、绳索波等。

在本章中，我们要学习与生活息息相关的**声波**。需要特别注意的是，它是一种纵波。

本书将与**光**相关的学习内容安排在章节的最后部分。如上文所述，光是非常特殊的，一旦我们了解了光的特点，就可以将它应用于各行各业中。

连爱因斯坦都被光的神奇特性所吸引，进而通过一步步的研究，最终发现了相对论。光充斥在我们的身边，只要认真观察、仔细思考，就能够发现许多与光相关的有趣现象。

于入门学习者而言

在思考与光有关的一切时，会发现许多不可思议的事情。“如果人类以光速运动会怎样？”“如果以光速追逐光，又会发生什么呢？”“有没有比光速更快的速度？”这样的问题不胜枚举，催生出我们的无尽遐想。

相对论就是在对这些问题进行深入探究后产生的。想要拓展物理方面的相关认知，就必须学习与波相关的知识。

于上班族而言

设计光学仪器必须熟悉光的性质。研发声学设备、设计音乐厅的音效等工作也需要了解声波的特征。

于考生而言

波在考试中的分数占比仅次于力学和电磁学。虽然这是一个很容易拉开分差的知识领域，但只要透彻理解每个典型问题，就能扎实地解好每一道考题。从这个意义上来讲，波是较容易学习的知识领域。一定要扎实地掌握波的相关知识。

入门 ★★★ 实用 ★★★ 考试 ★★★

01 波的表现形式

水面上的波纹肉眼可见，但有些波却无法被看见。波的形态多种多样，让我们先来了解一下它们共同的性质。

波可以用三角函数来表示

介质

波的传播媒介叫作**介质**。

波在沿一定方向传播时，介质本身并没有移动，它只是在原地反复振动。介质通过振动的方式将波的整体波形传播出去。

介质振动所需要的时间和次数

介质振动一次所需要的时间叫作**周期T**，介质单位时间的振动次数叫作**频率f**，两者呈倒数关系。表现形式为$f=\dfrac{1}{T}$。另外，介质每振动1次，波就会向前推进1个波形。

单个波形的长度

单个波形的长度被称为**波长λ**。也就是说，每经历一个周期T，波就会前进一个波长λ的距离，由此可以求出波的传播速度为$v=\dfrac{\lambda}{T}$。

介质的**振幅A**是从初始位置到振动最大值位置的位移，介质在时刻t的位移数值可以表示为：$y=A\sin\left(\dfrac{2\pi}{T}t\right)$（需要满足条件：起始时刻$t$为0，初相位为0）。相位是用来描述某个波在特定时刻处于循环中的何种位置的标度，此时sin( )的括号中的部分即为**相位**（也相当于角度）。

在使用图像表示波时，需要注意横轴的单位

可以使用示波器分析声波的波形，地震的震动也可用波形来描述，波形图的应用非常常见。

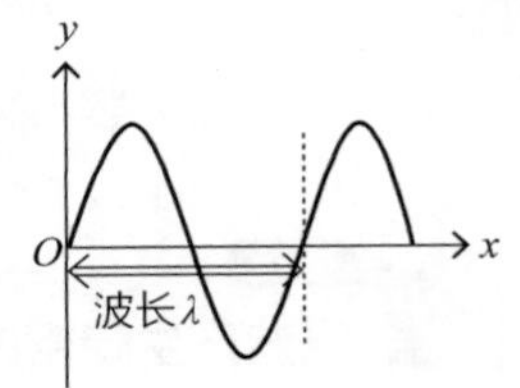

在使用波形图时，必须**确定横轴的单位**。

在用图像表示波时，横轴单位可以是“位移x”，也可以是“时间t”。右图为横轴表示“位移x”的图像。

横轴为“位移x”的图像描述的是波在**某一时刻**的状态信息。图像表示在某一时间点上，传播介质中各质点相对于平衡位置的位移变化。这种图像就如同为波的传播状态拍了张照片。

此时，图中的“⟷”之间的距离即**波的波长 λ**。这张图像表现了波形本身的状态，因此，图中单个波形的长度就相当于实际波长。

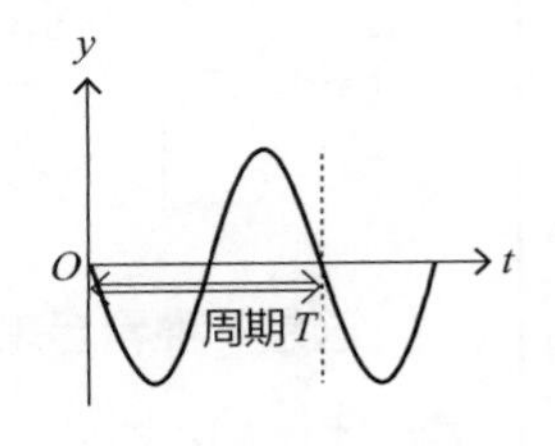

与此相对的，我们来观察一下横轴为“时间t”的图像。

这次，图像描述的是波在**某一位置上**的状态信息。图像体现了在传播介质中某一固定位置上，相对于平衡位置的位移是如何随着时间的变化而变化的。可以将这种图像看作一种简谐运动的模型。

图中“⟷”之间的距离并非波长。当看到这类波形图时，很容易将“⟷”之间的距离误认为波长。然而横轴的单位为“时间t”，所以这段距离不可能表示波长。

这种情况下，图中“⟷”之间的距离代表**波的周期T**。也就是说，查看此距离的长短就能知道振动一次需要多长时间。

因此，在阅读波形图时，必须先确定横轴的单位，否则就无法正确解读其中的信息。

入门 ★★★★　实用 ★★★★★　考试 ★★★★

纵波和横波

波通过介质的振动进行传播，波的传播方式可以分为两种，其差异体现在波的类型上。

要点

纵波产生疏密的不同

一提起“波”，通常会联想到像绳索摇动一样的如右图所示的振动模式。

不过，也有不同于此振动模式的波。例如，左右摇晃被水平拉伸的弹簧，弹簧就会产生下图所示的振动。

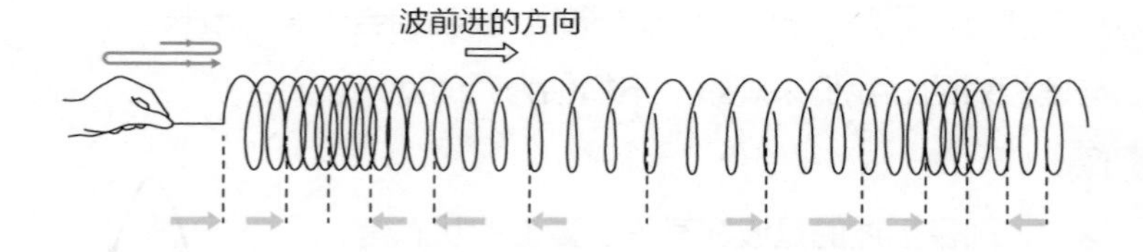

这是一种看起来并非“波”的波型。然而其本质并没有改变，也会产生振动。所以，这也是一种波。

现将两种波型的特点梳理如下。

- 横波：质点的振动方向与波的传播方向垂直。
- 纵波：质点的振动方向与波的传播方向平行（在同一条直线上）。

在纵波出现时，如果将视线锁定在一处，就能观察到该位置的状态反复出现“疏”与“密”的变化。由此可见，纵波传播的信息为疏密，所以纵波又被称为**疏密波**。

为什么地震能产生两种类型的振动

光波是**横波**，声波是**纵波**，空气的振动方向与声音的传播方向相同。

所以，不同波的波型是纵波还是横波，一般是固定不变的。有些波却不属于两种波型中的任何一种，比如**水面波**。

水面波在传播时，介质（水）的振动状态如下图所示。

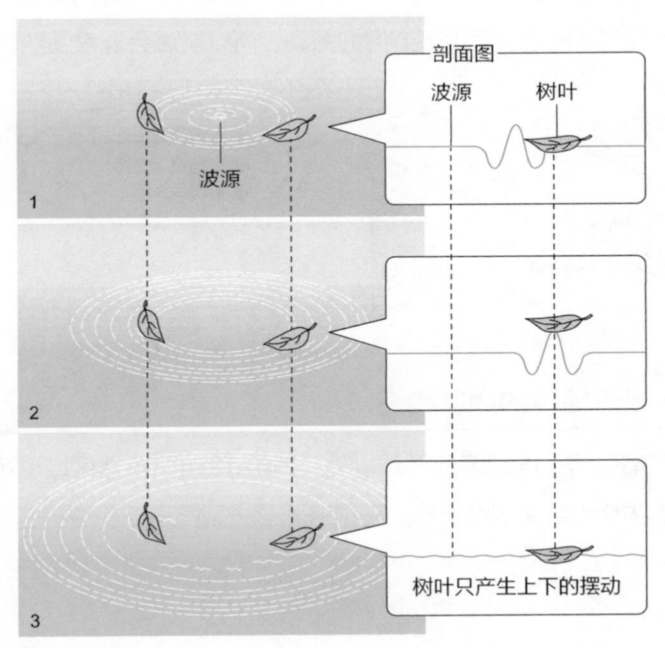

水面波的形态

水面波在传播的时候，振动引起的波纹就像一个个圆圈。可以看出，相对于传播方向，介质（水）无论是在垂直方向还是平行方向均产生了振动。

研究表明，在地震发生时会产生纵波（P波）和横波（S波）。纵波（P波）的传播速度较快，而横波（S波）的传播速度较慢。

P波刚传来时会产生微小的振动。因为P波几乎与地面平行，所以不会引起太大的震感。

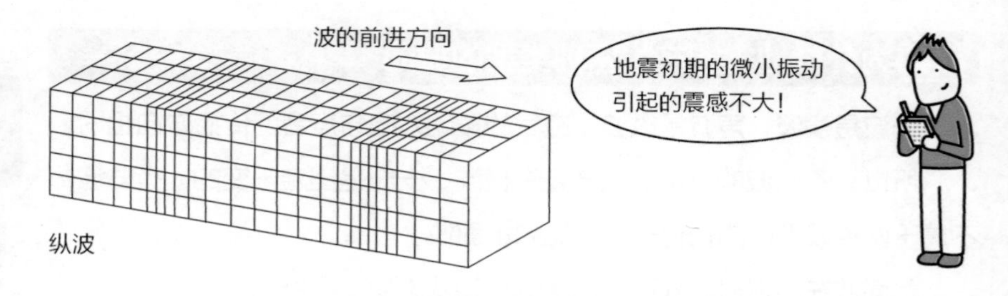

S波抵达后会引起剧烈的破坏性振动。S波的振动方向是垂直于地面的，也就是说S波会引起上下方向的振动，所以震感会非常强烈。

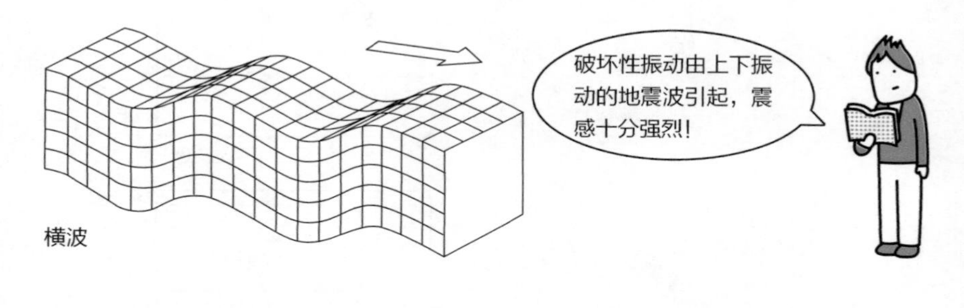

应用 畅想地球的内部构造

除了能引起不同程度的振动以外，P波和S波的传播区域也不同。地球的内部构造大致如下图所示。

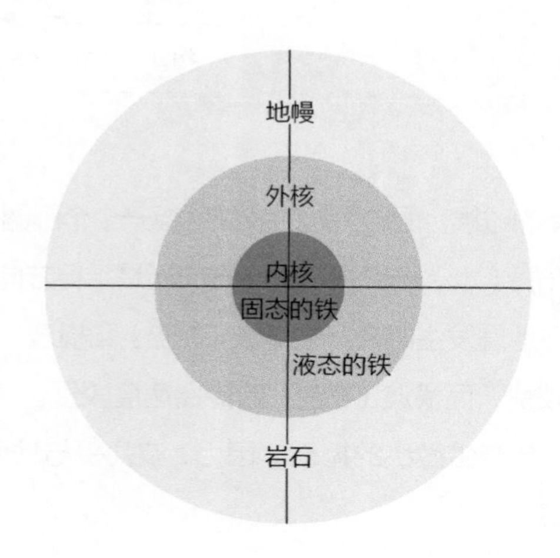

波型为纵波的P波能够在固体、液体或气体中传播。因此，P波能够在地球的任何角落畅通无阻，即便地震的源头距离观测位置异常遥远——在地球的另一面，振动产生的P波也能被捕捉到（虽然很微弱）。

相反，波型为横波的S波只能在固体中传播。地球的某些部分是由液体构成的，S波无法在这些区域内传播。

虽然从未实际观测过地球内部的情况，但通过合理运用两种波型在性质上的差异，人类得出了下图所示的地球内部构造猜想。

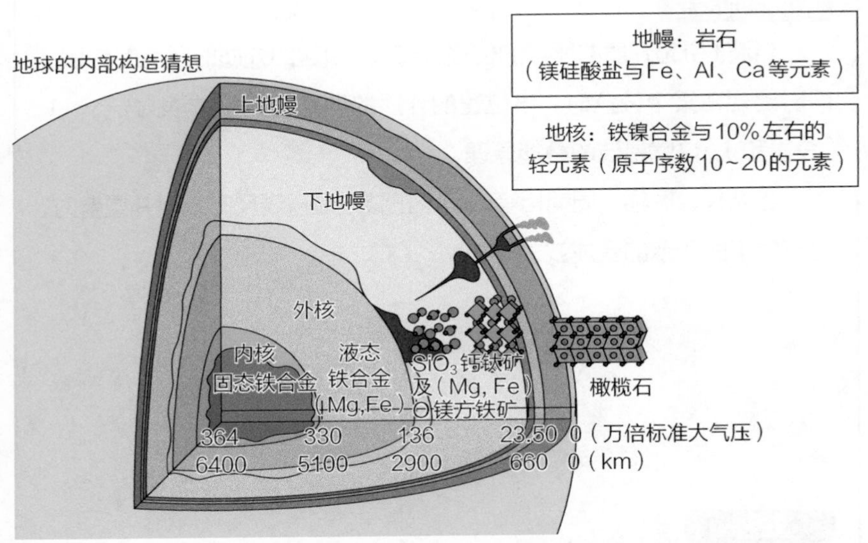

资料来源：参考日本国立大学附属研究所中心会议官方网站中主题为“挑战未涉足的领域，知识的开拓者们vol.55”部分内容中刊登的图片制成。

03 波的叠加

如果一个点同时存在多个波会出现什么情况？在同一点上不可能存在多个物体，但可能存在多个波。

要点

波引起的位移可以相加

波的叠加原理

当波1引起介质的质点的位移y_1和波2引起的介质的质点的位移y_2同时出现在某个位置时，该位置的介质的质点的实际位移为$y=y_1+y_2$（矢量和）。这就是**波的叠加原理**。

当波长、振幅、周期相等的两个正弦波沿直线反向传播并重叠时，可产生下图所示的合成波。

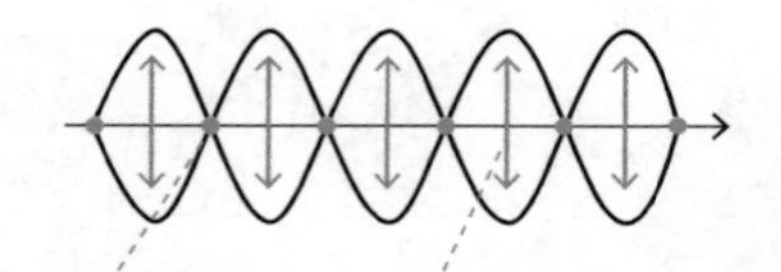

波节＝无振动的位置　波腹＝振幅最大的位置

驻波

上图所示的合成波被称为**驻波**，因为它的波形不会向左或向右推进。驻波振幅最大的位置为**波腹**，完全无振动的位置为**波节**。

冲击波是如何形成的

波的叠加发生在很多时候。

2013年，袭击俄罗斯乌拉尔地区的陨石坠落至地面后，爆炸影响了半径100 km范围内的区域，这是因为以超声速下坠的陨石引起了冲击波。

冲击波是由进行超声速（340 m/s以上）运动的物体引起的。

当物体的速度 $V>$ 声速 v 时

物体

0时刻

物体在0时刻产生的声波

T时刻

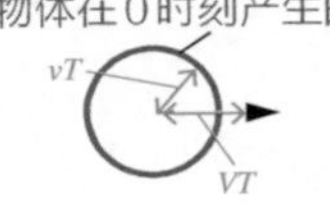

最初的波面状态

物体在0时刻产生的声波

2T时刻

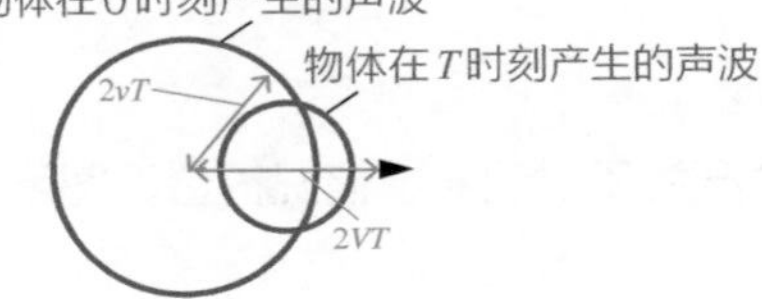

随后产生的波面偏离了中心位置

物体在0时刻产生的声波

3T时刻

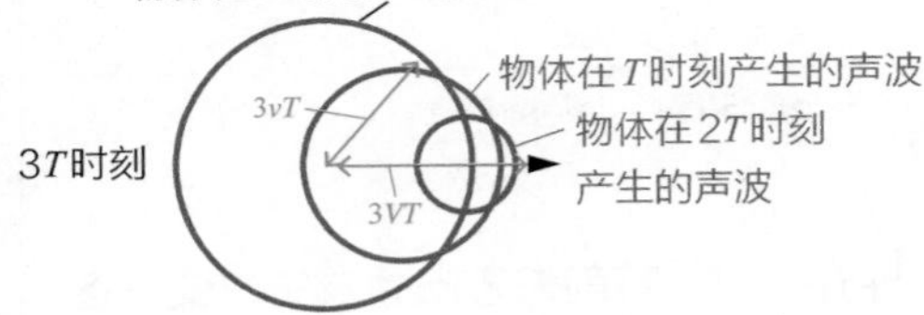

如果偏离中心位置的波面不断重叠，就会形成冲击波

⇩

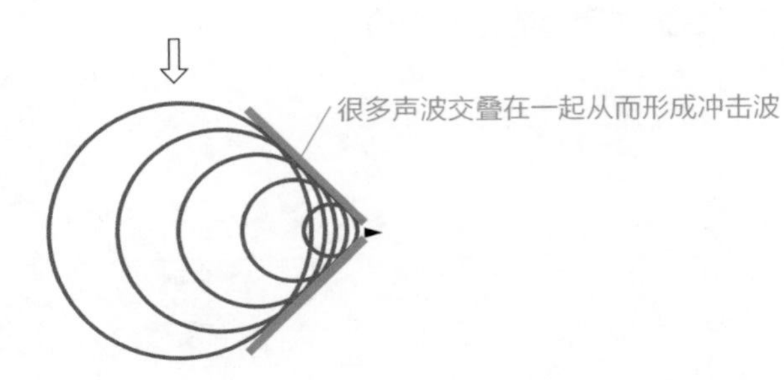

如图所示，多个声波叠加后能够形成强烈的冲击波。在冲击波出现时，总是伴随着**巨大的轰鸣声和强烈的气浪**。

入门 ★★　实用 ★★　考试 ★★★

波的反射、折射和衍射

波不会永远保持直线传播的状态。波在接触到某些物体后会发生反射，在介质发生变化时会折射，有时还会出现衍射的现象。

反射

波在接触到某些物体后会产生反射现象，情况符合下图所示的**反射定律**。

反射定律：$\sin i = \sin r$

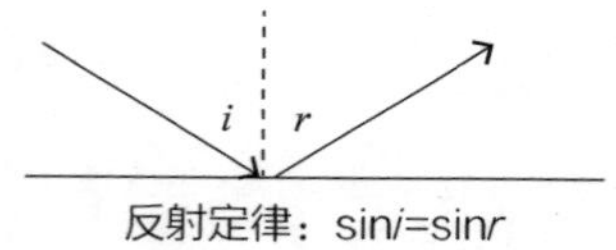

反射定律：$\sin i = \sin r$

折射

当波从一种介质进入另一种介质时，其前进方向会发生改变，这就是**折射**现象。波向符合折射定律的方向传播。

折射定律：

$$\frac{\sin i}{\sin r} = \frac{v_1}{v_2} = \frac{\lambda_1}{\lambda_2} = \frac{n_1}{n_2}$$

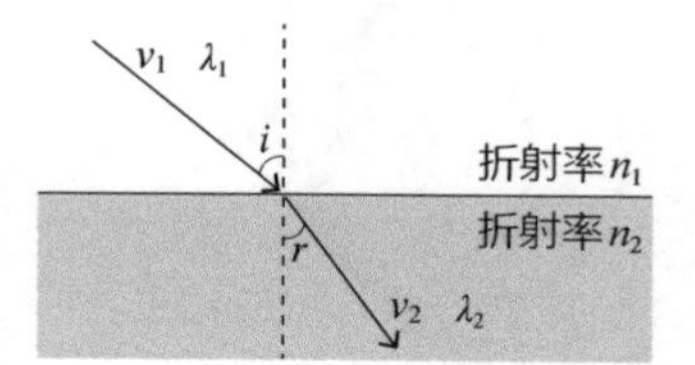

衍射

当波在传播路径中遇到缝隙或障碍物时，会出现从缝隙或障碍物的边缘绕过并偏离直线传播的现象，这就是波的**衍射**现象。

缝隙或障碍物的大小相对于波长越小，衍射现象越明显。

为什么冬夜里的声音传得更远

水面波具有水越深传播速度越快的性质。所以海浪越接近海岸，前进速度就越慢。

这就是朝着海岸而来的海浪总是平行于海岸线的原因。虽然海浪本来是从各个方向奔向海岸的，但在到达海岸附近时一定会平行于海岸线。这是不是很奇怪?

其原理可用右图所示的内容解释。

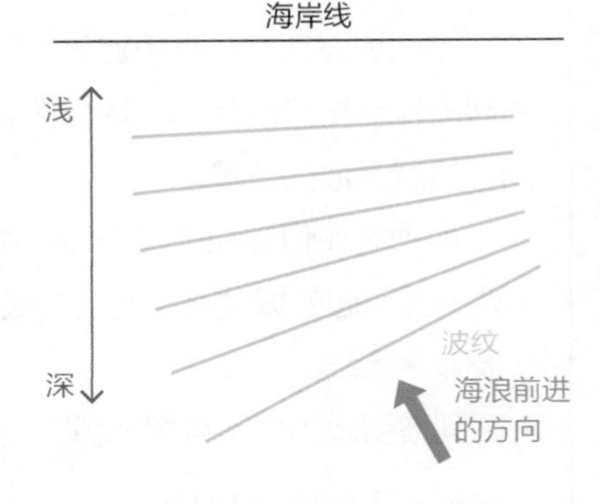

如右图所示，海浪的波面的右侧经过浅水处，左侧经过深水处。由于在深水处波面前进得更快，波面的整体方向就会发生变化。因此，海浪的波面会逐渐与海岸线平行。

这是一种改变海浪前进方向的**折射现象**。无论海浪从什么方向前进，都会受折射现象影响，最终与海岸线平行。类似的现象也发生在空气中，声波也会出现折射现象。

温度越高，声速就越大。因此，当温度升高时，声波会产生右图所示的折射现象。

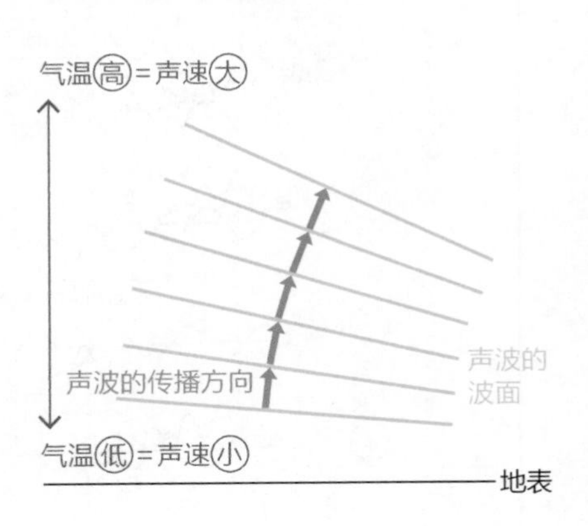

折射现象很常见，比如在冬季的夜晚。冬夜里，辐射冷却现象使得热量从地表向上空逃逸，所以气温自地表至高空逐渐升高。因此，从地表发出的声波在折射现象的作用下，能传播到更远的地方。

05 波的干涉

波的叠加会使某些区域的振动加强，其他区域的振动减弱。

当两列波的相位一致时，它们互相增强，当两列波相位相反时则互相削弱

当两列波在某一点相遇时，它们会产生叠加效应。此时，两列波引起的振动既可能是相互增强的，也可能是相互削弱的，直至停止振动。这就是**波的干涉**。

两列波如何实现互相干涉，由以下规律决定。

- 两列波引起的振动互相增强的最大点：相遇点到波源的波长数之差=波长 × 整数
- 两列波引起的振动互相削弱的最大点：相遇点到波源的波长数之差=波长 × $\left(整数+\frac{1}{2}\right)$。

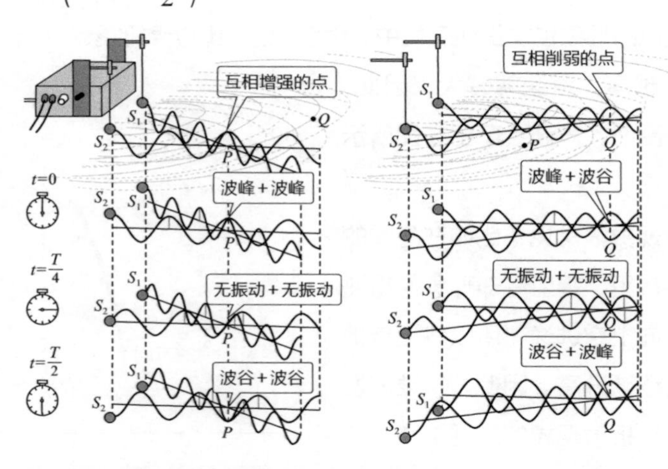

当两个正弦波叠加形成驻波（参考本章03小节内容）时，驻波的波腹是两列波所引起的振动互相增强的点，波节是两列波所引起的振动互相削弱的点。

利用波的干涉原理消除噪声

地球上充斥着各种形式的波，如光波、声波及肉眼无法看到的无线电等。

如果若干无线电同时传来，它们就会产生干涉效应。随着WLAN（无线局域网）的普及，在空间中穿行的无线电越来越多。无线电的干涉有时会带来噪声等不良影响。不过，合理利用**干涉效应也能够消除噪声**。

在交通极度发达的今天，解决噪声问题是一个重要的研究课题。住在新干线或高速公路附近的居民们大都被噪声所困扰。

为了减少噪声的影响，许多地方安装了隔音墙。然而，仅凭这一措施很难完全阻断噪声。实际上，减少噪声的最佳对策是**使用声波干涉的方法**。

声波可能会因干涉效应而互相增强，但如果处于右图所示的相位关系，两列声波就会互相削弱。假设两列声波的相位正好相反，频率、振幅相同，那么这两列声波正好能够相互抵消。

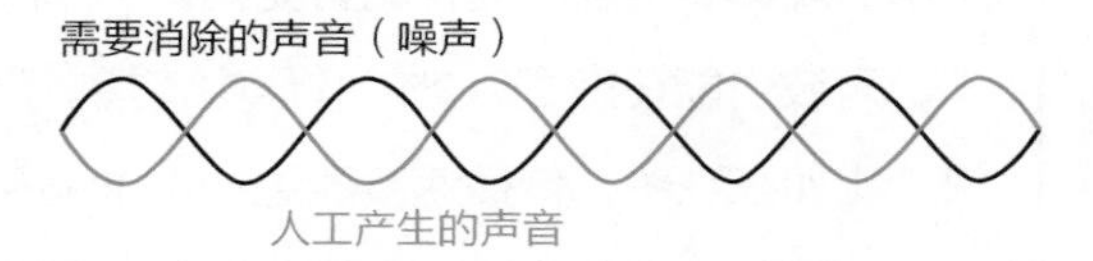

首先分析不同环境的噪声，然后人工生成与环境噪声为逆相位的声波，从而消除噪声。

应用 消除噪声的原理

同样的方法在耳机设计上也有应用。

在飞机上听音乐时，会受到飞机引擎噪声的干扰。此时，耳机通过内设的麦克风收集飞机引擎的声音，利用电路结构同时产生逆相位的声波。如此一来，人工生成的声波就能抵消飞机引擎的噪声。在这种技术的支持下，即使是在乘坐飞机时也能愉快地享受音乐。

这就是所谓的“降噪”技术。用声音消除声音，听起来可能有些不可思议，但这种方法的确巧妙地运用了波的性质。

入门 ★★★ 实用 ★★★★ 考试 ★★★★★

06 声波

在空气中传播的声波是纵波。也就是说，声波利用空气的疏密变化（压强变化）来传递。

要点

振动频率决定音调高低

声波在空气中以大约340 m/s的速度传播。

准确地说，速度按公式$v=331.5+0.6t$［v：声速；t：温度（℃）］中所示的规律随气温的变化略有变化。

声波也能在空气以外的介质中传播。声波在固体中传播时速度最快，比如在铁中，传播速度能达到6000 m/s。

在液体中也能传播，比如在水中，声波的传播速度约为1500 m/s。

当声波在气体中传播时，气体的相对原子质量越小，传播速度越快。比如在氦气中，声波的传播速度约为970 m/s。

音调是由**频率**（单位时间内介质振动的次数）决定的。频率越大，音调越高。人耳能够听到频率范围大约为20~20000 Hz的声音。

超声波的作用

人无法听见频率高于20000 Hz的声音。这种声音叫作**超声波**。人们虽然听不见超声波，但超声波却有很多用途。

比如用来清洁眼镜或金属物体的表面。把要清洁的物品放入水中，然后启动超声波装置。超声波每秒振动超过2万次，这种剧烈的振动能让物体表面污垢脱落。

在生产方便面时也用到了超声波技术。为方便面盒进行封口使用的不是粘合剂，而是用超声波照射纸盖与方便面盒的接触面，利用超声波产生的能量使接触面熔化，这样纸盖和方便面盒会瞬间粘在一起。在连接集成电路（IC）的精密导线时，也使用此方法。

除此之外，超声波还用于体检。通过向内脏发射超声波并分析反射回来的超声波，进而达到检查内脏状态的目的。

有些动物能听到人耳无法听到的超声波，比如蝙蝠。蝙蝠自身能发出5万~10万赫兹范围内的超声波。通过分析超声波反射回来花费的时间，它能判断出自己与物体间的距离。由于近处物体反射的超声波更强，蝙蝠也能通过识别反射超声波的强度来判断自己与物体间的距离。

此外，当超声波被移动的虫子反射时，振动频率会因多普勒效应（参考本章08小节内容）产生变化。所以蝙蝠还可以根据声波振动频率的变化来判断虫子的飞行速度。

海豚也是一种能发出、接收超声波的动物。水族馆里的海豚之所以不会撞到水槽的墙壁，是因为他们能听到从墙壁上反射回来的超声波。

人耳无法察觉的次声波

频率低于20 Hz的声音是**次声波**，人耳同样无法察觉。

在最开始直升机螺旋桨旋转的时候，旋转缓慢，人们是听不到声音的，随着螺旋桨转速的增加，人们就能听见巨大的声响了。

其实，在螺旋桨缓慢旋转的时候并非没有发出声音。无论转速多快，只要螺旋桨转动，周围的空气就会振动，声音也会随之产生。

但是，在螺旋桨转速较低的时候，声音的振动频率很小，所以人耳是听不见的。在螺旋桨的旋转刚开始时，振动产生的声波即为人耳无法听见的次声波。

入门 ★★★　实用 ★★★★　考试 ★★★★★

07 弦的振动、气柱的共鸣

许多乐器都能演奏音色绝美的音乐。乐器大致被分为弦乐器和管乐器，它们都能产生特定频率的振动，从而产生声波。

要点

音色由固有振动的叠加产生

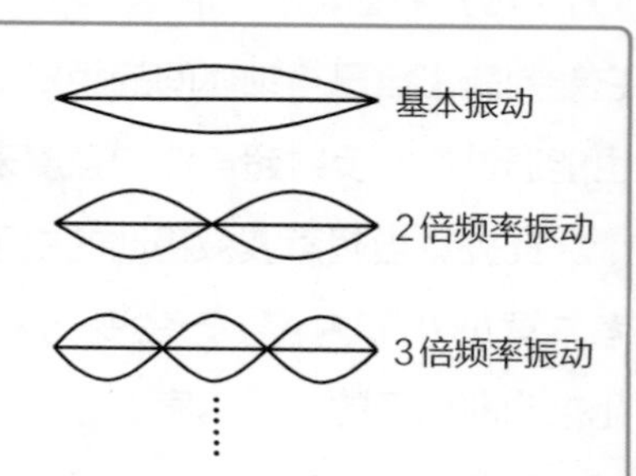

弦乐器是由两端固定住的被绷紧的弦产生振动而发音的，弹奏弦中央部分，弦会以特定的频率振动。

振动的弦会产生右图所示的若干种驻波。从上到下依次为**基本振动**、**2倍频率振动**、**3倍频率振动**……

在波长缩短后，振动频率也会随之增加。振动的名称由其振动频率为基本振动的倍数决定。

如右上图所示，假设弦的长度为L，则基本振动的波长为$2L$。已知$v=\lambda f$，则可由振动频率$f=\frac{v}{2L}$求出基本振动的振动频率。从2倍频率振动起，振动的频率均可以此公式为标准计算。

弦在实际振动时，同一时间能产生多个频率的声波，也正是这些不同频率的声波互相叠加，形成了乐器独有的音色。

管乐器也一样。不过有一点需要留意，如下页图所示，开管乐器（管口两端敞开的管乐器）与闭管乐器（管口一端敞开的乐器）形成的驻波有一定差异。

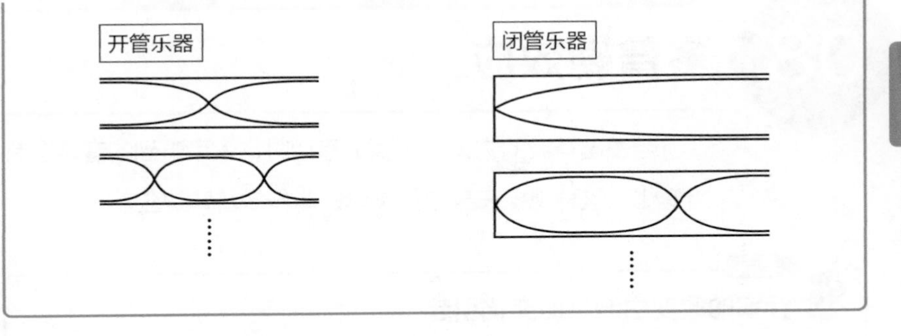

为什么身材高大的人声音低沉

一般来说，身材高大的男性往往有低沉的声线，其原因可以根据气柱共鸣的原理来解释。

人体的发声系统如下图所示。

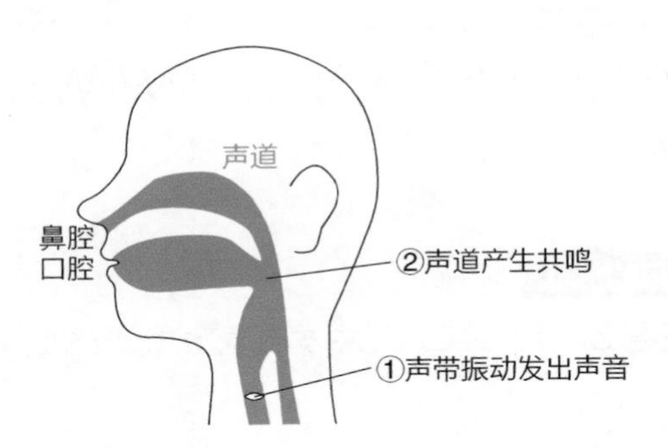

男性的声道通常会比女性的声道更长一些。而且，身材越高大的人声道就越长。

也就是说，身材高大的男性，其体内与声带产生共鸣的气柱较长，所以他们声音的振动频率较小。因此，身材魁梧的男性往往声线低沉。

补充一点，男性在身体发育期会长出突出的喉结。喉结的生长能使声道延长，从而出现青春期的变声现象（音调变低）。

入门 ★★★★ 实用 ★★★★ 考试 ★★★★

08 多普勒效应

当发出声波的物体（声源）移动时，人耳听到的音调会有所变化。这种现象在身边很常见，叫作多普勒效应。

要点

频率的改变由波长的变化引起

多普勒效应

在多普勒效应中，可以听到音调（频率）的变化。然而，产生多普勒效应的根本原因其实是声波波长的变化。为了正确理解多普勒效应，首先要了解**波长如何变化**。

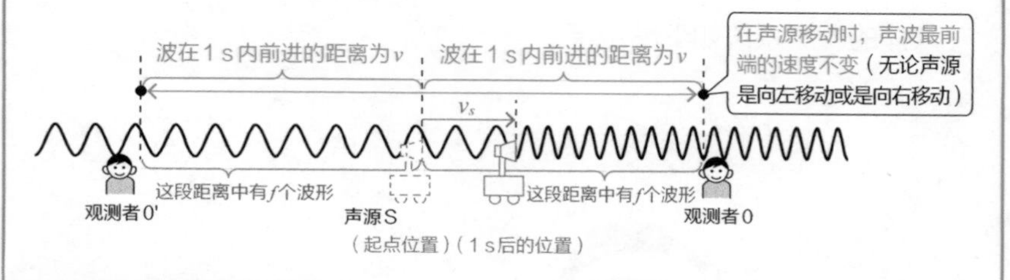

声源前后方向的波长

从上图可看出，当声源在移动中发出声波时，波长会出现下列变化。

- 前方波长$\lambda'=\dfrac{v-v_s}{f}$
- 后方波长$\lambda''=\dfrac{v+v_s}{f}$

声源前方、后方的频率

在声源移动时，声波的传播速度v不变，

- 声源前方的频率$f'=\dfrac{v}{\lambda'}=\dfrac{v}{V-v_s}f$
- 声源后方的频率$f''=\dfrac{v}{\lambda''}=\dfrac{v}{V+v_s}f$

通过多普勒效应实现天体观测

最能体现多普勒效应的，非救护车的警笛声莫属。当救护车向身边驶来时，警笛的音调会变高，当救护车向远处驶去时，警笛的音调则会变低。

多普勒效应的本质在于**波长的变化**。由此可知，除声波以外，只要是波就会出现多普勒效应。

例如，在观测天体时，可以通过确认其发出光线的波长的变化情况来获取信息。如果波长缩短，则表示天体在向地球靠近。相反，如果波长增加，则表示天体在远离地球。

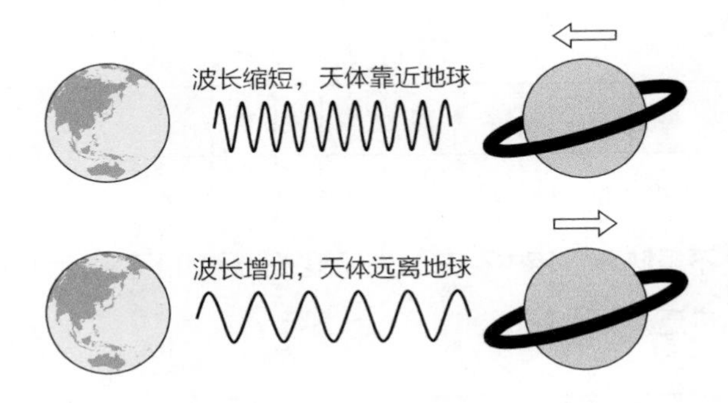

应用 多普勒效应在气象观测中的应用

为了应对灾害，气象观测显得愈发重要。在这项工作中，多普勒效应也起到了相应的作用。

人们常使用气象雷达观测气象情况，它是一种发出微波（波长较短的无线电）的装置。用气象雷达向云层发射微波，然后测量反射回来的微波波长。

如果云朝着接近气象雷达的方向移动，那么反射回来的微波波长应当缩短。相反，如果云远离气象雷达，反射回来的微波波长应当变长。另外，通过测算波长的变化程度，还可以知晓云的移动速度及高空的风速。

入门 ★★★★ 实用 ★★★★ 考试 ★★★★

光

我们能看见物体，依赖光的作用。不过，如果没有正确了解光的性质，就会落入意想不到的陷阱中。

要点

人类肉眼能看到的光只是所有光中的一小部分

肉眼能看见的光叫作**可见光**。其波长范围为$3.8\times10^{-7}\sim7.7\times10^{-7}$ m。

按波长自长至短进行排列，可见光的颜色依次为红、橙、黄、绿、蓝、紫色。

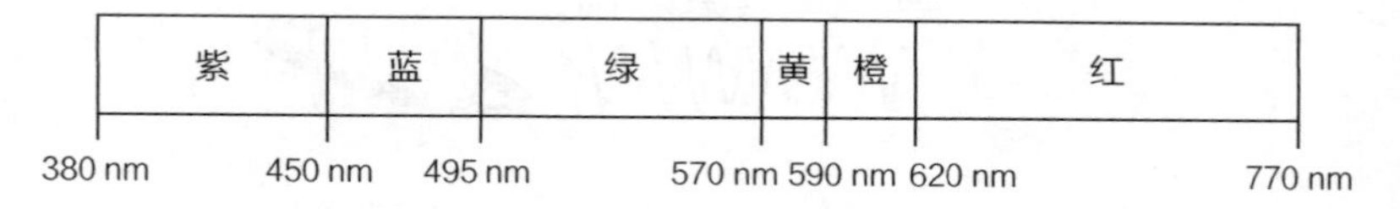

这并不意味着宇宙中存在的光仅限于此。如下表所示，光的波长范围相当广泛。

	名称	波长范围	频率
无线电	甚低频（VLF，超长波）	10 km~100 km	3 kHz~30 kHz
无线电	低频（LF，长波）	1 km~10 km	30 kHz~300 kHz
无线电	中频（MF，中波）	100 m~1 km	300 kHz~3000 kHz
无线电	高频（HF，短波）	10 m~100 m	3 MHz~30 MHz
无线电 / 微波	甚高频（VHF，超短波）	1 m~10 m	30 MHz~300 MHz
无线电 / 微波	特高频（UHF，分米波）	10 cm~1 m	300 MHz~3000 MHz
无线电 / 微波	超高频（SHF，厘米波）	1 cm~10 cm	3 GHz~30 GHz
无线电 / 微波	极高频（EHF，毫米波）	1 mm~1 cm	30 GHz~300 GHz
无线电 / 微波	至高频（THF，丝米波）	100 μm~1 mm	300 GHz~3000 GHz
	红外线	770 nm~100 μm	3 THz~400 THz
	可见光	380 nm~770 nm	400 THz~790 THz
	紫外线	1 nm~380 nm	30 Phz~790 THz
	X射线	0.01 nm~1 nm	3EHz~30 PHz
	γ射线	<0.01 nm	>3 EHz

肉眼可见的光很少

在前文表格里列出的光中，只有一小部分光是人类能够看到的。

尽管波长各不相同，但所有光的**传播速度**是一致的。光以约 3.0×10^8 m/s的速度传播。光速在1 s内能绕地球7圈半，是宇宙中最快的速度。

眼中的事物皆为过去

我们所能看到的，都是事物曾经的状态。夜空中繁星闪烁，熠熠生辉。有些光芒是几亿年以前发出的，还有些光芒的本源星体已经不复存在。

抵达地球的阳光也一样，大约是太阳在8分20秒前发出的。我们看不到太阳的实时状态，只能看到8分20秒以前的阳光。

即便是看眼前的人，光的传播也需要时间。虽然极为短暂，但也是过去的景象。其实，这个传播时间真的是微乎其微，反倒是在光抵达人眼后，大脑需要花费更长的时间来处理信息。

人脑具备一种被称为**闪光滞后效应**的功能，它能够补偿大脑运作导致的时间差。下面举例说明。

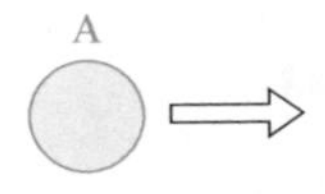

假设有物体从观察者面前经过，如上图所示。观察者看到物体在位置A时发出的光并识别出了物体，然而从大脑开始运作到识别出物体的过程需要花费一定的时间。那么，在观测者识别出物体的那一刻，物体已经位于位置A的前方位置。

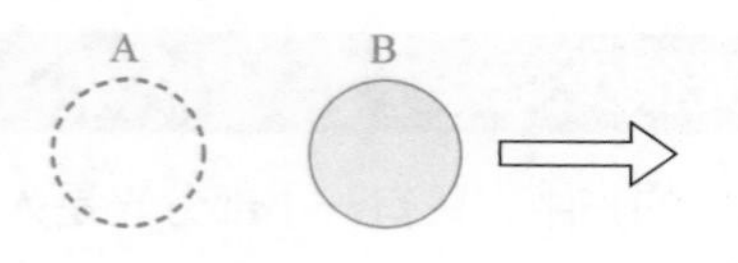

当观测者将物体识别为“位于位置A处”时，物体已处于位置B处

大脑处理信息需要花费时间，这会导致人无法正确识别移动物体的实时位置。不过，人脑有能力纠正这一错误。依照物体的移动速度，大脑能将物体的影像生成至比接受光线信息处稍微靠前一点的位置（这一过程为大脑的下意识行为），这就是闪光滞后效应。

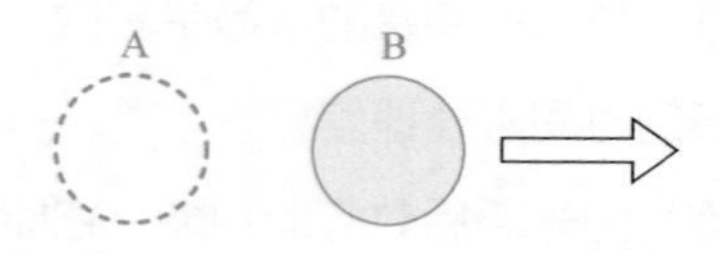

当看到物体A发出的光时，大脑会将物体识别为“位于位置B处”，这就是闪光滞后效应

由此可知，我们的认知会在无意识中产生错觉。物理真是妙趣横生的学问，竟与大脑的认知也有关联。

应用 许多越位都是误判

闪光滞后效应能帮助我们正确地定位移动中的物体，但同时也带来了一个棘手的问题。足球越位的误判就是一个典型的例子。

闪光滞后效应只对移动的物体起作用。静止的物体位置不变，所以即使大脑的认知需要时间，也不会产生影响。

因此，当同时看到移动的物体和静止的物体时，观测者会以下图所示的方式识别物体的位置。

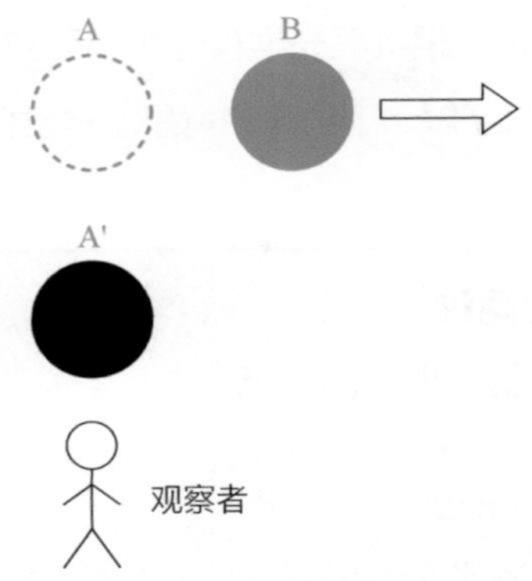

看到物体位于位置A和位置A'时发出的光，观测者会误认为两个物体位于位置B和位置A'

由于闪光滞后效应只作用于移动的物体，所以当两个物体处于正侧面时，会令人产生后方物体冲在前面的错觉。在足球比赛中，上图中的蓝色物体可类比犯规球员的位置，黑色物体可类比后卫的位置。实际上明明没有越位，裁判却会下意识误认为出现了越位的情况。

入门★★★★　实用★★★★　考试★★★

10 透镜成像

透镜是照相机等光学仪器中不可或缺的部分。在本节中，就让我们来了解一下透镜究竟是怎样发挥作用的。

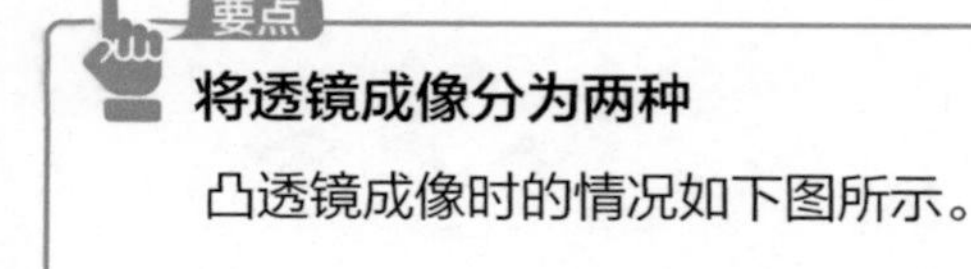

要点

将透镜成像分为两种

凸透镜成像时的情况如下图所示。

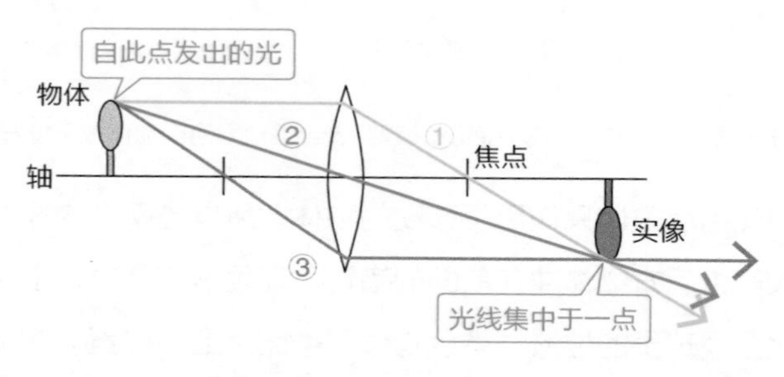

此时，光被再次会聚到一点并形成影像，这种影像被称为**实像**。

实像的成因

透镜结构形成实像时满足以下3条原则。

- 所有平行于主光轴射入透镜的光线都将在发生折射后经过主光轴上的焦点。
- 经过透镜光心的光线不发生折射。
- 经过焦点射入凸透镜的光都将在发生折射后平行于主光轴。

虚像的成因

另外，凹透镜成像时的情况如下页图所示。

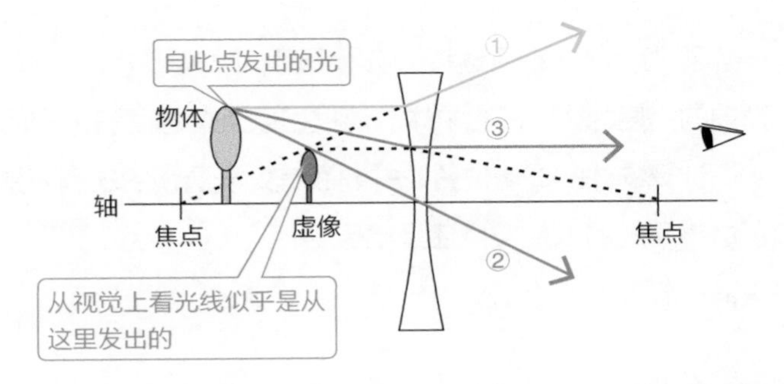

此时，光线并没有真正会聚在影像的位置，那里只是看起来有影像而已，这种影像被称为**虚像**。

此时的情况满足以下3条原则。

- 所有平行于主光轴射入凹透镜的光被折射后的光线的反向延长线都经过主光轴上的焦点。
- 经过透镜光心的光不发生折射。
- 射向凹透镜另一侧焦点的光，折射后都将平行于主光轴。

结合两种透镜的特征

利用下方的**透镜公式**，可以求出透镜的成像位置及成像大小。

$$\frac{1}{a}+\frac{1}{b}=\frac{1}{f}$$

a：透镜与物体之间的距离（物距）

b：透镜和像之间的距离（像距）

f：焦距

倍率$=\left|\frac{b}{a}\right|$

使用公式就能轻松分析下题。

有一焦距为10 cm的凸透镜。在该透镜前20 cm处，立着一个垂直于主光轴的高度为20 cm的物体。请根据以上信息回答下列问题。

（1）请计算物体的成像位置，并判断其处于透镜的左侧还是右侧。

（2）透镜所成的像是实像还是虚像？

（3）请计算像的大小。

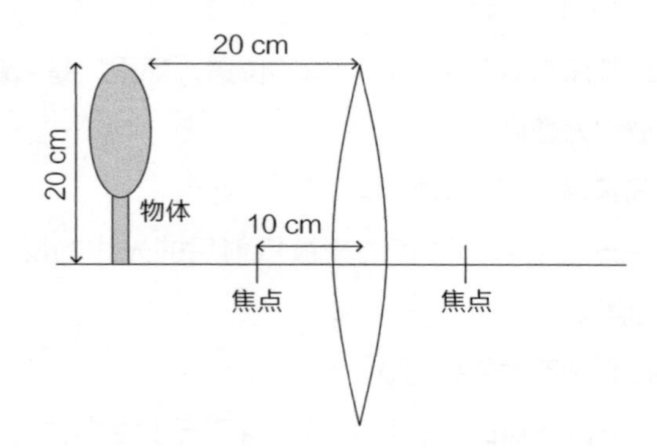

（1）将已知数据代入透镜公式后得到：$\frac{1}{20}+\frac{1}{b}=\frac{1}{10}$

解得$b=20$ cm且$b>0$，故透镜成实像，位于镜片的右侧

（2）实像

（3）倍率$=\left|\frac{b}{a}\right|=\frac{20}{20}=1$

由此可知，像的大小与物体的大小相同，为20 cm。

应用 人为什么能看见物体

在人眼中有一种叫作晶状体的透镜结构。人能看见物体，是因为进入眼睛的光线被晶状体折射后会聚在了视网膜上。

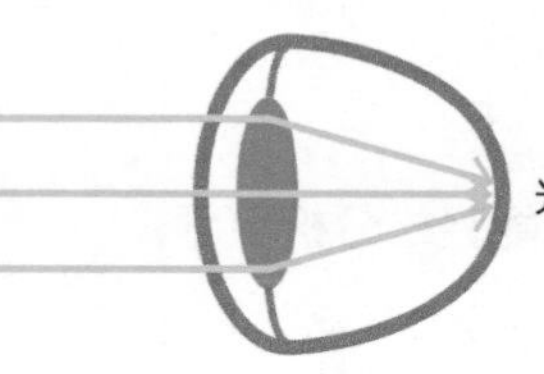

相反，如果不能准确地在视网膜上成像，人就无法看清物体。

未在视网膜上成像的情况有两种，在视网膜前方成像或视网膜的后方成像。前者是**近视**的成因，后者为**远视**的成因。

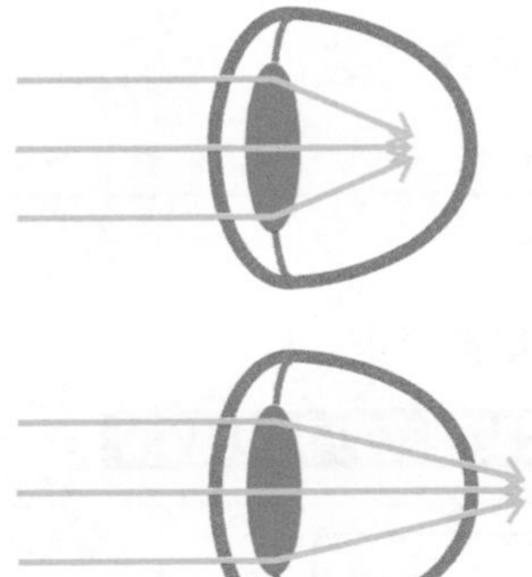

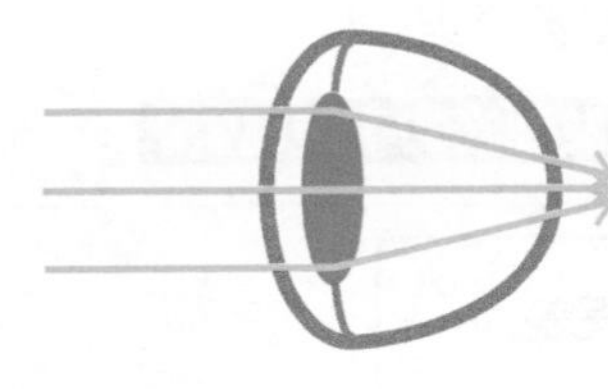

由此可见，近视和远视的成因恰好相反，所以解决方案也是相反的。近视时需要让成像的位置更靠后，远视时则需要让成像的位置更靠前。

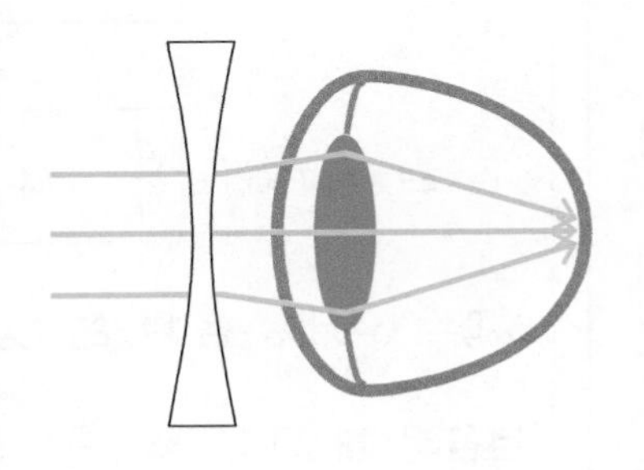

因此，矫正近视使用的透镜（眼镜或隐形眼镜）为凹透镜。凹透镜的作用是使成像的位置向后移动。

相反，矫正远视使用凸透镜。凸透镜能使成像的位置向前移动。

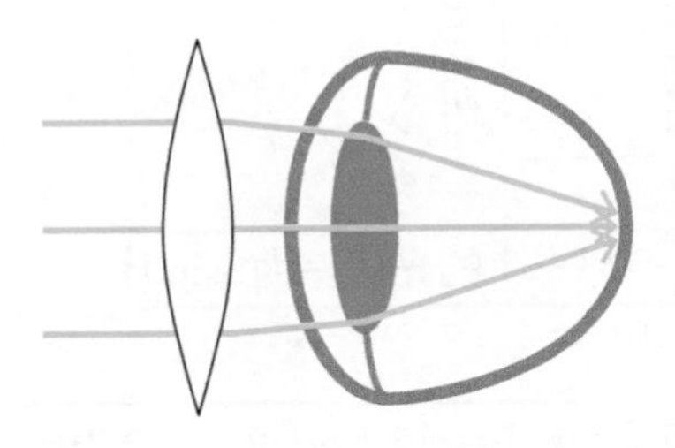

最近流行远近两用镜片，结合了凹透镜和凸透镜的特点，能够同时应对近视和远视。

入门 ★★★★　实用 ★★★★　考试 ★★★

11 光的干涉

光是一种波，所以会出现干涉现象。合理利用光的干涉的规律能最大程度地利用光能。

通过不同模型理解光的干涉

下面是几例光的干涉现象的经典模型。

杨氏双缝干涉实验（该实验首次发现光的干涉现象）

首先应了解，两束光的光程差为$\frac{dx}{L}$

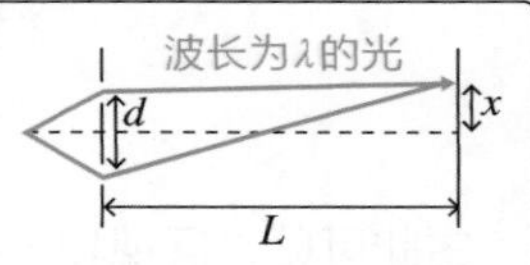

当x满足条件$\frac{dx}{L}=m\lambda$（$m=0, 1, 2, \cdots$）时，在x位置上将形成明线。所以，各明线的位置可用$x=\frac{mL\lambda}{d}$（$m=0, 1, 2, \cdots$）计算，且各明线的间隔距离为$\frac{L\lambda}{d}$。

衍射光栅

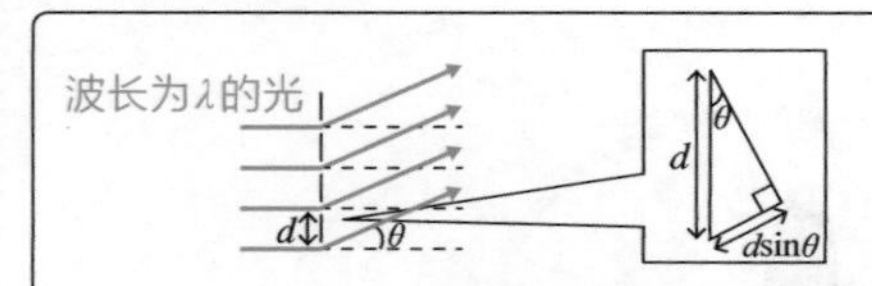

如图所示，相邻光束的光程差为$d\sin\theta$

那么当角θ满足$d\sin\theta=m\lambda$（$m=0, 1, 2, \cdots$）时，在该方向上将形成明线。

※由于$0 \leqslant \sin\theta \leqslant 1$，故$0 \leqslant \frac{m\lambda}{d} \leqslant 1$。因此，如果求出满足$0 \leqslant m \leqslant \frac{d}{\lambda}$范围内$m$的个数，即可知明线的条数。

太阳能电池板的防反射膜

太阳能电池板通过合理运用**薄膜干涉**，来最大程度地利用太阳光的能量。薄膜的厚度决定了两种光（薄膜表面反射的光和进入薄膜后被反射的光）是互相增强变得更亮还是互相削弱变得更暗。

太阳能电池板的发电效率因类型而异，常见种类的太阳能电池板的发电效率约为10%~20%，即80%的光能未被太阳能电池板利用。原因之一是阳光会被电池板表面反射，这导致照射在电池板上的光能因为反射现象无法被充分利用。

为解决此问题，太阳能电池板应用了薄膜干涉技术来抑制光的反射。当两束光相互干涉并削弱彼此时，被薄膜表面反射的光能就会减少。也就是说，这样一来大部分太阳光的能量都将被太阳能电池板吸收。

许多太阳能电池板的材料为硅元素，但硅本身具有金属光泽，并非蓝色。太阳能电池板的蓝色，实际上是防反射膜的颜色。这一原理也被用在眼镜的镜片制造工艺中。减少镜片反射的光线，可以防止拍照时闪光灯引起反光。

除此之外，为了避免被雷达捕获，“隐形战斗机”也利用了这一原理。雷达通过发射电磁波并观察电磁波的反射现象达到搜寻目标的目的。在隐形战斗机的机身上有一层涂层薄膜。这种涂层薄膜可使膜表层反射的电磁波与薄膜内反射的电磁波相互干涉，削弱彼此，从而阻断电磁波的反射，使隐形战斗机达到无法被雷达监测的“隐身”效果。

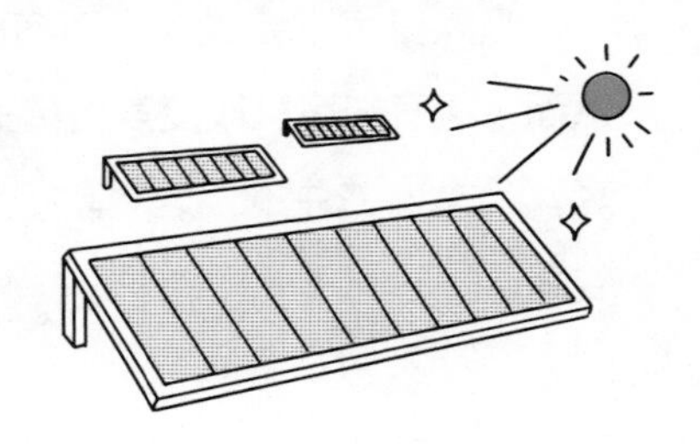

专栏

炸药和雷电都能产生冲击波

并不是只有陨石坠落才能产生冲击波。

举个例子，英国与法国合作研制的协和式飞机，能以两倍声速飞行。此超音速客机于1976—2003年间被投入实际使用，但由于其在飞行时会产生冲击波，目前已不再使用。

此外，隧道施工引爆的炸药也能将爆炸产生的无数碎块加速至超声速，其结果就是产生冲击波。这种爆炸产生的冲击波被称为爆轰波，其速度可达声速的15倍。

另外，打雷时发出的“隆隆”声也是冲击波引起的。雷电产生的高压电流释放热量，这种热量导致空气迅速加热膨胀，进而引发冲击波。

人类不断研发出磁悬浮列车等承载着未来希望的高速交通工具，这些高速交通工具也必须解决实际应用时产生的问题——避免冲击波的产生。

专栏

为什么人在吸入氦气后音调会变高

你使用氦气玩过变声游戏吗？吸入100%的氦气有窒息的危险，所以变声用的氦气实际上是按照1∶4的氧气与氦气比例混合而成的。那么，为什么吸入它以后音调会变高呢？

吸入氦气不会改变人声道的长度，所以共鸣声的波长理应不变。然而，氦气却可以改变声音传播的速度，由于氦气质量比空气质量更轻，公式$v=f\lambda$中的声速v增大，v增大后频率f随之增大，使得音调也变高。

第3章

物理篇
电磁学

导言

没有学过数学的法拉第

电磁学是一门起源于19世纪的学科。这一时期，法拉第**发现电磁感应**现象、麦克斯韦推导出**电磁学计算公式（麦克斯韦方程组）**，这两大科学突破意义深远。高中物理课堂上虽然没有出现麦克斯韦方程组，但也教授了与其含义相同的内容。

总之，电磁感应现象非常重要，它是除太阳能发电外的另一大发电原理。可以说，如果没有法拉第在1831年的发现，也就没有当今生活的用电自由。

法拉第出生于英国的一个贫穷家庭，童年时期在装订厂里寄宿工作。尽管生活境遇不佳，他依然对科学保持着好奇心。由于一次偶然的机会，法拉第有幸作为听众参加了著名科学家戴维的演讲。在听完演讲后，他感触颇深，写信恳求戴维让自己做他的助理实验员。

就这样，法拉第成为了戴维的助理实验员，但由于出身贫困，他没有学习过数学知识。这项缺点对科学研究来说是致命的。然而，法拉第一心一意地投身于实验中，并取得了巨大的成果——发现了电磁感应现象。

法拉第的发现非常重要，以至于在后来，拥有众多科学发现的戴维也不禁感叹："其实，我最大的贡献应该是发现了法拉第。"

这个故事告诉我们，踏踏实实地做实验对研究自然科学而言至关重要。麦克斯韦甚至说过："法拉第不是数学家，也许是科学界的幸运。"

本章将依照顺序介绍伟人们探索出的电磁学之路，在学习中我们可以了解到，众多科学家为电磁学的发展做出了卓越的贡献。

于入门学习者而言

电磁学的开创历史的主要发展阶段在19世纪。所以，该领域的许多发现离我们并不遥远。

或许，我们可以享受这段知识之旅，一边学习，一边畅想科学家们当时的所思所想，以及探索他们是如何发现各项定律的。当然，也不要忽视电磁学在生活中的众多应用。

于上班族而言

如今，人类已经无法想象没有电的生活。维持正常生活的基础设施（如输电、发电设备）自不必说，研发、设计及制造家用电器的过程也离不开电磁学知识。

不仅如此，电磁学也是信息化时代得以高速发展的基础。没有电磁学，信息技术社会的进步便无从谈起。

于考生而言

电磁学和力学一样，同为考试中的重点知识领域。本章内容已进入物理知识学习的后半程，也是许多人未完全掌握的内容。正因如此，更要努力学习，多投入精力，争取掌握所有内容。

入门 ★★★　实用 ★★★★★　考试 ★★★★

静电

静电不仅出现在孩子们的游戏实验中，也被广泛应用于工业领域中。

要点

距离接近时，静电力会突然增大

电荷被分为正电荷和负电荷。

所带电荷为同种的电荷之间存在斥力（反弹力），所带电荷为异种的电荷之间存在引力。这种电荷之间的相互作用力叫作**静电力**，其大小可以用下式表示。

$F=k\frac{Q_1Q_2}{r^2}$（k：静电力常量；r：电荷间的距离；Q_1，Q_2：电荷量）

Q_1 ●←——r——→● Q_2

这种关系就是**库仑定律**。

静电力在电子设备中的应用

静电力中的**正负电荷之间的引力**的应用尤为重要。

在为汽车车身喷漆时，利用静电力的引力作用可以使涂料附着得更加均匀。还有一些空气净化器也利用静电产生的引力吸附灰尘和霉菌。

复印机是一种问世很久的工具，它也利用了静电力的原理。中国人毕昇发明了活字印刷术。所谓活字印刷术，是一种先将文字刻成胶泥活字，再将这些小字制成印刷版，然后将纸对准印刷版按压印刷的技术。印刷技术的出现使得文字能够被大量、快速地复制，有利于知识的传播，它让某项发现能够以印刷的方式传递给更多的人，使知识得以快速共享，推动了科学的进步。

活字印刷术的发明具有划时代的意义。

如今，使用电力就可以轻松地完成复印工作。在复印机里有一个可以旋转的筒状结构，在筒状结构的表面涂有感光材料，这种材料在受到光照时导电性会增强。

先让涂有感光材料的筒状结构带正电，然后向原件打光，原件就会将光线反射在感光材料上。原件的空白（白色）部分反射强光，有内容（黑色）的部分不反射光线。

这样一来，感光材料受到光照的部分的正电荷就会移动并逃逸（因为感光材料在受到光照后导电性会增强），只有未被光照射到的部分留下了正电荷。

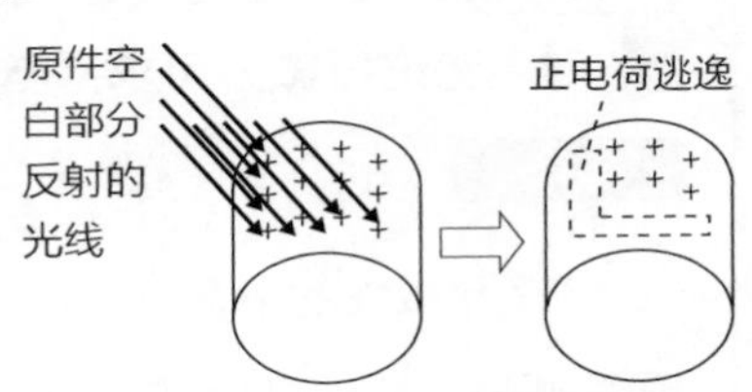

接下来，将带负电的碳粉（黑色颗粒）撒在筒状结构上。在静电力的作用下，只有留下正电荷的部分能够吸附碳粉。

随后旋转筒状结构，将附着其上的碳粉转印至纸张上。如此便实现了黑白原件的复印。

这就是复印机的工作原理。

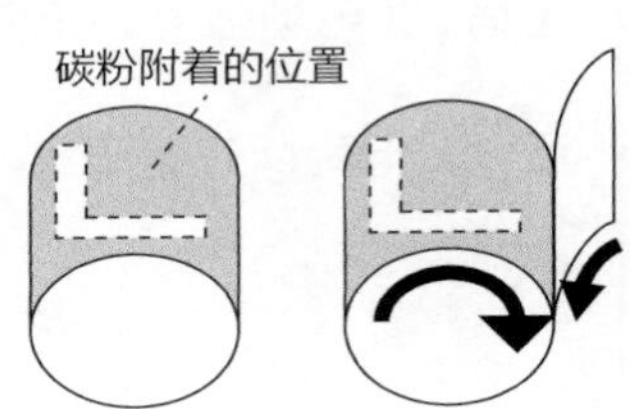

应用 激光打印机同样利用静电原理

激光打印机是学习、工作中的常用设备，它的工作原理与上文所述的内容基本一致。

打印机大致被分为激光打印机和喷墨打印机两类。喷墨打印机直接将墨水喷涂在纸张上，它能将细节印刷得很好，但在进行大量打印时，逐张喷墨印刷既费时又费墨。此时，使用激光打印机的效率更高，其原理与复印机相同。

入门 ★★★★ 实用 ★★★★★ 考试 ★★

电场和电势

静电力是一种不用直接接触就能起作用的“神奇力量”。可将此现象理解为：在电荷周围的空间中存在着由它产生的电场，电场使其他的电荷受力。

要点

对电势进行微分可求得电场强度

电场

在距离为r的电荷Q_1、Q_2间存在大小为$F=k\frac{Q_1Q_2}{r^2}$的静电力，其原理如下。

首先，电荷Q_1将周围变成受静电力作用的空间，也就是**电场**。电荷q在电场强度为E的电场中受到大小为$F=qE$的静电力的作用。所以，电荷Q_1在距离为r的位置产生的电场强度$E=k\frac{Q_1}{r^2}$。

Q_1 ●←— r —→ ⇨ $k\frac{Q_1}{r^2}$

⇓

可知，电荷Q_2在Q_1产生的电场中受到的静电力为$F=Q_2E=k\frac{Q_1Q_2}{r^2}$。

电势

可将电场理解为空间的扭曲，如右图所示。此时，图中各点的高度相当于电势。

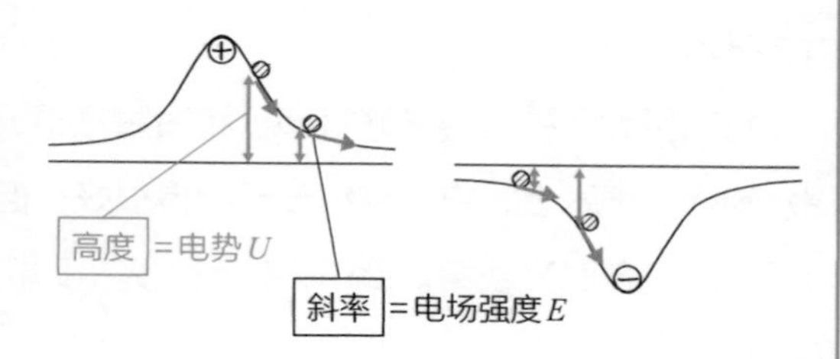

可将电荷Q_1在距离为r的位置产生的电势U表示为$U=k\frac{Q_1}{r}$。

如果将物体放置于非水平空间中，那么物体会受到类似于从坡道向下滚动的力。

电荷受到的静电力与这种情况类似，即电场的斜率越大，电荷所承受的静电力就越大。

这意味着用距离r对电势U进行微分即可求出电场强度E。

$$E=\left|\frac{\mathrm{d}U}{\mathrm{d}r}\right|$$

从电场中学习静电势能

加速器是一种通过利用电力使微小带电粒子加速的装置。加速器在加速时需要计算所施加的电场强度与带电粒子加速程度间的关系。

此时，我们可以从**静电势能的角度**思考这一问题。

静电势能的原理如右图所示。

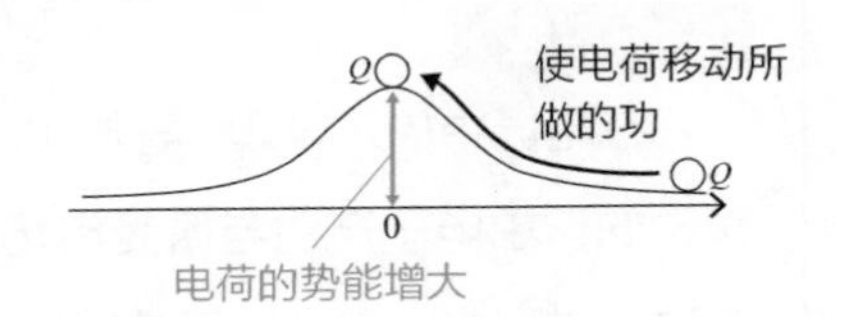

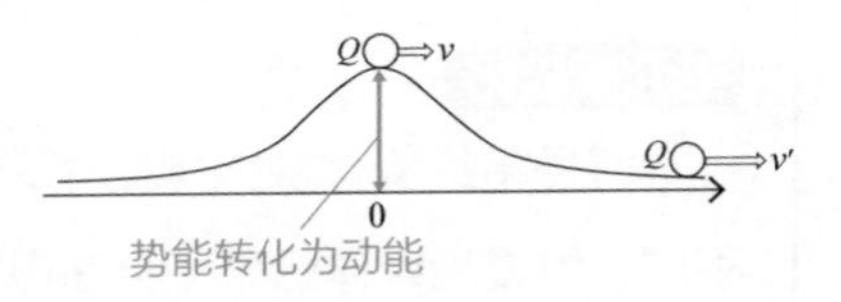

在电场中，把电荷移到较高的位置（电势较大的位置）时需要做功。电荷被做功后积累的能量即为静电势能。

相反，具有静电势能的电荷在释放势能时，静电势能会被转化为动能。

该过程符合能量守恒定律。并且，上图中的能量变化关系可表示为下式。

$$QU+\frac{1}{2}mv^2=\frac{1}{2}mv'^2$$

03 电场中的导体和绝缘体

静电力也作用于不带电的物体。例如，当一根带电的吸管靠近一个不带电的空罐时，空罐会被吸管吸引。

要点

在电场中，导体和绝缘体会产生不同的变化

导体和绝缘体

- 导体：易于传导电流的物体
- 绝缘体：不容易导电的物体

两者之间的区别在于其是否存在自由电子。在导体中存在可以自由移动的自由电子，绝缘体则没有。

静电感应

在电场中放入导体，导体中的自由电子便在静电力的作用下移动，移动的自由电子产生与所受电场相反的电场，两种电场会相互抵消。在这一过程中，自由电子持续移动，直到导体的内部电场强度归零。

电介质极化

即便将绝缘体放入电场中，其内部也没有可受影响的自由电子。不过，组成绝缘体的分子会在电场的作用下发生旋转。特别是组成绝缘体的分子自身为电偶极子（极性分子）时，这些分子在受到电场力后，会向抵消电场的方向排列。其结果是原来的电场虽然不会被完全抵消，却会相对减弱。

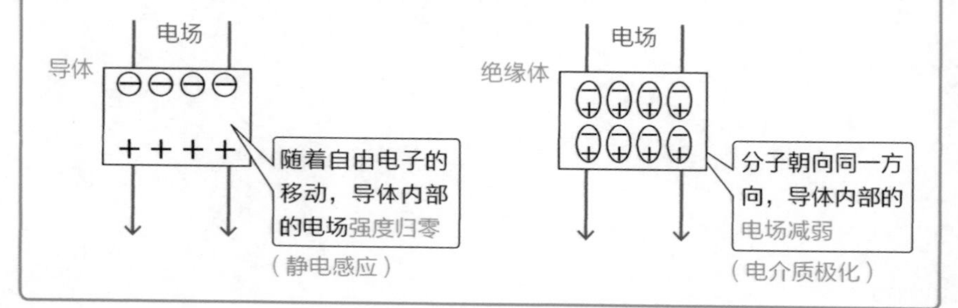

（静电感应）　（电介质极化）

金属能屏蔽静电感应

物体于电场中产生的变化可在电路中发挥重要作用。例如，电容器（参考本章04小节内容）是一种存储电荷的装置，其极板之间为绝缘物质（电介质）。极板间的绝缘物质在极板产生的电场作用下发生电介质极化现象，这有助于增加电容。

我们虽然很难准确了解大部分电路的内部结构，但却依然可以在生活中轻易地观察到静电感应或电介质极化现象。

用干棉布条摩擦塑料尺子使其带电，然后将尺子靠近水龙头流出的水。原本笔直下落的水流就会像被尺子吸引一样呈现弯曲的状态，这是因为**水流出现了电介质极化现象**。

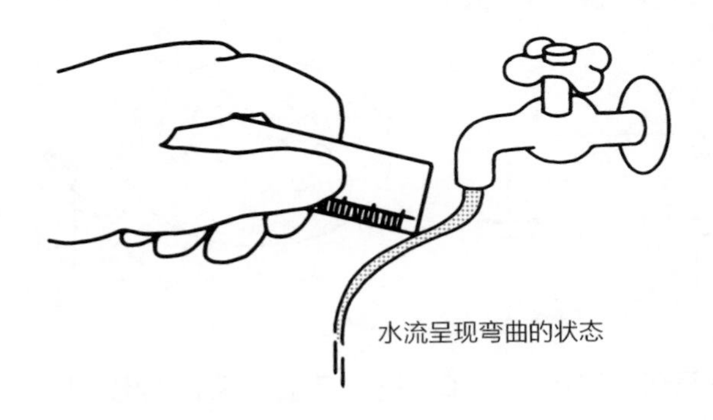

应用 隧道中信号差的原因

只有屏蔽电场才能避免出现静电感应或电介质极化现象。

以水流弯曲的现象为例，如果用一块金属板将水流和尺子隔开，水流就不会变得弯曲。这是因为金属板屏蔽了电场，使水无法出现电介质极化现象，也就是所谓的**静电屏蔽**。

如果隧道或地下商场没有架设信号天线，那么收音机和手机等将很难接收到信号，因为无线电会被大地或钢筋等物体屏蔽，这种现象类似于静电屏蔽。

入门 ★★　实用 ★★★★　考试 ★★★

04 电容器

电路中的电容器是一种临时存储电荷的装置，其作用不容小觑。通过在电容器构造上下功夫，人们研发出了体积很小却拥有很大容量的电容器。

要点

决定电容器电容大小的因素

两块相对且不接触的金属板能够组成储存电荷的电容器。

如下图所示，为电容器连接电源使其两端产生电压，此时电容器能够储存的电荷量与电压成正比。

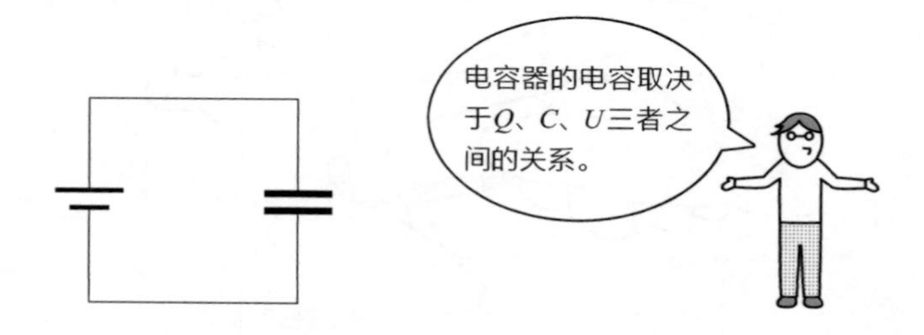

该关系可被表示为$Q=CU$（Q：电容器储存的电荷量；C：电容；U：电容器两极板之间的电势差）。

电容器的电容C与电容器本身的构造及极板间的物质种类（绝缘物质）有关，其计算公式为$C=\varepsilon\frac{S}{d}$（ε：极板间绝缘物质的相对介电常数；d：极板的间隔距离；S：极板的正对面积）。

除此之外还必须了解的是，电容器在储存电荷后所具有的能量为$E=\frac{1}{2}CU^2$。

电容器中的电介质

照相机闪光灯的运作需要在一瞬间供应很大的电流，之所以能做到这一点，正是依靠电容器储存、释放电荷的能力。

大部分电子设备都内置了许多电容器。为了内置更多的电容器，必须缩小电容器的体积，且要在缩小电容器体积的同时保证其拥有足够的电容。

为达到这一目的，人们在电容器的设计上下了很多功夫。

其中一种方法是**增大极板的面积**。通常的做法是将夹有绝缘物质的极板一层层地缠绕起来。这样一来，既能维持较大的极板面积，又能控制电容器的体积。

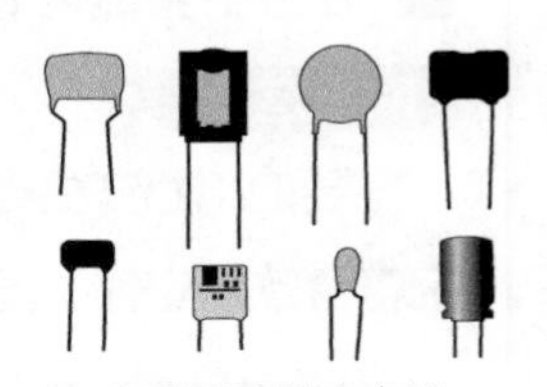

各种类型的电容器

另外，**极板间绝缘物质的选择**至关重要，不同物质的相对介电常数相差甚远。

如果将极板间绝缘物质的相对介电常数增大至原来的10倍大小，那么电容器的电容也能提高至原来的10倍。电容的大小与相对介电常数成正比，在右侧表格中列举了部分物质的相对介电常数。可以看出，极板间存在绝缘物质时的电容量比无物质（真空）时大。

物质	相对介电常数（介电常数相对于真空状态的倍数）
空气	1.0005
石蜡	2.2
硬纸板	3.2
云母	7.0
水	80.4
钛酸钡	约5000

当极板间的绝缘物质是钛酸钡时，电容器的电容将以数量级倍增。因此，钛酸钡常被用于制作电容器。寻找钛酸钡这类性能优异的电介质，对于生产小体积、大容量电容器来说至关重要。

“F（法拉）”是电容的单位。在一个电容器储备了1 C（库伦）电量且两极板间的电势差是1 V（伏特）时，这个电容器的电容就是1 F（法拉）。

不过，实际情况下，电容往往非常小，常用“μF（微法）”“pF（皮法）”这样的单位，$1\ \mu F=10^{-6}\ F$，$1\ pF=10^{-12}\ F$。

入门 ★★ 实用 ★★★★★ 考试 ★★★★

05 直流电路

电路包括直流电路和交流电路两种，前者的电流方向固定，后者的电流方向呈周期性变化。本节将介绍直流电路的特点。

要点

在分析直流电路时，可使用欧姆定律

欧姆定律

要使电路产生电流，就必须为电路施加电压。此时，电路中的情况符合欧姆定律，具体如下。

$U=RI$（U：电压；R：电阻；I：电流）。

在分析与电路相关的问题时，**欧姆定律**往往是基础。

A（安培）

电流的单位用**“A（安培）”**表示。所谓1 A，是指1 s内有1 C电荷（6.2415093×10^{18}个基本电荷）通过导体横截面的电流。

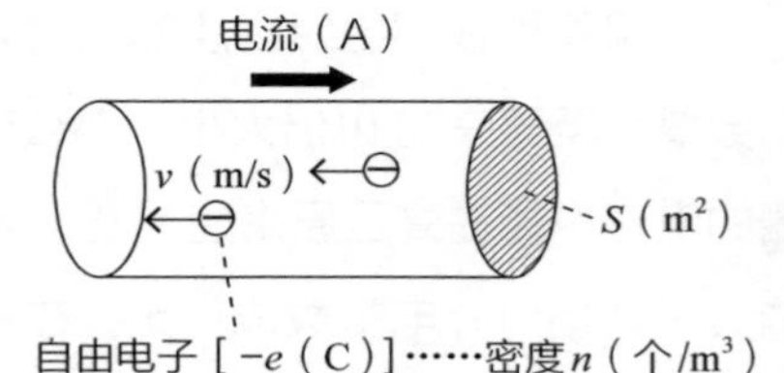

电路中实际运动的物质是自由电子，假设一个自由电子的电荷为e（C），则可将电流I表示为下式。

$I=enSv$（n：自由电子的数密度；S：导体的横截面积；v：自由电子定向移动的平均速率）。

没有电池也能产生电流

欧姆定律是德国物理学家欧姆在1826年发现的。当时，已经问世的电池只有伏打电堆，这种电池存在电压会迅速下降的缺陷。归根结底，如果没有电流，欧姆也就不可能发现欧姆定律，那么他是如何使电流产生的呢？

1822年，德国科学家塞贝克发现了热电偶产生的热电效应（**塞贝克效应**），欧姆在实验中运用了同一原理。

该原理相对复杂，通过查看右图能大致了解其内容。

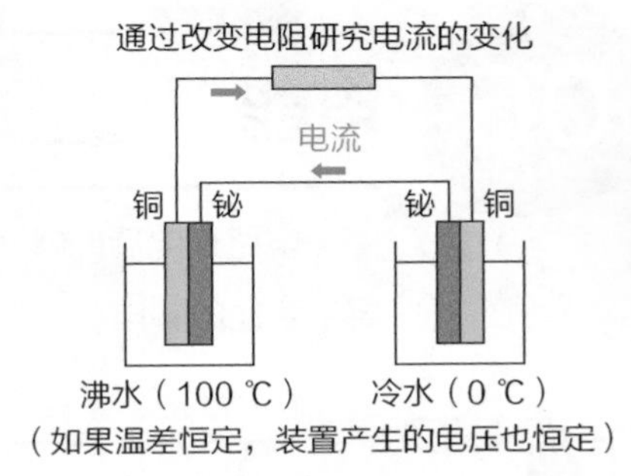

准备两块由一半铜和一半铋贴合构成的金属。如果为装置接上导线形成电路，电路中就会产生电流，如右图所示。

由此可知，塞贝克的发现促进了欧姆定律的问世。

应用 宇宙探测器使用的核电池

塞贝克效应也被应用于太空探测器的核电池中。

在核电池中，有钚238等放射性同位素（放射性同位素放出射线后衰变为稳定的原子，在衰变时释放热量。如果选用半衰期很长的物质，即可实现电池的长期使用）。核电池的工作原理是利用放射性同位素衰变产生的热量与宇宙空间（温度恒定在3 K，即 −270 ℃）间存在的温差发电。

绕地球旋转的人造卫星和运行轨道位于小行星带（火星和木星之间）的太空探测器能够获得充足的阳光，所以它们一般使用太阳能电池而不使用核电池。其原因在于，如果卫星或太空探测器发射失败或坠落，携带的核电池有散播放射性物质的危险。

飞向宇宙深处的太空探测器则不同，由于它们无法获得充足的阳光，所以可以选择使用核电池。

除此之外，塞贝克效应也可应用于废热发电，如回收工厂、汽车和家庭生活释放的废热。实际上，人类只能利用煤炭、石油、天然气等化石燃料中的70%的热量，其余30%的热量为废热。因此，合理利用塞贝克效应将大有可为。

入门 ★★　　实用 ★★★★★　　考试 ★★★★

06 电能

电路通电后能够产生能量。人类将这种能量转化为光、热等形式加以利用。

要点

区分“电功率”和“电功”

电功率

电流通过电阻时需要消耗能量。此时，电功率P可表示为$\boldsymbol{P=UI}$（U：电阻两端的电压；I：流过电阻的电流）。

此处的电功率指的是“每秒消耗的能量”。

我们将被施加1 V电压且电流大小为1 A的电路所消耗的功率定义为1 W。而“W（瓦特）”的定义为“J/s”，表示1 s内消耗的能量为1 J。

电功

与电功率不同，电功表示能量的总消耗。电功Q可用$\boldsymbol{Q=UIt}$来表示（t：通电时间）。

将千瓦·时换算为焦耳

理解功率单位“W”的含义后，就能**计算出身边常用电器的运行电流**。

假设微波炉当前的运行功率为500 W。一般来说，日本的民用电压为100 V。那么，将数据代入公式$P=UI$后得到500 W=100 V×I（A），解得I=5 A。

另外，我们每月支付的电费取决于当月所消耗的电功。一般情况下，电功的单位为“kW·h”，“1 kW·h”即为“1 kW×1 h”，换算成焦耳（J）来表示则如下式。

$$1\ \text{kW}\cdot\text{h}=1\ \text{kW}\times1\ \text{h}=10^3\ \text{J/s}\times3600\ \text{s}=3.6\times10^6\ \text{J}$$

已知将1 g水的温度升高1 ℃需要消耗大约4.2 J的能量。那么消耗1 kW·h的能量，就能使10^5 g（约100 L）水的水温上升$\frac{3.6\times10^6}{4.2\times10^5}\approx8.6$ ℃。

理解了这种关系，就能更直观地感受到能量消耗的多少了。

应用 使用电池供电划算还是使用电源供电划算

大多数情况下，我们通过电源或电池获取电能，到底哪种用电方式更经济实惠呢?

首先说说干电池。干电池的尺寸、种类各不相同，我们就以常见的5号锌锰干电池为例进行计算。

普通5号锌锰干电池的容量（可提供的电量）约为1000 mA·h。1000 mA·h意味着能连续1小时提供1000 mA（=1 A）大小的电流。

干电池的电压为1.5 V，所以可以计算出，彻底耗尽干电池能够释放的能量大小如下。

$$1.5\ \mathrm{V}\times1\ \mathrm{A}\times1\ \mathrm{h}=1.5\ \mathrm{W\cdot h}$$

以上，我们计算出了一节普通干电池能够提供的电量。假定使用廉价干电池，按1节干电池花费50日元（1日元≈0.05人民币）为标准。有了这些套件，我们就能求出干电池提供1 W·h的能量需要花费的价格，即$50\div1.5$ h≈33日元。

如果使用的是发电站输送的电流，情况又如何呢? 电力公司的收费标准是使用1 kW·h能量的花费在20日元左右。也就是说，使用1 W·h电能只需要支付$20\div1000=0.02$（日元）。

从二者的比较可以看出，用电池提供电力是多么昂贵。

入门 ★★　实用 ★★★★★　考试 ★★★★

07 基尔霍夫定律

基尔霍夫定律使得欧姆定律的应用更加便捷和广泛。利用此定律，能够计算复杂电路中的电流。

要点

用基尔霍夫定律构建方程

基尔霍夫定律分为基尔霍夫第一定律（基尔霍夫电流定律）及基尔霍夫第二定律（基尔霍夫电压定律）。

基尔霍夫第一定律（基尔霍夫电流定律）

流入电路中任意一点的电流之和等于这一点流出的电流之和。

由于电路不会于某一点上储存电荷，所以该定律成立。这一定律可以用河流来进行形象的比喻。河流各支流水量的总和总是等于它们汇聚而成的干流的水量；干流的水量也总是等于其分散而成的多个支流的水量总和。

基尔霍夫第二定律（基尔霍夫电压定律）

对于电路中任意一段闭合回路，其**电动势的总和等于电压降的总和**。

电动势用来描述电源提升电势的能力。

电压降则用来描述电流流过电阻后产生的电势下降。

由此可知，从电路的某点绕电路一周返回原点后，电势恢复原来的大小（电势不变）。

研究复杂电路不可或缺的基尔霍夫定律

举例来说，如果想计算下页右上角电路中的电流大小，只需要使用欧姆定律就足够了。

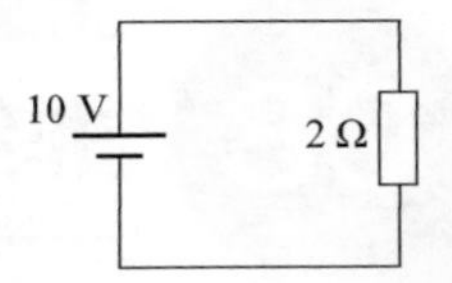

将数据代入公式$U=RI$得$10\ V=2\ \Omega\times I\ (A)$，解得$I=5\ A$。

但如果是左下图所示的复杂电路呢？如果只知道欧姆定律就束手无策了。

在这种情况下，需要借助**基尔霍夫定律**进行计算。首先按照右下图所示的方式标记电流。

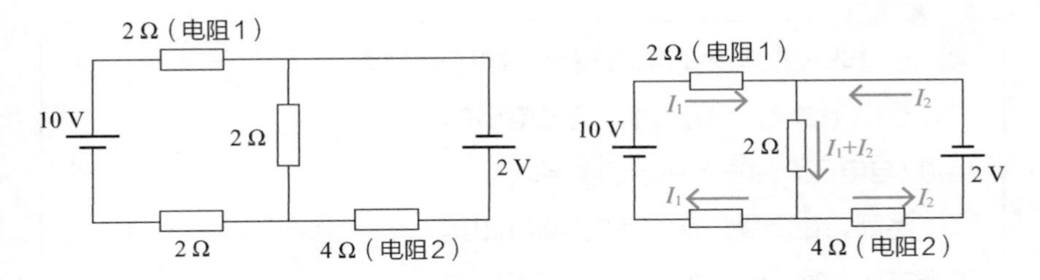

重点在于，在使用基尔霍夫第一定律时，如果电流方向不明确，那么可以**先暂且选定一个电流方向**。因为此时无法确定电流的方向。

假设选定的电流方向不正确，则求出的电流值会出现负数。此时意识到电流方向错误即可。

一旦我们按上文所述的方式标记好电流后，就可以使用基尔霍夫第二定律分析这个闭合电路了。

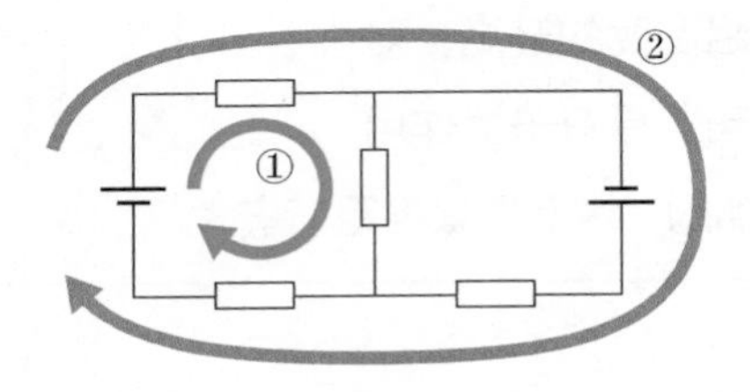

电路①中的关系：$10-2I_1-2(I_1+I_2)-2I_1=0$

电路②中的关系：$10-2I_1+2-(-4I_2)-2I_1=0$

解方程组可得：$I_1=2A$，$I_2=-1A$。

$I_2<0$，说明电流方向设置错误。

入门 ★★　实用 ★★★★★　考试 ★★★★

08 非线性电阻

在欧姆定律中，流过电阻的电流与电阻两端的电压成正比。不过，此规律成立的前提是电阻的阻值一定，有些电阻的阻值会随着流过的电流大小的变化而变化。

要点

流过非线性电阻的电流越大，阻值就越大

当电阻的阻值恒定时，流过电阻的电流I与电压U为右图所示的关系。

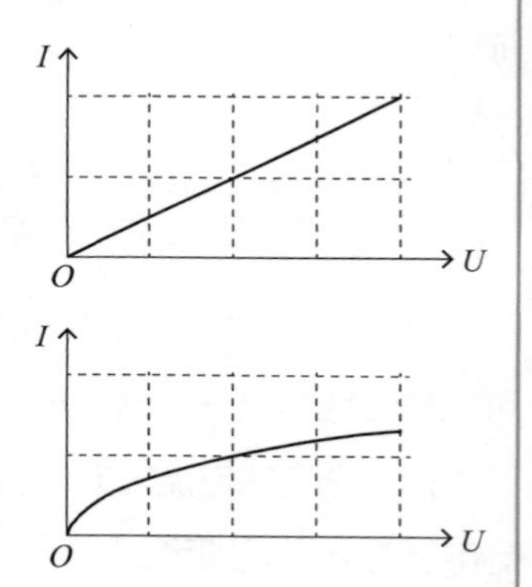

然而，在测量灯泡灯丝的电流I和其两端电压U时，会发现二者为右下图所示的关系。具有这种现象的电阻叫作**非线性电阻**。

在非线性电阻中，电流I与电压U不成正比，其电阻的阻值会随着电流I的变化而变化。

在为电阻通电后，电阻的温度会升高。随着电阻温度的升高，对电流（电子的流动）具有干扰作用的阳离子热振动加剧，进而导致电阻值增大。

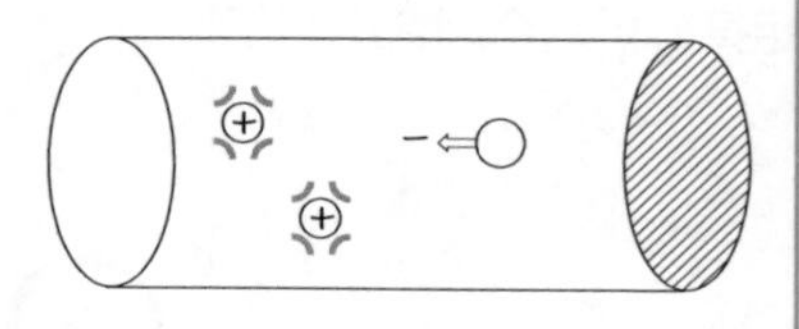

在考虑阻值变化的同时计算实际电流的大小

电阻的阻值随温度的变化而变化是件麻烦的事情，一旦在电路中存在非线性电阻，就会难以计算电流的大小。

可在设计电路时，计算电流又是必不可少的步骤。那么，如何才能求出流过非线性电阻的电流大小呢?

请参考下文给出的解决方案。

如下图所示，连接电压大小为E的电池、阻值为R的电阻及具有右图所示的电流–电压关系特性的灯泡并组成电路。此时，我们尝试求出灯泡中电流的大小。

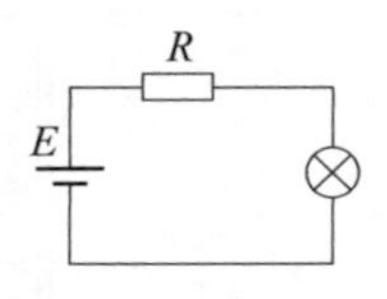

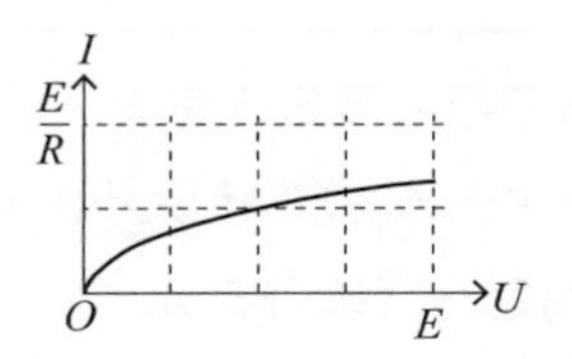

首先将**非线性电阻两端的电压设为U，将流过非线性电阻的电流设为I**。

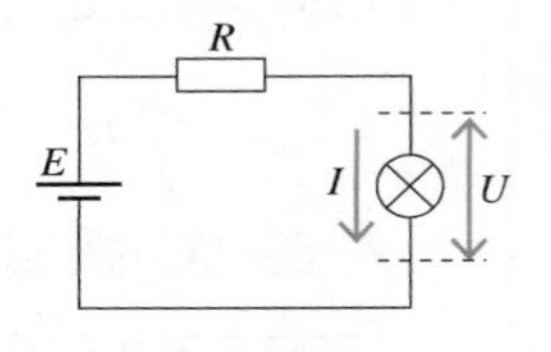

然后用公式将U和I之间的关系表示出来。此时，电阻R上流过电流也是I，根据基尔霍夫第二定律可知$E=RI+U$。

最后，用图像表现此公式。由于该公式可以变形为$I=-\frac{U}{R}+\frac{E}{R}$，故可用右图表示。

电路中连接的灯泡应同时满足上文给定的图像和右下图。由此可知，同时满足两个图形关系的U和I的值将位于两个图像的焦点。

综上所述，可得到流过灯泡的电流大小为$\frac{E}{2R}$。

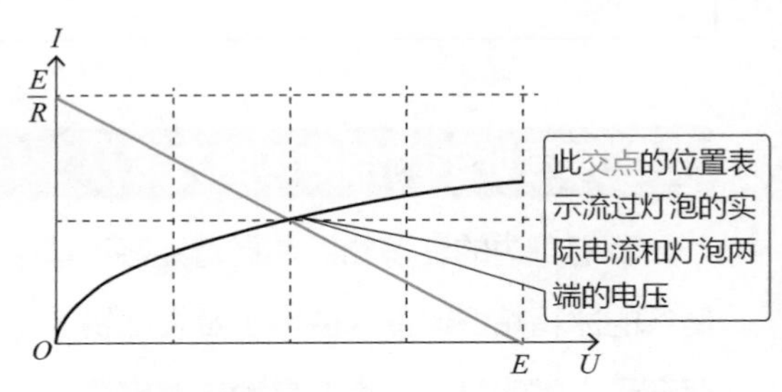

入门 ★★　实用 ★★★★★　考试 ★★★★

电流能产生磁场

把指南针放在通电导线附近，能观察到指针的移动。这是因为电流会在导线周围产生磁场。

要点

磁场方向与电流方向有关

电流产生磁场的方向和大小由导线形状决定，具体差异如下所示。

- 直线电流产生的磁场

$$H=\frac{I}{2\pi r}$$

（r：距电流的距离；I：电流的大小）

- 环形电流产生的磁场

$$H=\frac{I}{2r}\text{（}r\text{：环形的半径）}$$

- 通电螺线管产生的磁场（卷成圆筒状的线圈）

$H=nI$（n：每单位长度的圈数）

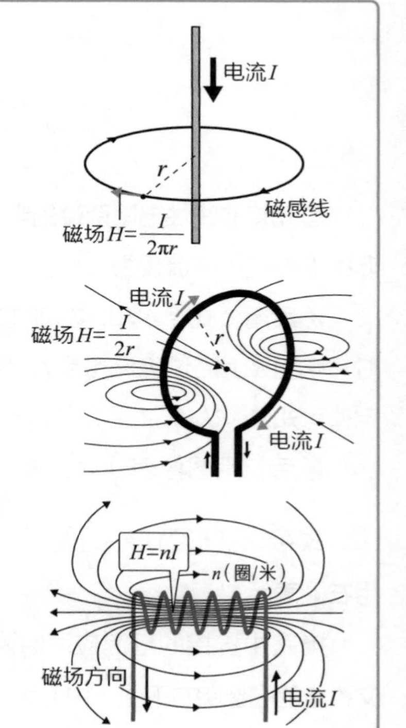

探寻地球内部结构的方法

我们身边的许多物品都具有能够制造磁场的磁铁结构，比如用来固定便条的冰箱贴、电器中的电机及发电机等。并且，有一种磁场无时无刻不存在于人类的身边，那就是**地球的磁场**。

在地表水平方向放置的指南针始终指着一个不变的方向，原因是地球的强大磁场在起作用，可这种磁场又是因何而生呢？

根据人类目前的研究，在宇宙中只有电流能够制造磁场。以铁氧体磁性材料等永磁磁铁为例，其组成原子中的电子始终在运动，这与电流的作用相同，能够产生磁场。

那么，地球磁场的来源是什么呢？应该也是电流，反过来说，拥有磁场也是地球内部有电流在流动的证据。

地球的内部结构大致如右图所示。

地球的核心由大量的铁元素构成（铁元素的质量达到地球总质量的1/3）。铁是金属，所以可以导电，流动的电流使地球变成了巨大的磁体。

准确地说，由于地球拥有磁场，人类才间接推断出了以上观点。因为地球内部由金属物质（铁）组成的观点还没有被实际观测验证。迄今为止，人类向地心挖掘的深度只有约100 km而已。地球的半径约为6400 km，我们挖掘的深度甚至不足地球半径的1%。

难以否认的是，人类虽长久以来在地球上繁衍生息，却仍不了解地心深处的秘密。话虽如此，电磁学领域的知识还是指引了我们——磁场因电流而生。借此，人类得以推断地球的内部结构。

太阳系中的其他行星也拥有磁场。木星的自转周期较短，约为10小时左右。据此可推断，木星拥有极强的磁场，因为行星的自转速度越快，其内部产生的电流就越大。与木星相比，金星的自转周期极慢，约为244天，其磁场强度只有地球的1/2000左右。

入门 ★★ 实用 ★★★★★ 考试 ★★★★

10 磁场对电流的作用力

磁场对电流具有力的作用。在磁铁旁放置一根导线。在通电时，导线会受到力的作用；在切断电流时，导线则不受力的作用。

要点

在分析受力时，若电流不与磁场方向垂直，则只考虑磁场中与电流相垂直的力的分量

在电流流过磁场覆盖的区域时会受到磁场的作用力。受力方向如下所示。

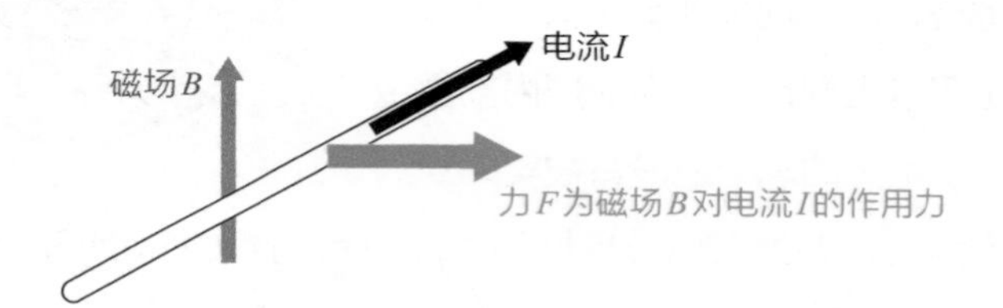

力的大小为$F=IBL$（I表示电流大小；B表示磁感应强度；L表示磁场中导线的长度）。

另外，当电流和磁场的夹角为θ时，电流的受力大小如下式。

$$F=IBL\sin\theta$$

上图中的夹角$\theta=90°$，那么可将$\sin\theta=1$代入上式。

另外，当$\theta=0°$时，F的大小也为0。也就是说，与磁场平行的电流不受力。

并且，磁感应强度B与磁场H之间存在$B=\mu H$（μ表示磁导率）的关系。

利用磁场的作用形成强大的推进力

磁场对电流的作用力在许多领域中发挥着作用。下文介绍其中的两个应用例子。

日本开发的世界首艘超导电磁推进船“大和1号”于1992年下水并顺利完成了海上航行测试。大和1号的船体质量为185 t，全长为30 m，宽为100.39 m，材质为铝合金，最大航速约为15 km/h。该船目前被陈列在神户海洋博物馆内供人参观。

超导电磁推进船究竟是什么？下文将借助如下图示进行说明。

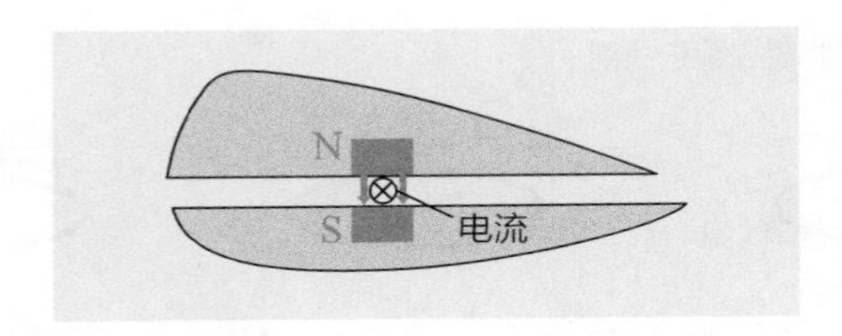

上图只展示了船只产生动力的核心原理，即**在海水中制造磁场**并使**电流在海水中流动**，进而让电流受到磁场的作用力。以下图情况为例，力的方向向左。

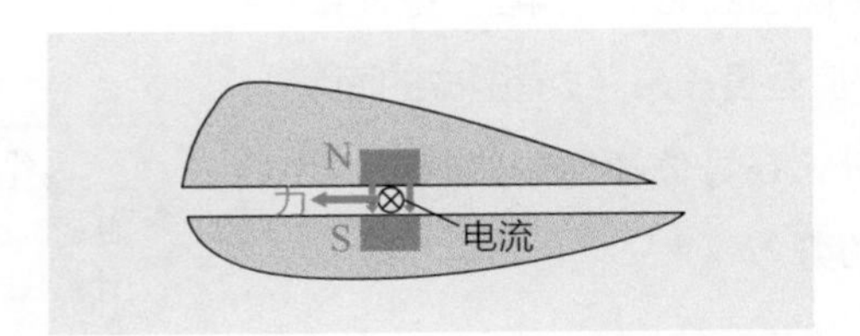

此时，船只内部的水会在力的作用下被推向左边。船和水的整体动量始终为0（船只未受外力作用），所以船会向右移动。

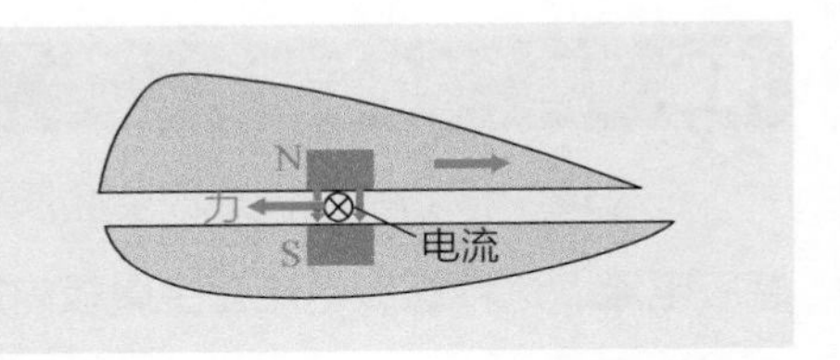

这就是超导电磁推进船产生推进力的原理。

入门★★★　实用★★　考试★★

电磁感应

磁铁在线圈附近移动时，线圈内会产生电流，这就是1831年英国物理学家法拉第发现的电磁感应现象。

要点

“变化”的磁场产生电压

当磁铁在线圈附近移动时，线圈内产生电压的方向和大小如下图所示。

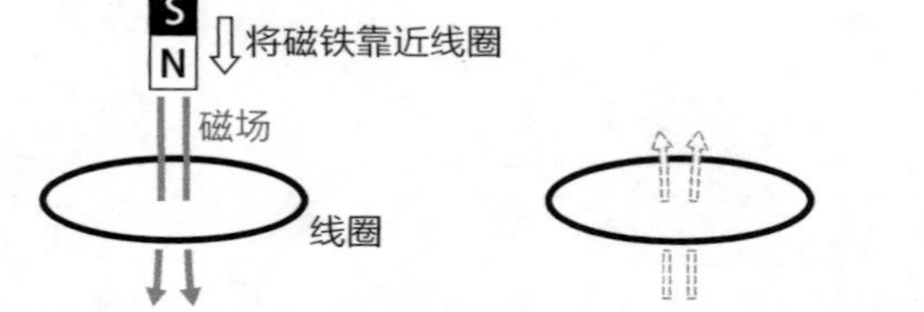

①线圈内的磁场强度增加→②为了抵消这种变化，线圈会制造一个向上的磁场→③磁场方向向上，线圈内产生了上图所示方向的电流

感应电动势的大小$E=N\dfrac{\Delta\Phi}{\Delta t}$（$\Delta\Phi$：磁通量的变化量；$\Delta t$：单位时间）

这就是**电磁感应**现象。再者，磁通量$\Phi=BS$（B：磁感应强度；S：线圈围成的面积）。

除此之外，在导体棒切割磁感线时也会产生感应电动势。

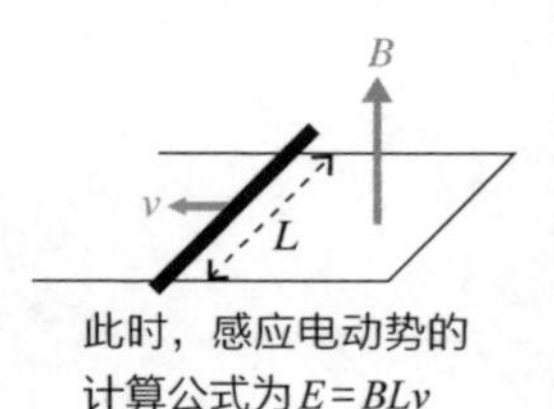

此时，感应电动势的计算公式为$E=BLv$

用途广泛的涡流

在磁场中移动金属板或改变金属板周围磁场的大小，金属板就会产生感应电流。这种感应电流在金属板内形成闭合电路，与水的旋涡相似，所以叫作**涡流**。

涡流被广泛应用在各种家用电器上。例如IH（Induction Heating，利用电磁感应加热）料理机。

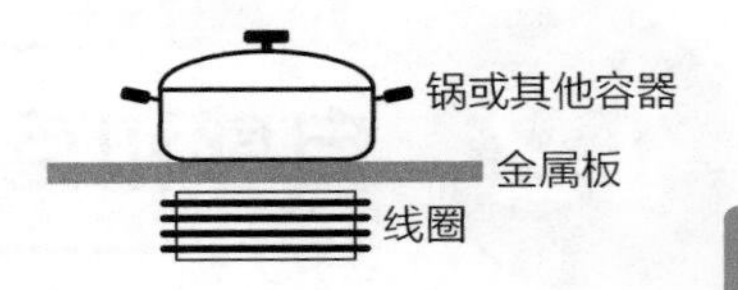

当电流流过线圈时，线圈就会变成电磁铁并产生磁场。通过改变线圈中的电流大小，能使磁场产生变化。这样一来就能引起电磁感应，让锅底产生涡流。

电流在锅底流动时会产生焦耳热，利用这种热量，可以达到烹饪食物的效果。料理机在运行时，其内部的逆变器装置能使线圈中产生2000 Hz左右的高频交流电，进而高频地生成涡流，提高加热效率。

如果锅的材质是像铁一样的强磁体，更容易产生电磁感应。强磁体材质的容器比铜、铝材质的容器更适合IH料理机。

IH料理机分为全金属型IH料理机和普通型IH料理机两种。全金属型IH料理机的加热频率是普通型IH料理机的3倍，加热效率很高，可以使用非强磁体（铜或铝等材质）的容器。然而，其加热效率还是不如使用铁质容器的普通型IH料理机。不过，普通型IH料理机只能配合强磁体材质的容器使用。

另外，两种类型的IH料理机均不能使用砂锅、玻璃等绝缘材质的容器。另外，选用底部不平整的容器不易产生涡流，会使IH料理机的加热效率下降。

应用 电动汽车的刹车构造

涡流也常被用于右下图所示的电磁刹车结构中。电动汽车的刹车就使用了这种结构。图中的传动轴连接着车轮，在车辆运行时和车轮同时旋转。在启动电磁铁后，安装在传动轴上的筒状结构中会产生涡流。电磁铁会在阻碍涡流旋转的方向上产生作用力。所以，这种装置能够实现刹车的效果。

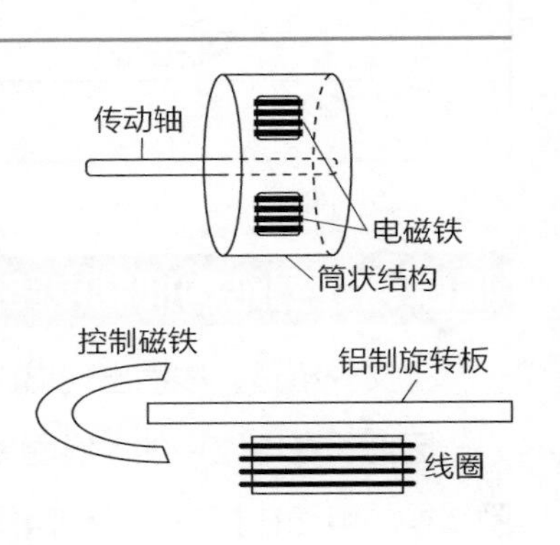

入门 ★★　实用 ★★　考试 ★★★

12 自感和互感

当线圈中的电流发生变化时，线圈自身会产生抵消该变化的感应电动势。这种现象叫作自感。

要点

自感是线圈内的电流变化引起线圈自身产生感应电动势的现象

在线圈中的电流稳定时，线圈内不会产生感应电动势。但在线圈中的电流变化时，则会产生下图所示的感应电动势。该现象的要点在于，在任何情况下，感应电动势都是因为要抵消自身电流的变化而产生的。

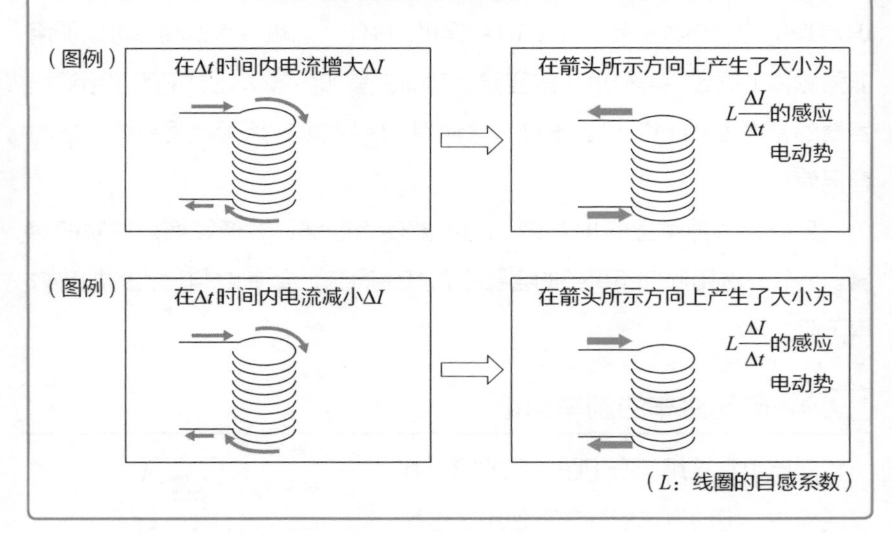

（L：线圈的自感系数）

用线圈结构抑制电路中电流的急剧变化

上文介绍过，线圈出现自感现象是**为了阻止电流的急剧变化**。

因此，在电路中加入线圈能防止电流的突然波动。举个例子，没有线圈结构的电路在打开开关的瞬间会产生很大的电流。相反，有线圈结构的电路在通电后，电路中的电流会逐渐达到最大值。

左下图所示电路的电流变化情况如右下图所示。

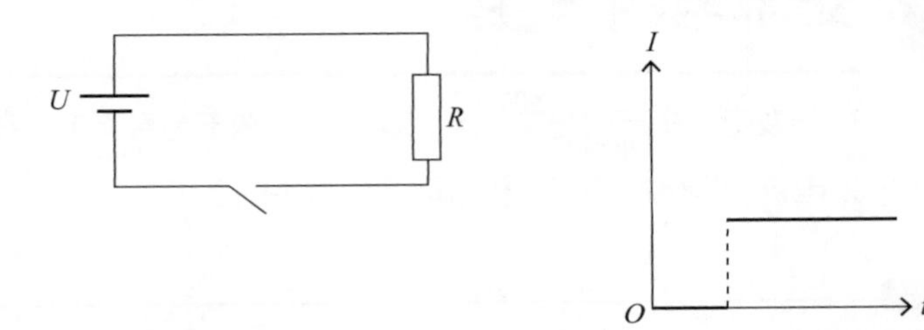

在加入左下图所示的线圈结构后，电流的变化情况如右下图所示。

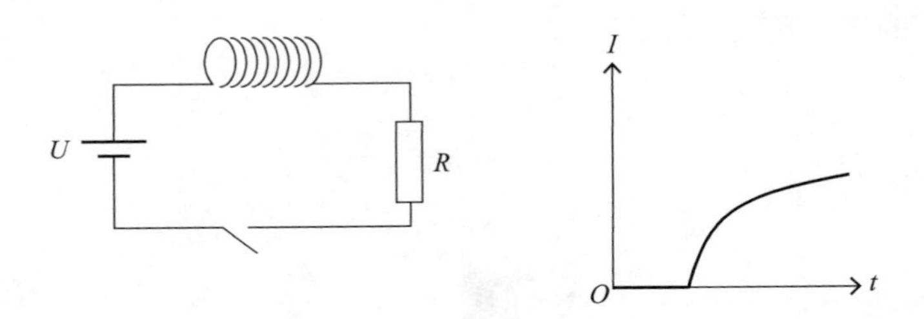

除此之外，多个线圈间会产生**互感现象**。

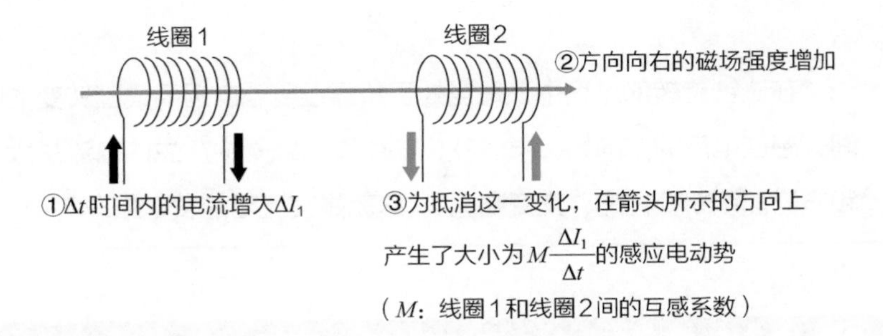

如上述案例所示，当一个线圈中的电流发生变化时，相邻线圈就会随之产生感应电动势。

互感现象常用于调整交流电路的电压，被应用在变压器装置上（将于本章15节内容中进行详细介绍）。变压器在发电站向工厂和家庭输电的过程中发挥了不可替代的作用，其工作原理与互感现象密切相关。

入门 ★★★ 实用 ★★★★★ 考试 ★★★

13 交流电的产生

发电厂生产的是交流电。至于为什么不是直流电，在了解发电机的发电原理后，你就能明白其中的原因。

要点

在多数情况下，电流的产生依赖于电磁感应现象

如下图所示，在放置几个线圈后让磁铁旋转。此时，线圈在**电磁感应**的作用下产生感应电流。

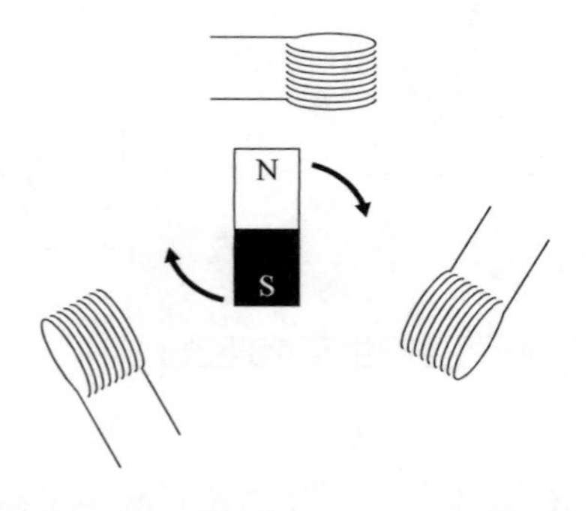

在磁铁旋转的过程中，每当处于从靠近线圈向远离线圈转变的瞬间，感应电流的方向均会发生变化。所以，线圈中产生的电流是大小和方向都不断变化的“**交变电流**”。这就是交流电的发电原理。

电磁感应现象——发电厂的核心原理

我们使用的电力几乎全部由发电厂供应。发电厂分为火力、水力、核能等不同类型。其差异在于发电使用的**能源**不同。

火力发电厂通过燃烧煤炭、天然气、石油等化石燃料获取发电的能源；水力发电站依靠水从高处下落的冲击力产生能量并发电；核电站则利用核裂变产生的能量发电（参考第4章的07小节内容）。

不同类型发电站发电使用的能源有所区别，但所有的发电站都使用发电机来发电。只是供发电机运转的能源有所不同。

掌握了这些背景知识，应该就能明白电磁感应现象对人类社会的作用了。

电磁感应现象由英国物理学家法拉第于1831年发现。通常来说，拥有如此成就的人，肯定是一位与大部分科学家拥有类似经历的优秀人物。法拉第的确是一名伟大的科学家，不过他出身贫寒，并没有像其他学者那样拥有能够供其潜心钻研学问的优越环境。

在本章的导言中有过介绍，法拉第并没有扎实的数学知识基础。作为一名科学家，没有优秀的数学知识基础可以说是致命的缺陷。尽管如此，法拉第还是一心一意地投身于实验研究。在不断失败、不断挑战的过程中，他为人类探寻出了以电磁感应现象为首的众多新发现。

阿拉戈圆盘

1824年，法国物理学家阿拉戈设计出了“**阿拉戈圆盘**”实验，为后来的电磁感应在发电机上的应用提供了灵感。

如右图所示，在磁铁旋转时，圆盘也会向相同的方向旋转。出现这一现象的原因是电磁感应使得圆盘上产生涡流。

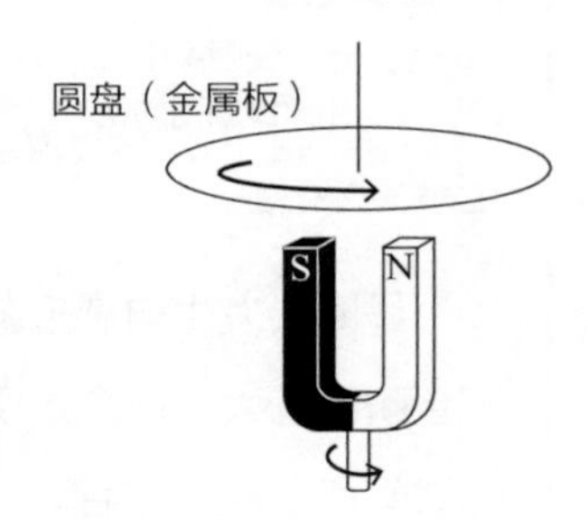

法拉第对该实验进行了一些调整，他将旋转的磁铁固定，然后用手转动圆盘，使圆盘产生同样的涡流，而后设法将其中的电流导出并利用，这就是法拉第的发电机设想。可以看出，实验利用极其简单的构造达到了产生电流的效果。

入门 ★★★ 实用 ★★★★ 考试 ★★★

交流电路

交流电路具有直流电路没有的特征——电压和电流的相位不一致。

要点

在电流与电压之间存在相位差

常常在交流电路中接入电阻、线圈、电容器等电子元件。下文介绍它们在电路中的不同特点。

电阻

如右图所示，流过电阻的电流与电阻两端电压的相位相同

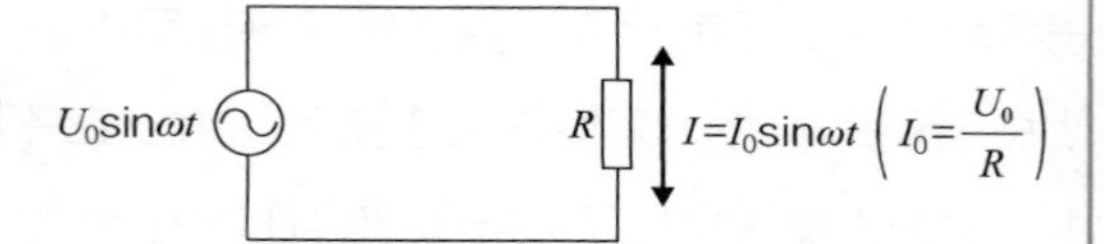

所谓相同，就是指在电压达到最大值的瞬间电流也达到最大值，二者变化的时间点一致。也许你会认为这是理所当然的，但在将电阻换成线圈或电容器时，二者的相位就不一致了。

线圈

如右图所示，线圈中电流的相位变化比线圈两端电压的相应变化慢$\frac{\pi}{2}$

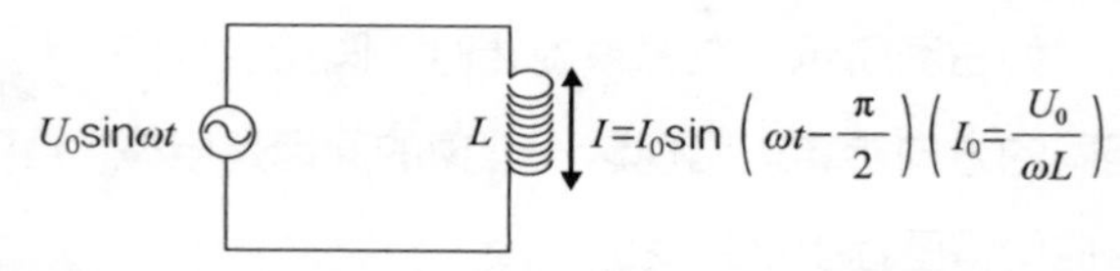

线圈会发生自感现象，受此影响，即使施加很大的电压，电流也不会瞬间增大。也就是说与电压相比，线圈中电流的相位变化（变化的时间点）相对滞后。

电容器

如右图所示，电容器中电流的相位变化领先电容器两端电压的相位变化$\frac{\pi}{2}$

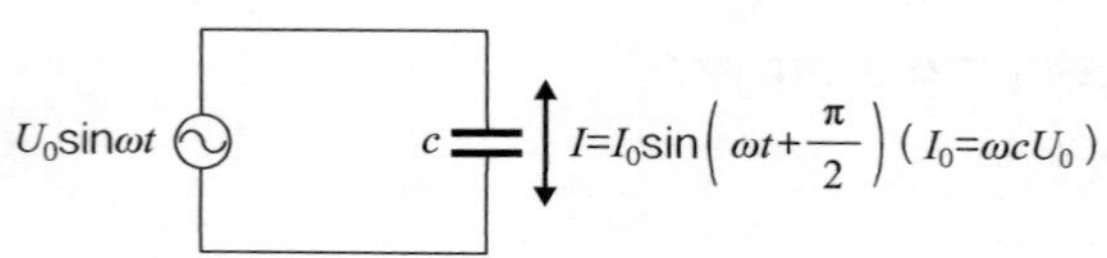

当电容器未储存电荷时，电流的流动最容易。也就是说，在电压

为0（无）时，电流达到最大值。由此可见，与电压的相位相比，电容器中电流的相位变化是领先的。

日本东西部输电频率不同的原因

世界上各地的电流都是以交流电的形式输送的（在本章15节中会说明为什么采用交流电而不是直流电）。各个国家和地区的输电频率有所不同，但基本上不是50 Hz就是60 Hz。“Hz”是“次/秒”的意思，也就是说输送的电流在1 s内会切换100次或120次方向（1 Hz对应1周期，每个周期交流电方向变2次），速度之快让人难以置信。

大多数国家都将本国的输电频率统一为50 Hz或60 Hz。但日本的情况有所不同，东日本（日本东半部地区）的输电频率是50 Hz，而西日本（日本西半部地区）的输电频率是60 Hz，两种输电频率共存（中国和印度尼西亚等国家也有这种现象，但在世界上属于少数情况）。之所以出现现在这种情况，是有历史原因的。

明治时代，东京电灯社（现在的东京电力公司）从德国西门子公司进口了交流发电机并创办了火力发电厂。此时进口的就是频率为50 Hz的发电机。从那以后，日本关东地区开始使用50 Hz的交流电。

另一方面，大阪电灯社（现在的关西电力公司）则从美国通用电气公司进口了频率为60 Hz的交流发电机，所以导致关西地区与关东地区不同，使用的交流电频率为60 Hz。

日本东西部地区使用不同频率的发电机已有100多年的历史，直至今日也没有发生改变。虽然日本国内有将输电频率统一为其中一方的意向，但实现此目标需要付出巨大的代价。为此，电力公司需要更换发电机和变压器，区域内的工厂也必须重新置备电机和发电机等设备。事实上，实际执行统一输电频率困难重重。

历史的风云变幻深刻地影响着如今的生活。如果历史改变，当下的生活或许会变得更加方便，又或许恰恰相反，想来实在有趣。

入门 ★★★ 实用 ★★★★ 考试 ★★★

变压器与交流电输送

多数情况下，发电厂以交流电的形式输送电力。原因在于交流电的电压易于改变。

要点

只要改变线圈的匝数就能改变电压

利用互感现象（具体参考本章12节中的内容），能够改变交流电的电压。

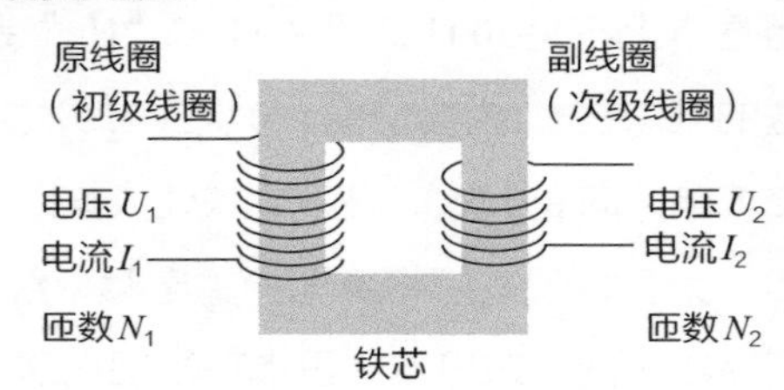

为交流电变压的变压器的内部构造如右图所示。

在互感现象的作用下，交变电流流过原线圈时，在副线圈中会产生感应电流（交流电）。此时，原线圈两端的电压和副线圈两端的电压具有如下所示的关系。

$$U_1 : U_2 = N_1 : N_2$$

由此可见，线圈两端的电压与线圈匝数成正比。

此外，在变压器中，电功率还符合如下式所示的守恒关系。

$$U_1 I_1 = U_2 I_2$$

利用高压减小输电损耗

世界各地均采用交流输电而不是采用直流输电，是因为交流输电有着某些优势。

选择交流输电也经历了一段曲折的历史。1879年，爱迪生发明了白炽灯。随后，为了让每个家庭都能使用灯泡照明，他开始在纽约推进电线的架设工程，当时采用的输电方式是直流输电。

但是，偏偏有人对直流输电提出了异议，他就是爱迪生的下属——特斯拉。特斯拉主张采用交流输电，他认为交流输电具有以下两大优势。

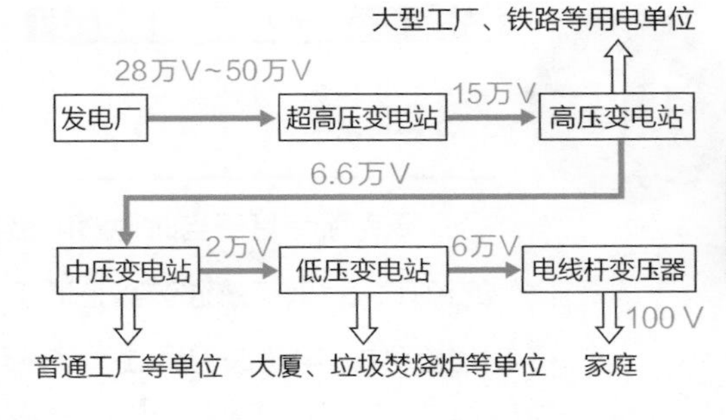

首先，**交流输电可以用变压器转换电压**。远距离输电会不可避免地产生电力损耗。如果使用较高的电压输电就能减少电能损耗（减小输电电流）。因此，目前采用的输电模式如右上图所示。

下面介绍采用高压输电能减少电能损耗的原因。变压器在对交流电进行变压时，电功率守恒。也就是说，电压越高，则输电电流就越小（但输电电压不能过高，应综合考虑具体情况）。由于在电线路中损耗的电功率为RI^2（R为电线的电阻），所以电流越小，功率损耗就越小。

交流电可以轻易变压，直流电却很难。因此，采用直流输电会增加输电过程中的损耗。此外，交流电还有一个优点，就是可以驱动交流电机。交流电机和直流电机不同，它不需要电刷和换向器。直流电机的电刷和换向器之间会产生摩擦，必须定期更换。

另外，在使用直流电机时，必须调整电压才能改变转速。相比之下，使用交流电机就可以通过调整频率来控制转速。

50 Hz或60 Hz的交流电

变为直流

调整为15~1000 Hz的任意频率

由于交流电机的转速由频率决定，所以可以采用右上图展示的结构控制电动机的转速。调节吸尘器、空调、冰箱等电器的运行强度，就是通过这个机制实现的。所谓“变频空调”，就是能够调节运行强度的空调。在没有“变频”这项功能时，空调的调节选项只有ON（开）和OFF（关）。

正因为具有这两大优势，交流输电才在与直流输电的竞争中占据了主导地位。后来，提倡使用交流输电的特斯拉与爱迪生分道扬镳，参与创办了西屋电气公司。当时爱迪生创办的公司就是如今大名鼎鼎的通用电气公司。

入门 ★★★　实用 ★★★★　考试 ★★★★★

16 电磁波

麦克斯韦基于当时他对电磁学的研究成果，预测了电磁波的存在，后来赫兹通过实验证实了这一点。如今，在人类的现代生活中，电磁波已经成为了不可或缺的存在。

要点

电磁波由电场和磁场的变化产生

电磁波可以由右图所示的装置产生。

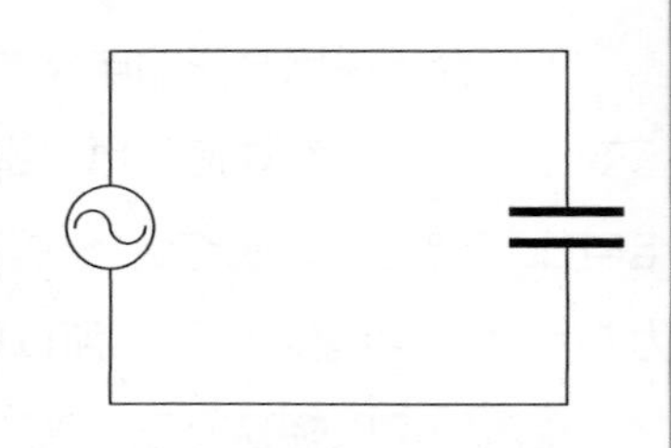

电路中的交流电使得电容器不断充放电，进而导致电容器极板间的电场反复变化。在这种不断变化的电场周围会产生变化的磁场。

同时，在变化的磁场周围也会产生变化的电场。如此往复，变化的电场和磁场就会在空间中传播，从而产生电磁波。

人们推测电磁波以光速传播，并已通过实验进行证实。由此可知，光（可见光）也是电磁波的一部分。

	名称	波长	频率
无线电	甚低频（VLF，超长波）	10~100 km	3~30 kHz
	低频（LF，长波）	1~10 km	30~300 kHz
	中频（MF，中波）	100 m~1 km	300~3000 kHz
	高频（HF，短波）	10~100 m	3~30 MHz
	甚高频（VHF，超短波）	1~10 m	30~300 MHz
微波	特高频（UHF，分米波）	10 cm~1 m	300~3000 MHz
	超高频（SHF，厘米波）	1~10 cm	3~30 GHz
	极高频（EHF，毫米波）	1 mm~1 cm	30~300 GHz
	至高频（THF，丝米波）	100 μm~1 mm	300~3000 GHz
	红外线	770 nm~100 μm	3~400 THz
	可见光	380~770 nm	400~790 THz
	紫外线	1 nm~380 nm	790 THz~30 PHz
	X射线	0.01 nm~1 nm	30 PHz~30 EHz
	γ射线	<0.01 nm	>30 EHz

现代生活离不开电磁波

下面介绍几个电磁波的应用实例。

首先是广播电视。在模拟电视时代，电视信号使用的是VHF（甚高频）频段的90~220 MHz的无线电波和UHF（特高频）频段的470~770 MHz的无线电波。然而，VHF频段和UHF频段的无线电波也被用于手机通信，随着手机的普及，这个频段变得相当拥挤。

为了优化无线电频段，广播电视另辟蹊径，转而使用数字信号无线电，即我们常说的数字电视。数字电视可以将无线电频率控制在UHF频段的470~710 MHz。这项重大变革使部分频段变得空闲，得以被用于手机通信等用途。

话说回来，数字电视和模拟电视有什么不同呢？在介绍二者区别之前，先介绍模拟信号和数字信号。模拟信号是连续的（幅值可由无限个数值表示），而数字信号是离散的（幅值被限制在有限个数值之内）。试想一下指针时钟和数字时钟就能明白其中的差别。二者的无线电波表现形式如下。

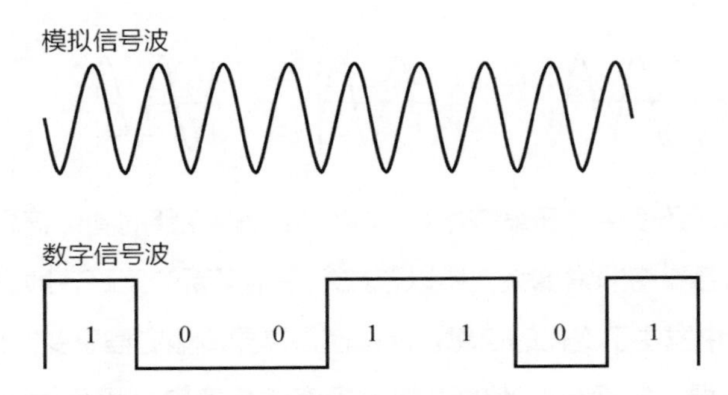

那么，数字电视是否使用了上图所示的数字信号波呢？事实并非如此。数字信号电视台使用的依然是模拟信号波，**它采用模拟信号波来传输数字化信息**。

数字化信息指的是二进制系统中的“0”“1”这两种信号。通过制定在下一页中列举出的规则，我们就可以用模拟信号波来传递数字化信息了。

方法①：改变振幅

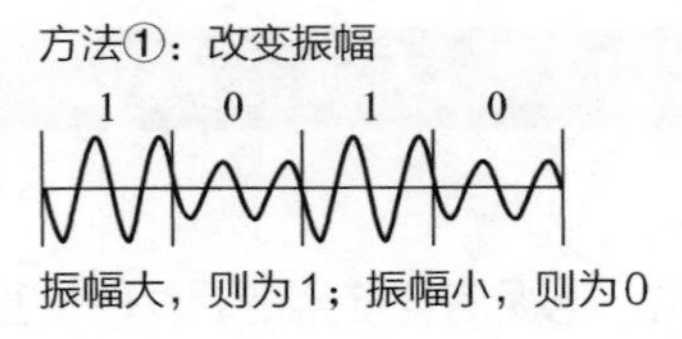

振幅大，则为1；振幅小，则为0

方法②：改变相位

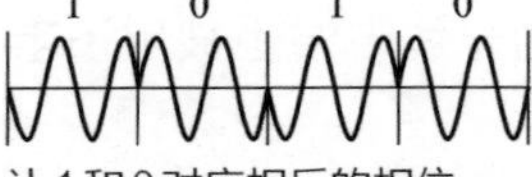

让1和0对应相反的相位

方法③：结合方法①和方法②两种方法

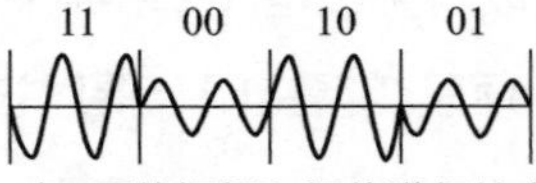

对不同的振幅和相位进行结合，分别对应11、10、01、00这4种信号

以上就是数字信号电视台采用模拟信号波传递数字化信息的原理。

另外，通过增加如下图所示的相位偏移的模型（例如，从111到000，共8种），可以进一步丰富对应的信息。但是，这么做的缺点是会提高误收信的概率。

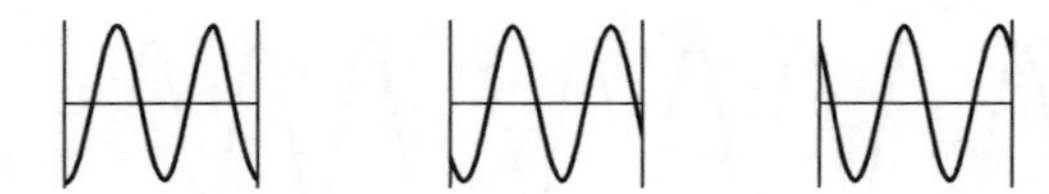

数字电视还使用了**压缩技术**。如果始终传输完整的图像信息，那么需要传输的信息量将非常庞大，所以该技术采用了新的策略，即只发送在前后两个画面中发生了变化的信息。此举使得需要传输的信息变得相当精简。

顺便一提，电视台采用的无线电频率比广播电台采用的无线电频率高，也就是说，和收音机相比，电视接收的无线电信号的波长更短，衍射程度更小。这就是为何电视的信号天线被高楼遮挡后，信号会变差。

在用电缆传输信息时，开启、关闭电源或光信号（使用光缆时）就能完成数字信息的传输。而使用无线传输却很难实现这一点，所以才有了前面介绍的各种方法。

无线电在国际电台中的应用

接下来介绍的另一应用案例是无线电在国际电台中的应用。

在大气层中，有一片叫作电离层的区域。顾名思义，电离层指的是：在阳光和宇宙射线（来自宇宙的辐射）的作用下，大气层中的原子和分子处于等离子态（电子脱离原子核的束缚，阳离子和自由电子混合的状态，即为等离子态）的一片区域。电离层包含几个层级，无线电波分别会在电离层的不同层级发生反射现象，如下图所示。

VHF、UHF 等频带由于能量大（频率高，所以能够透过电离层）

F层（>160 km）

E层（90 km~160 km）

D层（60 km~90 km）

HF（短波）在F层被反射

MF（中波）在E层被反射

VLF（超长波）在D层被反射

直通无线电：无法进行远距离传播

如上图所示，F层反射的HF（短波）的传播距离最远。因此，HF频段被广泛用于远距离通信，如国际无线电、船舶无线电和业余无线电。

实际上，无线电在被F层反射后会被地面再次反射，进而又被F层反射回地面，如此重复反射多次后，传播到世界的各个角落。

补充一点，E层反射的MF（中波）大部分都被D层所吸收。这种情况导致MF波段基本上只能在地表传播，被AM收音机等设备使用。有趣的是，由于D层会在夜间消失，此时MF波段的无线电就可以被E层反射并传播到更远的地方。这就是为什么我们能在夜间接收到遥远电台的信号。

专栏

频率的转换

在3・11日本地震（东日本大地震）后，东京电力管辖范围内出现了电力不足的问题。虽然大小企业和众多家庭的节电努力避免了大规模停电，但是却凸显了电力公司之间的输电不兼容问题。

举例来说，如果东京出现电力供应不足的状况，可以通过从中部电力等其他区域的供电公司输送电力来进行补充，但是问题在于不同区域之间的输电频率的不同。东京电力公司的输电频率为50 Hz，而中部电力的输电频率却是60 Hz，输电频率不同就不能直接供电。因此，在东京电力供电区和中部电力供电区的交界处（长野县和静冈县）设有若干个变频站，通过转换输电频率，打通了电力输送网络。这里共设有3个大型变频站，可转换输送的功率约1.2×10^6 kW。然而，东京电力公司的电力供应需求超过4×10^7 kW，所以能够转换输送的电力依然非常有限。

变频站转换输电频率的原理如下图所示。

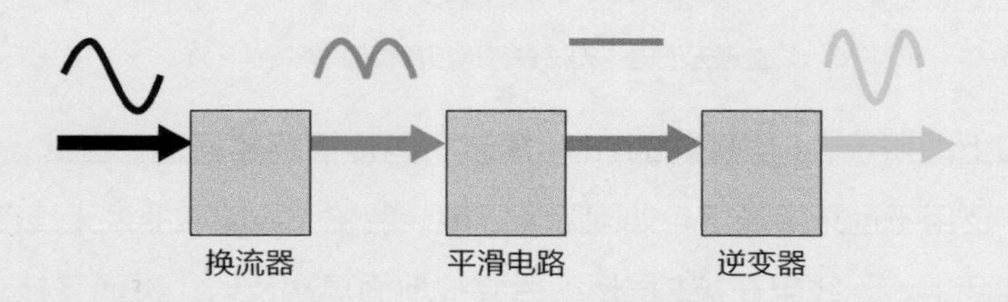

换流器是一种将交流电转换为直流电的装置。但换流器只能把交流电的负极反转为正极，无法直接将交流电转化成有恒定电压的直流电。因此，需要通过接入平滑电路来保障直流电的电压恒定。

在此基础之上，再进一步使用逆变器将直流电转化为交流电。此时，逆变器即可将电力转换为任意频率。

如此一来，便实现了输电频率的转换。

第4章

物理篇 量子力学

导言

探索肉眼不可见的世界

本书在之前的章节中介绍了从力学到电磁学等在19世纪前就已经出现的研究领域。当时的人们普遍认为，随着电磁学的建立，物理学已经是一门完整的学科了，足以解释世界上发生的任何现象。

然而，在进入20世纪后，人类意识到情况并非如此，因为有人发现了利用20世纪之前的物理学（经典物理学）知识无法解释的现象，这种现象**存在于微观世界中**，人眼无法察觉。

力学到电磁学领域的内容解释的是宏观世界中的现象，宏观世界也就是我们日常面对的世界。从这个意义上来讲，掌握了从力学到电磁学的物理学知识，就能解决日常生活中的大多数问题。

20世纪后，人类对微观世界的不断探索促使**量子力学**这一全新的知识领域问世，这是一个很难以常识性思维理解的领域。据笔者所知，许多人虽然记得高中物理课程的最后部分是量子力学，但却对其内容一知半解，原因就在于量子力学的难度较高。

提前了解量子力学的知识特点，有助于我们理解其知识内容。量子力学的核心内容有如下3条。

- **能量只能取离散的值**
- **光具有波粒二象性**
- **不只是光，所有物质都具有波粒二象性**

然而，这样形容可能依然很难理解。量子力学是在无数实验成果的支撑下建立的，上述规律都是在实验中得出的真理。望读者朋友能将本章的学习当作一次穿梭在奇异世界中的美妙旅程，去一睹量子力学的别样风采。

于入门学习者而言

量子力学揭示的真相，无不让人啧啧称奇。正因如此，它同时也是一个让许多人望而却步的知识领域。

但换个角度想想，量子力学就是如此——一门让人在学习过程中惊叹不已的学问。沉浸在远离平日喧嚣的知识世界中，也可谓是一段愉悦的时光。

于上班族而言

量子计算机具有很大的发展潜力，在信息加密等新技术或其他新技术的研发中，量子力学同样发挥着重要的作用。

于考生而言

量子力学在考试中的分数占比不高，但近年来有增加占比的趋势。该领域的知识令人难以理解与掌握，导致大部人都不擅长。因此，在考试中，量子力学的部分只考查基础知识，只要认真学习就一定能得分。

入门 ★★★★　实用 ★★★　考试 ★★

01 阴极射线

在电路中流动的粒子，实质上是带负电的电子。阴极射线使人们意识到了电子的存在。

要点

阴极射线的运动轨迹会在电场和磁场的影响下产生弯曲

阴极射线

在降低玻璃管内的压强并为玻璃管两端施加千伏级别的高压时，能够使管内的气体产生**阴极射线**。

阴极射线具有以下性质。

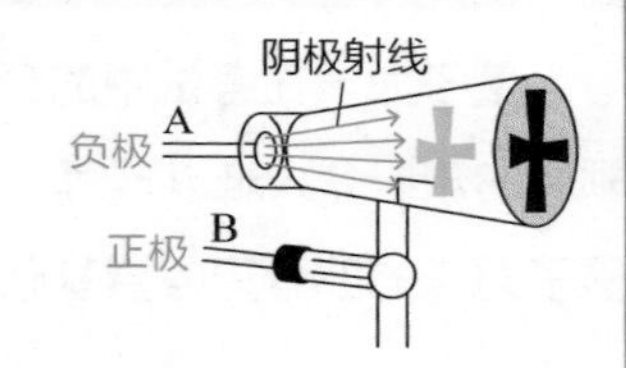

- 具有沿直线传播的性质（在被物体遮挡时会投射出物体的影子）
- 携带负电荷
- 其运动轨迹会在电场或磁场的影响下产生弯曲
- 引起被其撞击的物体的升温（传送能量）

电子

科学家针对阴极射线设计了各种各样的实验，研究结果表明其本质是带有负电荷的粒子流。目前，人们将这种粒子称为**电子**。

电子电荷量的绝对值为$e=1.602176634\times10^{-19}$ C。该值也是最小的电荷量单位，被称为**元电荷**。

基本电荷的计算历程

最早揭示阴极射线本质的人是英国物理学家J. J.汤姆孙。汤姆孙设计了一个实验，他在与阴极射线垂直的方向上设置了电场和磁场。

通过该实验研究阴极射线在电场作用下的前进路径的弯曲程度，就可以计算出**阴极射线在电场中承受的静电力**。但是，阴极射线的运动轨迹的弯曲程度也和质量有关，质量越大，弯曲就越困难。

因此，该实验计算出的结果为**比荷**，其值如下。

$$\frac{e}{m}=1.758820024\times10^{11}\ \mathrm{C/kg}$$

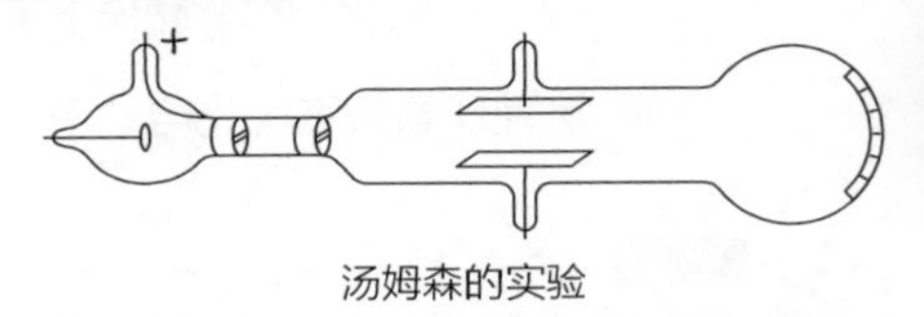

汤姆森的实验

除此之外，阴极射线运动轨迹的弯曲程度也受电子初速度大小的影响。为计算电子的初速度，还必须在实验中加入磁场环境，因为电子在磁场中所受的作用力与其速率成正比。

基本电荷的发现

电子的电荷是美国物理学家罗伯特·密立根通过“油滴实验”求得的。

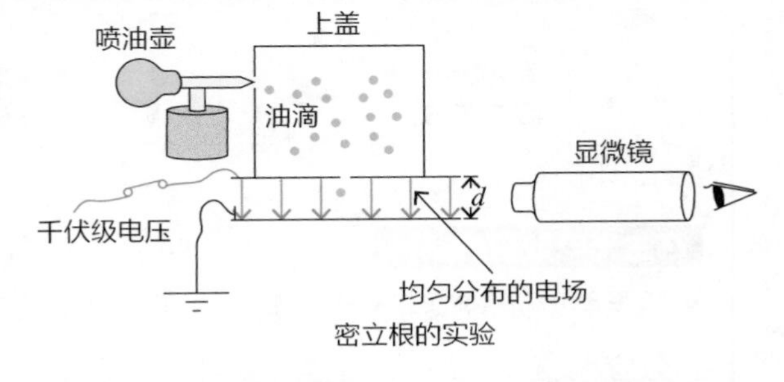

密立根的实验

在该实验中，密立根让带电的油滴在电场中下落，并研究其运动。带电油滴在电场中受到静电力、自身的重力及空气阻力的作用，3 个力处于互相平衡的状态。

根据此关系，能够求出油滴的带电量。

密立根计算了大量油滴的带电量，他发现所有油滴的带电量数值均为某个数值的倍数。据此，密立根得出电荷量具有最小单位的结论，其值为 $1.602176634\times10^{-19}\ \mathrm{C}$。

该实验求出了**元电荷**，也就是单个电子所具有的电荷量。

进而，将 $e=1.602176634\times10^{-19}\ \mathrm{C}$ 代入比荷公式 $\frac{e}{m}=1.758820024\times10^{11}\ \mathrm{C/kg}$，可以计算出电子的质量为 $m=9.10938356\times10^{-31}\ \mathrm{kg}$。

入门 ★★★★　实用 ★　考试 ★★★

02 光电效应

当光照射在金属板上表面时，在金属板中，会有电子逃逸，这种现象被称为光电效应，该现象证明了光具有粒子性。

要点

光电效应是光具有粒子性的证据

使装有锌板的箔片验电器带上负电荷（带负电），使箔片处于张开状态。在用紫外线灯照射锌板后，箔片会突然闭合，因为此时箔片上的负电荷变少了。之所以出现这种现象，是因为紫外线的照射使得带负电荷的电子从锌板上逃逸。这就是所谓的**光电效应**。

产生光电效应的条件

- 如果照射光的频率不超过某一数值（极限频率），就不会产生光电效应
- 即使光照再强，只要光的频率低于极限频率，就不会产生光电效应

光由叫作光子的粒子组成，1个光子所具有的能量为$h\nu$（h：普朗克常数；ν：光的频率）。

金属板中的电子可以从单个光子处获取能量，如果获取的能量超过金属的逸出功（电子从金属逃逸所需要的能量），就会出现光电效应，反之，则不会出现光电效应。

我们能看见暗淡星辰的原因

仰望夜空中的繁星时，人眼能看到光线暗淡的星体，这是为什么呢？

其实，这种现象是由**光的粒子性**引起的。视网膜的视细胞（感光细胞）在感受到光线后会向大脑发送信号，但这种视细胞需要约1 eV（电子伏特）大小的能量刺激才会被激活并向大脑发送信号。

眼球中的晶状体能够将射入眼中的微弱星光聚焦在视网膜上的狭窄区域内，如果光只具有波的性质（波动性），那么它具有的能量就会被分散到许多视细胞中，这会增加激活细胞所需要的时间。

然而事实并非如此，因为光还具有粒子性。一个光子拥有数电子伏特的能量，光的粒子性使得能够在不分散能量的情况下，将能量传递给单个视细胞，所以我们能在仰望夜空时较快地观察到较暗的星辰。

应用 日照强度取决于紫外线的强度

夏日阳光强烈，待在室外有被晒伤的风险，被晒伤的程度取决于日照的强度和人体所处的环境，和待在内陆城市里比，在海边的时候更容易被晒伤，原因在于两种环境中的**紫外线强度不同**。

在内陆城市地区，受大气污染等原因的影响，大量紫外线发生散射现象（紫外线的波长较短，很容易发生散射现象）。因此，即便内陆城市的阳光充足，紫外线的强度也没有多高。

而海上的空气就相对洁净，导致紫外线更加强烈，容易将人晒伤。

紫外线的频率较高，其光子具有很强的能量，足以晒伤皮肤。可见光则不同，它的光子能量普遍很小，即使大量可见光照射至人体，也不容易引起晒伤。

入门 ★★★★　实用 ★　考试 ★★★

03 康普顿效应

当X射线照射在物体上时，X射线会出现散射现象。观察散射的X射线，可以发现其中包含比原X射线波长更长的射线。

要点

光子的动量减小，光的波长就会增加

在用X射线照射物体时，在出现散射现象的X射线中存在波长更长的射线，这就是所谓的**康普顿效应**。如果X射线具有粒子性，即可按下文所述的思路设想康普顿效应。

X射线由大量光子聚集而成，每个光子所具有动量为$p=\frac{h}{\lambda}$（λ：光的波长；h：普朗克常量）。

在X射线的光子与物质中的电子发生碰撞后，发生散射，根据动量守恒定律，可以判断出此时电子动量的增加量为X射线中光子动量的减少量。

从前文的公式中可以看出，光子动量的减少意味着其波长会相对变长。因此，人们认为X射线产生康普顿效应是其具有粒子性的证据。

利用动量守恒定律和能量守恒定律求散射后X射线的波长

利用X射线的光子与电子发生碰撞后出现散射现象这一点，求出X射线的波长的具体变化数值。

我们按下页图所示的情况进行思考。

已知发生碰撞前，光子所具有动量为$\frac{h}{\lambda}$，设散射角度为θ，波长变化为λ'，由于碰撞符合动量守恒定律，则可知如下内容。

x轴方向，如式①所示。

$$\frac{h}{\lambda}=\frac{h}{\lambda'}\cos\theta+mv\cos\varphi\cdots\cdots①$$

y轴方向，如②所示。

$$0=\frac{h}{\lambda'}\sin\theta-mv\sin\varphi\cdots\cdots②$$

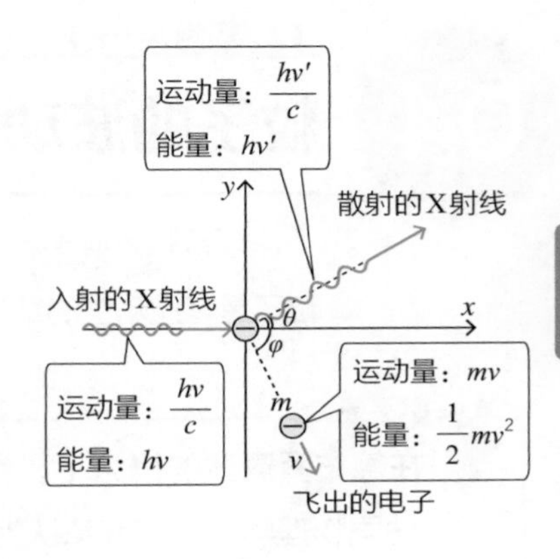

式①可变形为$mv\cos\varphi=\frac{h}{\lambda}-\frac{h}{\lambda'}\cos\theta$，式②可变形为$mv\sin\varphi=\frac{h}{\lambda'}\sin\theta$。

又因为，光子所具有的能量可表示为$\frac{hc}{\lambda}$（c为光速）。根据能量守恒定律，碰撞前后应满足以下关系。

$$\frac{hc}{\lambda}=\frac{hc}{\lambda'}+\frac{1}{2}mv^2\cdots\cdots③$$

首先，将变形后的式①和式②分别自平方后相加，已知$\sin^2\theta+\cos^2\theta=1$，则可将等式化简为式④。

$$m^2v^2=\left(\frac{h}{\lambda}\right)^2+\left(\frac{h}{\lambda'}\right)^2-\frac{2h^2\cos\theta}{\lambda\lambda'}\cdots\cdots④$$

进而，对式③进行变形后得到式⑤。

$$m^2v^2=2hmc\cdot\frac{\lambda'-\lambda}{\lambda\lambda'}\cdots\cdots⑤$$

将式⑤代入式④后变形得到下式。

$$\frac{2mc}{h}\cdot\frac{\lambda'-\lambda}{\lambda\lambda'}=\frac{1}{\lambda^2}+\frac{1}{\lambda'^2}-\frac{2\cos\theta}{\lambda\lambda'}$$

此时，等式两边同乘$\frac{\lambda'}{\lambda}$，若$\lambda\approx\lambda'$，则$\frac{\lambda'}{\lambda}+\frac{\lambda}{\lambda'}\approx2$。

由此可知，$\frac{mc(\lambda'-\lambda)}{h}\approx1-\cos\theta\cdots\cdots⑥$

综上所述，对式⑥进行进一步变形，最终可推导出散射后的X射线的波长计算公式。

$$\lambda'=\lambda+\frac{h}{mc}(1-\cos\theta)$$

入门 ★★★★ 实用 ★★★★ 考试 ★★★

04 粒子的波动性

康普顿效应阐释了波具有粒子性的现象。我们也可以得出粒子具有波动性的结论。

要点

在德布罗意波的概念下，粒子可以被看作波

法国物理学家德布罗意认为，若光和X射线等电磁波能表现粒子性，那么粒子也可能具有波动性，这种波被称为**德布罗意波**，也叫作物质波。

德布罗意波的波长计算公式如下。

$\lambda=\dfrac{h}{p}=\dfrac{h}{mv}$（$p$：粒子动量；$h$：普朗克常量）

事实证明这一想法是正确的，因为被高压电加速的电子流（电子束）显示出了波的性质——衍射现象。

电子的波长极短

由前文的公式可知，**粒子动量越小，其德布罗意波的波长越长**。

无论质量大小，所有物体都能表现出波动性。然而通常情况下，物体的质量越大，动量就越大，所以质量大的物体波长会非常短，这也是波动性很难被观测到的原因。所以，真正需要考虑其波动性的只有微观粒子，如电子。已知普朗克常量为6.6×10^{-34} J•s，电子的质量约为9.1×10^{-31} kg，假定电子以1.0×10^{8} m/s的速度（约为光速的1/3）运动，那么可求出电子的波长如下式。

$$\lambda=\frac{6.6\times10^{-34}}{9.1\times10^{-31}\times1.0\times10^{8}}\approx7.3\times10^{-12}\ \text{m}$$

这个数值非常小。可见光的波长为3.8×10^{-7} m~7.7×10^{-7} m，电子的波长远小于这个范围。

如果能够观测到更短的波长，就可以看到极其微小的物体。

光学显微镜利用可见光进行观测，使得其观测极限被限制在了可见光的波长范围内。

相反，使用电子显微镜则可以看到尺寸为10^{-12} m的微观物体，这个数值小于原子的尺寸，因此也可以识别并观察单个原子。

施加高压电能使电子加速，电子的运动速度越大，波长就越短。利用这一条件就可以观测到更加微小的事物。

可是，如果只要求波长短，直接使用X射线就可以达到效果了。之所以不使用X射线，原因在于它很难像可见光那样被聚集和扩展。

电子则不同，在加入电场和磁场后，电子可以像可见光一样被聚集起来，这相当于拥有了镜头的聚光作用。

电子显微镜就是根据电子束的这种特性研发出来的，使用电子显微镜能够观察到原子级的微观物体。

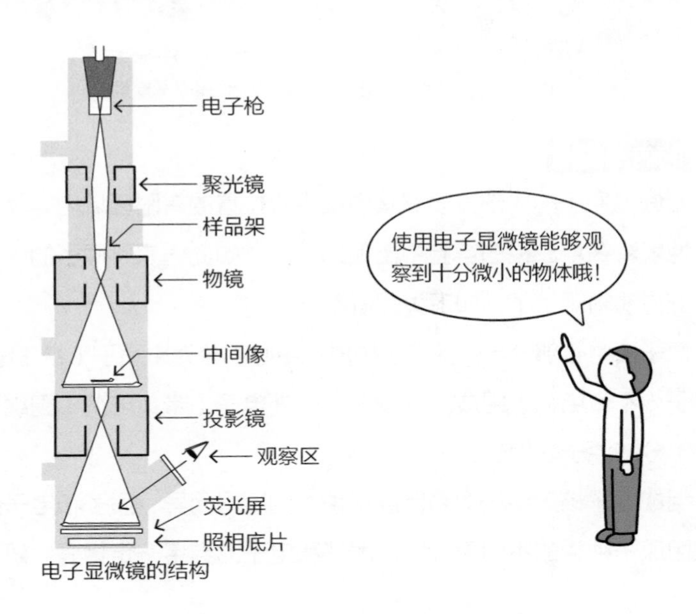

电子显微镜的结构

入门 ★★★★★　实用 ★　考试 ★★

原子模型

肉眼无法直接观测到原子。20世纪初，人们展开了对原子及其内部结构的研究，研究结果明确了原子的内部结构。

要点

原子核散射 α 粒子

卢瑟福原子模型

卢瑟福用下文所述的实验证明了右下图所示的原子模型更接近于真实原子的内部结构。在用 α粒子（氦原子核，其尺寸远小于原子）照射金箔时，大部分 α粒子没有改变前进轨迹，只有其中一小部分 α粒子的前进路线被大幅度改变了（发生了大角度散射）。

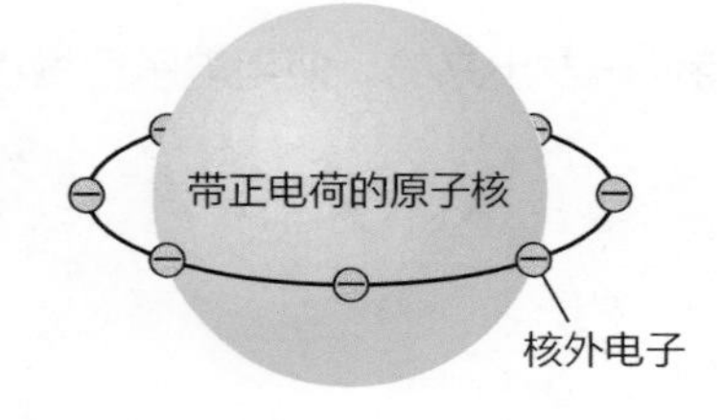

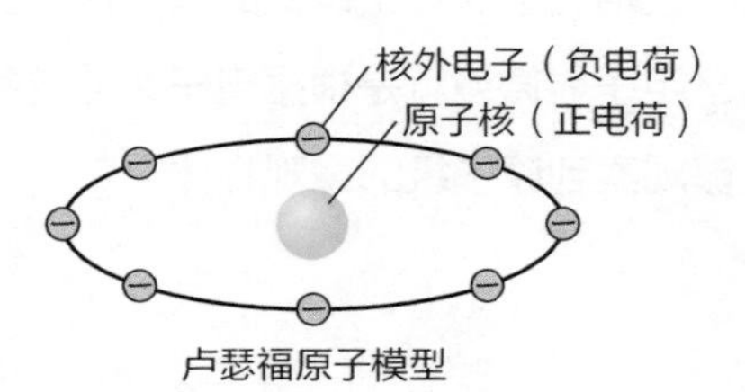

卢瑟福原子模型

原子的内部构造

若假设原子的大部分质量集中在中心位置的有限区域内，就能够很好地解释在卢瑟福的实验中出现的现象。如此一来，原子的内部结构也变得清晰明了了，如下页图所示。

原子由中心部分与核外电子构成，中心部分为由**质子**（带正电荷）和**中子**（不带电荷）组成的**原子核**，核外**电子**（带负电荷）围绕位于中心部分的原子核旋转。

组成原子核的中子数量因原子种类的不同而异，质子和电子的数量也因原子种类的不同而异，但质子和电子的数量一定相等。研究还发现，质子与中子的质量大致相等，其值为电子质量的1800倍以上。

由此可得出结论——原子的质量几乎都聚集在了中心（原子核）部分。

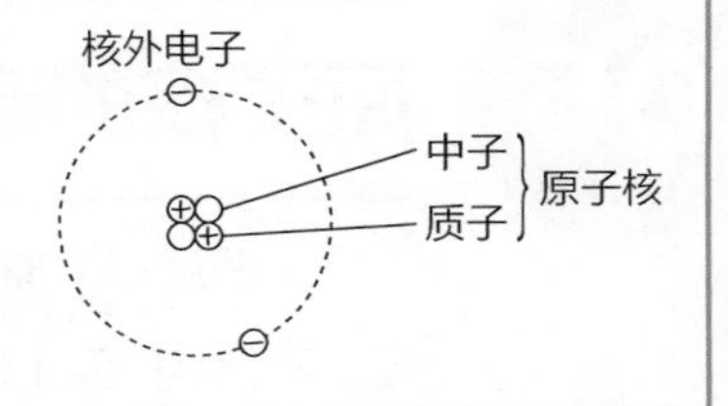

99%以上的物质组成部分为真空状态

卢瑟福的实验揭示了原子的内部结构，同时留下了许多耐人寻味的问题。

原子的大小由其种类决定，原子半径的数量级约为 10^{-10} m，由于过于微小，无法被肉眼观测到。而组成原子的原子核就更小了，其核半径的数量级约在 10^{-15}~10^{-14} m。其中最大的尺寸也不过只有 10^{-14} m而已，只有原子大小（10^{-10} m）的万分之一。

如果整个原子的大小相当于一个足球场，那么原子核的大小就如同球场中心处的一个硬币，小到即使从球场上空落下，也没有人会发现。

原子由原子核和电子构成。换句话说，除了原子核和电子外，原子内的其他区域空无一物，也就是**真空状态**。

由此可知，原子核只占原子体积的很小一部分，原子内的大部分区域（99%以上的组成部分）都是真空状态。

也许此时的你正坐在椅子上阅读这本书籍，又或许，是站在地铁里。试想一下，椅子和车内的地板均由原子组成，而组成它们的原子内部绝大部分空间为真空状态，所以椅子和地板的内部同样空空如也。学习了上述知识后，正乘坐地铁或是坐在椅子上的你是否依然能镇定自若呢？

这就是量子力学的魅力，它向我们展现了一个令人意想不到的世界。

入门 ★★★★ 实用 ★★★★★ 考试 ★★★

06 原子核的衰变

一些原子的原子核是稳定的，有些原子的原子核则不稳定。不稳定的原子核自发地放射出射线进而转变为另一种原子核的过程，叫作放射性衰变。

要点

放射性衰变释放的辐射有3种

原子核的**放射性衰变**包含α衰变、β衰变和γ衰变。

α衰变

放射出α射线（由氦原子核组成：2个质子和2个中子）。

衰变后，原子的相对原子质量数减少4，原子序数减少2。

例：${}^{226}_{88}Ra \rightarrow {}^{222}_{86}Rn + {}^{4}_{2}He$

β衰变

放射β射线（由电子组成）。

衰变后，原子的相对原子质量数不变，原子序数增加1（中子转变成质子和电子，质子被保留，电子被释放出去）。

例：${}^{206}_{81}Tl \rightarrow {}^{206}_{82}Pb + e^{-}$

γ衰变和半衰期

α衰变和β衰变后生成的原子核往往处于不稳定的激发态。原子核多余的能量会以电磁波的形式释放，从而转变至稳定的基态。此时原子核释放的是γ射线（电磁波的一种）。这就是γ衰变。

衰变的同时，具有放射性的原子核数量也在减少，减少至一半数量（半数原子核衰变）所需要的时间叫作**半衰期**。

半衰期的长短取决于原子核的种类。

（例）

原子核	半衰期
${}^{14}C$	5700年
${}^{40}K$	1.25×10^{9}年
${}^{222}Rn$	3.82天

射线在工业、医疗和农业领域中的应用

众所周知，射线被应用在医疗领域中。不仅如此，在农业领域中也常利用射线来防止土豆发芽。

除此以外，射线还被广泛**应用在工业领域**，下文将介绍其中的几个例子。

应用 提升材料的性能

射线可以改变物质的性质。例如，用电子束照射生产轮胎用的橡胶能改变橡胶纤维的结合状态，以此达到控制轮胎粘性的效果。

网球拍起初使用由羊肠等材料制成的肠弦制作，而现在则采用尼龙等化学纤维代替肠弦。使用γ射线照射化学纤维可以提高其弹性。

应用 无损检测和耐久检测

无损检测是一种不拆开材料本身就能检测其内部是否有划痕或瑕疵的方法，这类检查使用X射线和γ射线。

耐久检测的方法为：观察材质能持续承受多长时间的辐射。宇宙飞船使用的太阳能电池板就必须通过这种耐久检测。

通常情况下，想要知道物体的内部结构，难免会在一定程度上对其产生破坏。顾名思义，无损检测能在完全不破坏物体的情况下检查其内部的状况，由此可见其优越性。

入门 ★★★★ 实用 ★★★★★ 考试 ★★★

07 原子核的聚变与裂变

原子核能产生两种完全相反的反应：核聚变和核裂变。发生聚变反应还是发生裂变反应，由原子核的种类决定。

要点

所有原子核都趋向于转变为结构最稳定的铁原子核

核聚变

原子核融合的反应被称为**核聚变**。

（例）$4{}_{1}^{1}H \rightarrow {}_{2}^{4}He + 2e^{+} + 2\nu$（$e^{+}$：正电子；$\nu$：中微子）

核聚变发生在原子序数小于26号铁原子（${}_{26}^{56}Fe$）的原子核之间。

核裂变

原子核分裂的反应被称为**核裂变**。

核裂变不会自发产生，在大质量原子核吸收中子后会出现核裂变反应。

（例）${}_{92}^{235}U + {}_{0}^{1}n \rightarrow {}_{56}^{144}Ba + {}_{36}^{89}Kr + 3{}_{0}^{1}n$

核裂变发生在原子序数大于26号铁原子（${}_{26}^{56}Fe$）的原子核之间。

之所以发生上述裂变反应和聚变反应，是因为在所有原子中，${}_{26}^{56}Fe$的原子核是结构最稳定的。也就是说，相对原子质量较小的原子核能通过聚变反应接近${}_{26}^{56}Fe$的原子核，相对原子质量较大的原子核则通过裂变反应接近${}_{26}^{56}Fe$的原子核。

核聚变堪称完美能源

在全球变暖日益严重、化石燃料日渐枯竭的今天，人类正在探索一种能够取代火力发电的绿色发电方式。

其中就包含已经投入实际应用的核电，在核电站中发生的反应为**铀核**

裂变反应。铀的原子序数很大，排在第92位。铀核通过裂变反应接近原子序数为26的铁元素，从而变为一种更稳定的状态，并在该过程中释放出能量，核电站就是利用这一过程中产生的能量进行发电的。

地球上储备了丰富的铀资源，且核裂变具有不排放二氧化碳的优点。因此，核裂变受到了社会各界的广泛关注，并被应用于实际的发电工作中。关于核裂变的研究今后仍将持续，但不能否认的是，核裂变会产生安全性问题及放射性废物堆积的问题。

核聚变与核裂变一样，在反应时能释放出巨大的能量，如果掌控了这种能源，应该可以将其用于发电。这种技术叫作**核聚变发电**，它虽然还没有被投入到实际应用中，但世界各国均没有停止在该技术领域中的探索。

应用 太阳内部也存在核聚变

地球能维持目前的状态，离不开核聚变的功劳，而这些聚变反应就发生在太阳的内部。

太阳的核心部分含有大量的氢元素，这些氢元素时刻经历着如下所示的核聚变反应，不断地向氦元素转变。

$$4{}_{1}^{1}\mathrm{H} \rightarrow {}_{2}^{4}\mathrm{He} + 2\mathrm{e}^{+} + 2\nu$$

在太阳上，每秒都有多达6×10^{11} kg的氢聚变成氦，同时释放出约3.8×10^{26} J的能量，地球只接收了其中极小的一部分能量。

另一方面，我们可以发现，在太阳上，氢元素的消耗速率极快。不过不用担心，太阳的质量约为2.0×10^{30} kg，所以短期内不会有氢元素枯竭的危险（预计太阳能够再聚变50亿年左右）。

太阳中心之所以会持续地发生核聚变，是因为那里的温度相当高。如果需要在地球上利用核聚变产生能量，就必须创造一个和太阳内部相同的高温环境，这也是核聚变发电在投产环节中需要解决的问题之一。

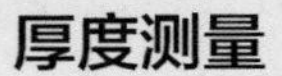

厚度测量

造纸公司在生产卫生纸的过程中，常使用β射线技术，这是一种测量纸张厚度的技术。

β射线能勉强穿透纸张（见下图），但纸张的厚度决定了β射线的透射率。通过测定β射线的透射率，就可以确定纸张的厚度。

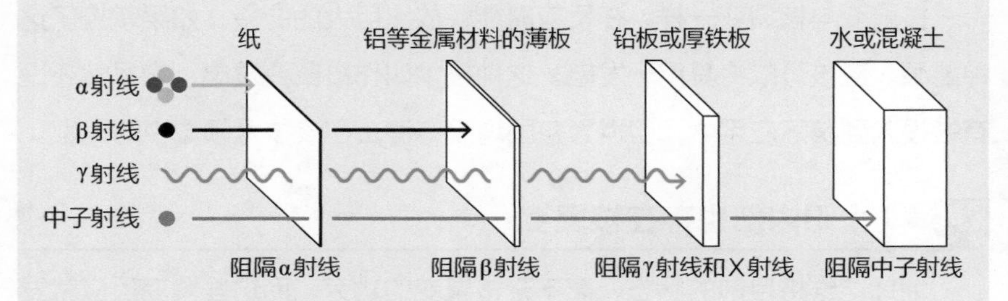

在测量被延展的钢材的厚度时，同样需要借助射线的透射率测量方法。需要被延展的钢材通常会被加热到几千度，在高温下无法直接测量其厚度，此时射线就发挥了巨大的作用。

除此之外，在生产保鲜膜、铝箔等必须保证厚度均匀的产品时，通常采用射线来精确地控制产品厚度。另外，在从山体两侧挖掘隧道时，也会使用射线测量剩余的挖掘距离。

第5章

化学篇
理论化学

导言

理论化学是学习化学的起点

此刻，世界上正发生着无数的化学反应，它们被应用在各种产品的生产中。

本章首先介绍化学反应的理论部分，所有化学反应的发生都**遵循着一定的原理**。理解了这些原理，就掌握了学习化学的“捷径”。正因如此，**理论化学**被认为是学习化学的起点。

另外，化学中的理论知识指导着无机化学产业和有机化学产业的发展，不同分支的化学知识又指导着各类反应在商业领域中的实际应用，而无机化学产业、有机化学产业就是其中的例子。想要了解化学理论的应用方式，就得先扎实地掌握理论化学知识。

而学习理论化学知识，重点在于开启**微观视角**。如果能摆脱日常观念的束缚，学习化学知识就会变得更容易，这就是微观视角对我们的要求。

肉眼不可见的世界也被人们称为微观世界。具体来说，微观物质就是原子、分子及其他微观粒子。这些微观粒子聚集在一起，组成了世界上的各种物质。

熟悉单个微观粒子的性质后，就能探寻出由其构成的宏观物质的性质，因为微观世界和宏观世界之间是紧密相连的。

化学计算的基本思路

化学计算是深入理解化学知识的必不可少的环节。进行化学计算必须遵循一个基本的思考方式——从**物质的量（摩尔）**的角度出发。这是学习高中化学需要跨越的第一个障碍，应该有不少人在学习这个知识点时吃了苦头。

但是，从物质的量（摩尔）的角度来进行思考当然不是为了提高化学学习的难度。相反，它是帮助我们研究各种化学反应的工具。在复习化学知识时，请读者朋友们务必意识到这一点。

于入门学习者而言

在繁忙的日常生活中，微观视角常常被人们遗忘。掌握从微观视角出发的化学视角，能够在潜移默化中改变自身对宏观世界的认识。

于上班族而言

电池通过化学反应产生电流，研发电池需要掌握其中的化学反应原理。如今，各种类型的电池层出不穷，轻便耐用的电池对于电动汽车来说已经是无可替代的必需品了。在提倡“低碳”的世界大环境中，化学反应拥有牵一发而动全身的地位。由化学反应编织起的产品网，可谓包罗万象。

于考生而言

学习化学应当先掌握理论化学部分的知识，否则这个学科就会沦为死记硬背的科目。为了避免枯燥无味的学习，理解其中的原理就显得相当重要。深入学习理论化学知识能帮助考生理解不同物质间存在的多种联系。

入门 ★★★ 实用 ★★★★ 考试 ★★

混合物的分离

自然界中绝大多数物质是由两种或两种以上的纯净物组成的混合物。需要将纯净物逐一分离出来，它们才能被人类利用。

要点

不同类型的混合物的分离方法各不相同

分离混合物的方法包含以下几种。

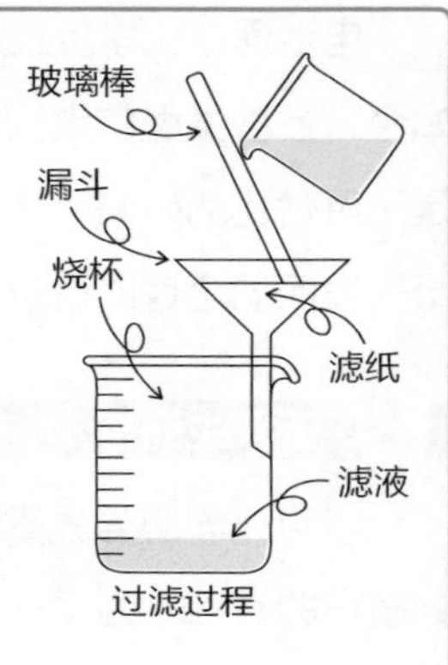

过滤过程

过滤

使用滤纸可以从固液混合物中分离出固体。

蒸馏

对于液体混合物或固体熔化后的液态混合物，可以利用其各组分的沸点差异，通过加热的方式将纯净物分离出来。

萃取

利用物质在不同溶剂中溶解度不同的性质，从混合物中提取某种特定的物质。

色谱法

用溶剂分离混合物，使其在滤纸上移动或直接让混合物在硅胶粒子中移动。利用混合物中的不同物质在固定相中移动速度的差异，达到分离纯净物的效果。

根据物质的性质，选择分离方法

有若干种分离混合物的方法。至于选择哪种分离方法，取决于**需要分离的物质所具有的性质**。

已经对要点部分进行了总结介绍，物质分离过程利用的是物质间的性质差异，但由于色谱法难以理解，故下文会对其进行补充说明。

用身边的物品就能轻松实现色谱法分离。将厚纸张裁剪成细长条，用水性笔在其边缘数厘米处做标记。然后将纸条浸入水中，保持做标记的部分位于水面之上。一段时间后，就能观察到墨水的色素分离现象。

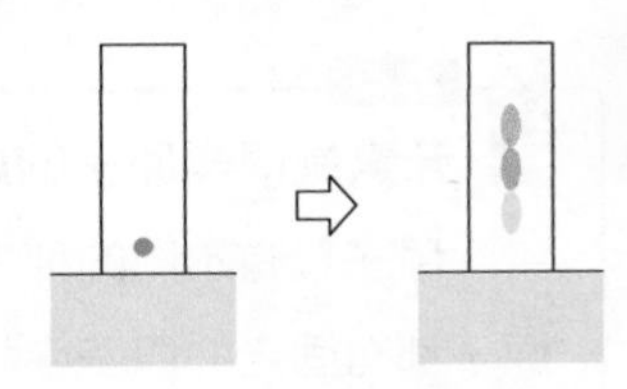

通过观察纸条，可以判断出水性笔墨水所含色素的种类。其原因在于，标记上的色素与纸条有吸附关系，且不同色素在纸条上的吸附能力不同。

当水渗入纸条后，色素会随之移动。此时，吸附力越强的色素移动的速度就越慢。色谱法利用的就是**物质的性质差异**。

应用 石油联合企业的工作

我们使用的大部分燃料是通过石油分馏技术获得的。从地下开采出的石油（原油）中含有右表所示的成分，它们的沸点各不相同。

成分	沸点	应用实例
天然气	−161 ℃	出租车的燃料，燃气灶的燃料
石脑油	30~180 ℃	塑料的原料
煤油	180~250 ℃	加热器和飞机的燃料
柴油	250~320 ℃	卡车的燃料
重油	更高的温度	道路铺设的原材料，火力发电的燃料

石油中的不同成分只有被单独分离出来后才能成为可利用的燃料。分离石油采用的是分馏技术，这种技术**利用了石油各成分沸点不同的性质**，而分馏石油就是石油联合企业的工作。

在其他领域，也有利用精馏技术分离混合物的案例。如医院、实验室等场所使用的氮气和氧气等气体就是通过低温精馏技术制得的。氮气和氧气等气体存在于空气这种混合物中，可以通过低温精馏技术分离出氮气和氧气等气体，该技术正是利用了空气中各气体沸点不同的性质（氧气的沸点约为 −182.96 ℃，氮气的沸点约为 −196 ℃）。

02 元素

人类已知的元素有100多种。

要点

元素是同类原子的总称

原子具有不同的种类，用不同**元素**来区分不同的原子种类。每个原子都有固定的**原子序数**。化学**元素周期表**是根据原子序数从小至大排序的化学元素列表，它包含了地球上的所有元素。

周期	1	2	3	4	5	6	7	8	9	10	11	12	13	14	15	16	17	18
1	1 H 氢																	2 He 氦
2	3 Li 锂	4 Be 铍											5 B 硼	6 C 碳	7 N 氮	8 O 氧	9 F 氟	10 Ne 氖
3	11 Na 钠	12 Mg 镁											13 Al 铝	14 Si 硅	15 P 磷	16 S 硫	17 Cl 氯	18 Ar 氩
4	19 K 钾	20 Ca 钙	21 Sc 钪	22 Ti 钛	23 V 钒	24 Cr 铬	25 Mn 锰	26 Fe 铁	27 Co 钴	28 Ni 镍	29 Cu 铜	30 Zn 锌	31 Ga 镓	32 Ge 锗	33 As 砷	34 Se 硒	35 Br 溴	36 Kr 氪
5	37 Rb 铷	38 Sr 锶	39 Y 钇	40 Zr 锆	41 Nb 铌	42 Mo 钼	43 Tc 锝	44 Ru 钌	45 Rh 铑	46 Pd 钯	47 Ag 银	48 Cd 镉	49 In 铟	50 Sn 锡	51 Sb 锑	52 Te 碲	53 I 碘	54 Xe 氙
6	55 Cs 铯	56 Ba 钡	57~71 La~Lu 镧系	72 Hf 铪	73 Ta 钽	74 W 钨	75 Re 铼	76 Os 锇	77 Ir 铱	78 Pt 铂	79 Au 金	80 Hg 汞	81 Tl 铊	82 Pb 铅	83 Bi 铋	84 Po 钋	85 At 砹	86 Rn 氡
7	87 Fr 钫	88 Ra 镭	89~103 Ac~Lr 锕系	104 Rf 𬬻	105 Db 𬭊	106 Sg 𬭳	107 Bh 𬭛	108 Hs 𬭶	109 Mt 鿏	110 Ds 𫟼	111 Rg 𬬭	112 Cn 鿔	113 Nh 鉨	114 Fl 𫓧	115 Mc 镆	116 Lv 鉝	117 Ts 鿬	118 Og 鿫

同种元素能表现出不同的性质

铅笔芯的主要成分是石墨（由碳元素构成），在石墨中掺入黏土并进行定型后就能制成铅笔芯，而价格昂贵、闪闪发光的钻石（金刚石）同样由碳元素构成。事实上，石墨和钻石的成分完全相同。对此，你会不会觉得惊讶呢?

像石墨和金刚石这种由相同元素组成、性质却不同的物质被称为**同素异形体**，类似的例子还有氧气和臭氧。

氧气是人类赖以生存的气体，氧气在紫外线的作用下，也能以臭氧的形式存在。所以，在地球上空数万米的高空区域，形成了一层臭氧层。

臭氧层阻止了紫外线对地球的直射，这一过程中臭氧在紫外线的作用下转变回氧气。氧气转化成臭氧及臭氧转化成氧气的过程都依赖于紫外线的作用，区别只在于紫外线的波长有所不同。

综上所述，构成氧气和臭氧的元素相同，所以它们也是同素异形体。

那么，为什么同种元素组成的物质性质却不同呢？答案是原子之间的排列方式不同。由此可知，不仅是原子种类，原子的排列方式也影响着物质的性质。

钻石（金刚石）的晶体结构

石墨的晶体结构

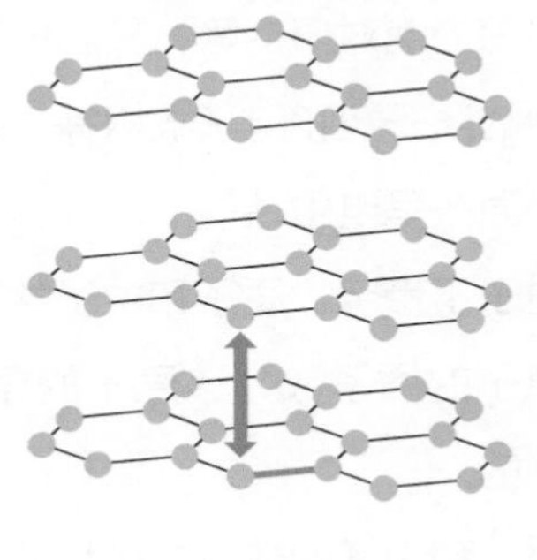

应用 烟花五彩缤纷的原因

烟花的绚丽色彩使它成为重大节日的独特风景。烟花之所以有五光十色的视觉效果，是因为在烟花的火药中**加入了不同的金属元素**。

物质在灼烧时会呈现其特有的颜色，这种现象由**焰色反应**引起。烟花所含的金属元素与其焰色的对应关系如右表所示。

所含金属元素	焰色
锂	紫红色
钠	黄色
钾	紫色
钡	黄绿色
钙	砖红色
铜	绿色
锶	洋红色

人们在制作烟花的火药中巧妙地对这些金属元素进行了搭配。得益于此，烟花才能为我们演绎出预期设计好的斑斓景象。

入门 ★★★★ 实用 ★★ 考试 ★★★

03 原子的结构

探究原子的内部结构，可以发现其中还有更加微小的结构。

要点

原子由质子、中子和电子组成

原子的结构如右图所示。

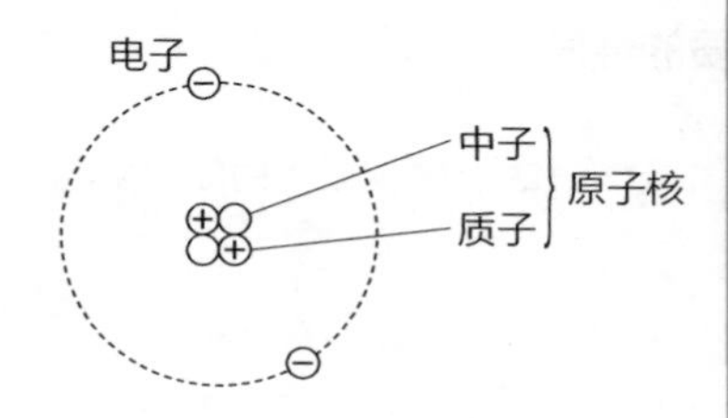

- **质子**带正电，而电子带负电，二者电荷的绝对值相等，又因单个原子中的质子数和电子数相等，所以整个原子呈电中性。
- **中子**不带电。质子和中子共同组成了**原子核**。
- 原子的质子数为该原子的**原子序数**，元素周期表就是按此顺序排列的。
- 质子和中子的数量之和为该原子的**质量数**，质子和中子的质量大致相等。与质子和中子相比，电子的质量小到可以忽略不计，所以通过计算质子和中子的数量之和来估算原子的相对原子质量或质量数。

原子可以分割

在英文中，原子的单词为“atom”。“atom”还有一个意思：不可分割的物体。究其原因，可以追溯到19世纪以前，那时的人们认为原子是组成物质的最小单位，且无法被进一步分割。然而在20世纪后，人们发现了原子内部结构的秘密。原来，原子从来都不是组成物质的最小单位。原子的大部分质量集中在其内部一个极小的区域中，在意识到这一点后，人们发现原子拥有着特定的结构。20世纪初，英国物理学家卢瑟福设计了一项实验。

卢瑟福用 α 粒子照射金箔，通过观察粒子的散射状态，他发现所有原子的中心都有原子核结构。

目前人类已经得出结论，原子核的直径大小为 $10^{-15}\sim10^{-14}$ m。相对的，原子的直径大小约为 10^{-10} m。虽然这两个数值确实都相当微小，但原子核的大小仅为原子的 $10^{-5}\sim10^{-4}$ 倍。

卢瑟福实验揭示了一个事实：原子的大部分区域是空的，处于**绝对真空**的状态。

所以说，无论是我们的身躯还是我们身下所坐的椅子，其组成原子的 99% 以上的内部空间处于绝对真空的状态。即便如此，物质依然可以稳定存在，实在不可思议。

应用 电子显微镜下的世界

使用电子显微镜可以直接观察组成物质的原子，在其技术中使用了电子，这种带负电的粒子就存在于原子核周围并围绕其旋转。

电子显微镜被广泛应用于研究微观世界。它的出现，使得人类可以在原子量级下观察事物。

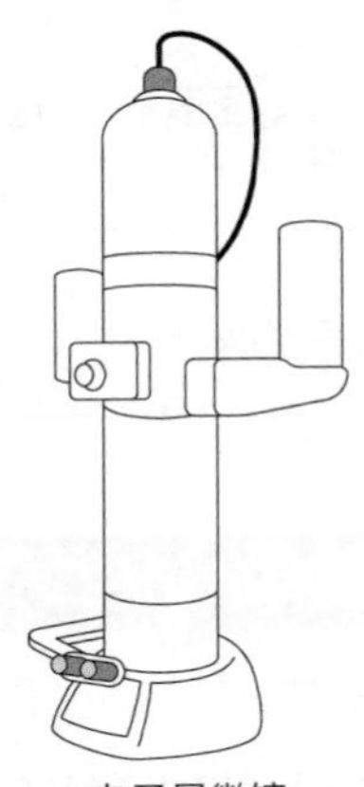

电子显微镜

入门 ★★★ 实用 ★★★★★ 考试 ★★

04 放射性同位素

原子序数相同的的原子，存在中子数不同的情况。中子数的不同导致它们的性质不同。

要点

射线的种类

同位素

原子序数相同（质子数相同）但中子数不同的同一元素的原子互为**同位素**。只要原子序数相同，无论中子数是多少，这些原子都属于元素周期表上的同一元素。

同位素的化学性质大致相同，但有些同位素具有放射性，它们就是所谓的**放射性同位素**。

射线的种类

射线包含以下几种。

- α射线：高速运动的氦原子核，速度约为光速的5%。

氦原子核 ⊕○○⊕ ——→

- β射线：高速运动的电子流，速度约为光速的90%。

电子 ⊖ ——→

- γ射线：电磁波，速度等于光速。

只有极少的同位素具有放射性

碳原子的同位素如下页表格所示。

自然界中存在大量的碳原子，其中99%的碳原子是$^{12}_{6}C$，其余1%中的大多数为$^{13}_{6}C$，$^{14}_{6}C$的占比极少。

在这些同位素中，**只有$^{14}_{6}C$具有放射性**。

碳原子的同位素	中子数
$^{12}_{6}C$	6
$^{13}_{6}C$	7
$^{14}_{6}C$	8

应用 碳定年法（$^{14}_{6}C$断代法）

碳元素存在于大气中的二氧化碳里。研究表明，在二氧化碳的碳元素中，$^{14}_{6}C$的含量占比始终稳定在一个固定值。

植物通过光合作用不断吸收大气中的二氧化碳。因此，植物在存活期间，其体内所含$^{14}_{6}C$的比例保持恒定。可植物一旦枯萎，不再吸收二氧化碳，植物残留物中存在的$^{14}_{6}C$开始发生衰变，不断地向$^{12}_{6}C$转化，植物残留物中$^{14}_{6}C$的比例就开始发生变化了。因此，**植物一旦枯萎，其体内的$^{14}_{6}C$含量占比就会逐渐减少**。

$^{14}_{6}C$在放出射线的同时发生衰变，衰变至原本含量的一半需要花费约5730年。这个时长叫作半衰期，$^{14}_{6}C$的半衰期常用于进行年代测定。

如果在古代遗迹中发现了木材，可以检测木材中的$^{14}_{6}C$含量，然后与大气中的$^{14}_{6}C$含量作对比。如果木材中的$^{14}_{6}C$含量占比为大气中的$^{14}_{6}C$含量占比的1/2，那么可以判断这棵树被砍伐（遗迹形成）的时间约在5730年前。如果木材中的$^{14}_{6}C$含量占比为大气中的$^{14}_{6}C$含量占比的1/4，那么这棵树被砍伐的时间为5730年的2倍左右（约11460年前）。

$^{14}_{6}C$的含量可以通过放射性检测获得。在获取了$^{14}_{6}C$的数值后，可以判断生物体存活的年代。不得不说，$^{14}_{6}C$可谓是人类跨越时代的“帮手”。一直以来，放射性同位素在人类历史的研究工作中都起着不容小觑的作用。

入门 ★★★★ 实用 ★★★ 考试 ★★★★

电子排布

在原子中，存在与质子数量相同的电子，它们的排布方式遵循着一定的规律。

要点

电子层能够容纳的电子数有限

在原子中，电子所在的区域叫作**电子层**。一个原子可以具有多个电子层，从靠近原子核的内侧起，各电子层的名称如下图所示。除此之外，每个电子层都有容纳电子数的极限，电子的数量不能超过这个限制。

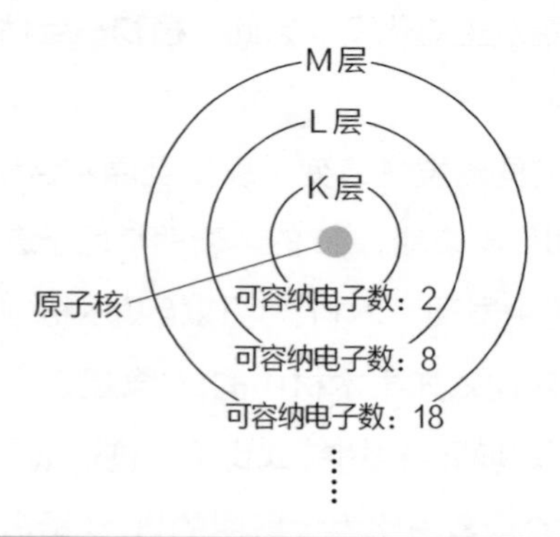

电子的排布规律

原子中有多个能够容纳电子的电子层，每个电子层可容纳的电子数有限，所以当电子数量很多时，它们就会被分散排布至各电子层。

如果原子只含有一个电子呢？说到这里就不得不提到一号元素——氢（H）。

氢原子的核外只有一个电子，其位置固定在距离原子核最近的K层中。也就是说，电子会**优先排布在靠近原子核的内侧电子层**。但也有例外，有时会出现内侧的电子层未排满，电子进入外侧电子层的情况。具体而言，电子的排布具有下文所述的规律。

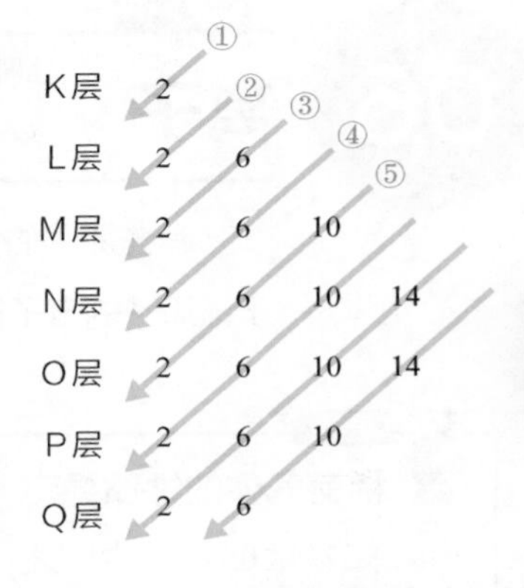

如右图所示，从①处开始，电子按照箭头所示的顺序排布于原子核外。

电子的这种排布规律被称为**分层排布**。

位于原子最外侧的电子被称为**最外层电子**。实际上，元素周期表的书写方式便是对最外层电子数量相等的元素进行纵向排列，因为最外层电子对原子的性质具有很大的影响，且最外层电子数相等的原子，性质也相似。

所以，在元素周期表中，处于同列的元素被称为**同族元素**。

也许有人会问，电子层为什么不从A层开始命名，而是从K层开始命名。据说，在发现电子层之初，人们认为K层的内部或许还有其他的电子层，为了给这些电子层预留名称，就没有将A~J的字母用于电子层命名。

应用 制造半导体的原材料

原子序数为14的硅（Si）元素是制作半导体的重要原料。电路中的半导体大多由硅元素制成。

也有一些半导体使用原子序数为32的锗（Ge）元素为原材料，因为它与硅元素的性质十分相似。

硅元素和锗元素都属于元素周期表中的IVA族元素（碳族元素），这意味着两种元素的最外层电子数相等。因此，它们性质相似，都可以成为制作半导体的材料。

硅元素是各类岩石的主要成分，在自然界中的储量充足，为半导体的制造提供了极大的便利。

入门 ★★★　　实用 ★★　　考试 ★★★

06 离子

有些原子的性质稳定，有些原子的性质则不稳定，这取决于该原子的电子排布方式。

要点

稀有气体的性质稳定

如本章05小节中所述，原子中的电子是按照一定的规律排列的。

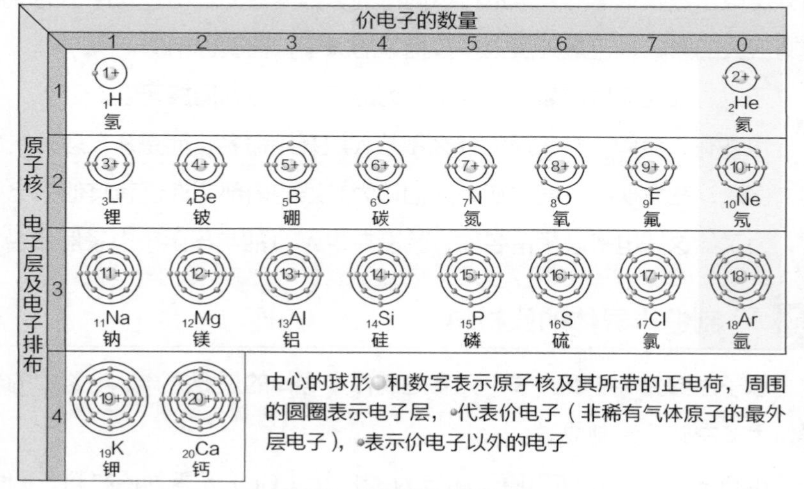

原子核、电子层及电子排布

以原子序数为2的氦（He）元素为例，其K层的电子数处于饱和状态。因此，在3号锂（Li）元素的L层内会进入一个电子。再比如，原子序数为10的氖（Ne）元素，其L层的电子数也达到了饱和状态，所以在原子序数为11的钠（Na）元素的最外层电子层——M层中会存在一个电子。

如上文所述，电子层会出现刚好被填满的情况，此时的电子层形成稳定状态（由此类原子组成的气体单质即**稀有气体**）。

非稀有气体原子同样具有形成稳定电子层的倾向。为达到这种状态，原子需要改变自身的电子排布并转化成另一种形式——离子。

离子的电子排布与稀有气体相同

以原子序数为11的钠元素为例，其电子排布如右上图所示。

如果钠元素的M层没有电子，它将与原子序数为10的氖元素相同，形成稳定的电子排布。那么假设钠原子失去一个电子，形成了与氖元素相同的电子排布。此时，钠原子核中的质子数保持不变。也就是说，原子的正电荷不变，损失了负电荷，所以原子目前具有“+11−10=+1”的基本电荷。这种处于带电状态的钠原子就是所谓的**离子**，用“Na^+”来表示。

另举一例说明。原子序数为17的氯（Cl）原子的电子排布如右图所示。氯原子的M层很难同时失去7个电子，相反，如果氯原子从外界获取一个电子，就会形成与原子序数为18的氩（Ar）元素相同的电子排布，从而稳定下来。

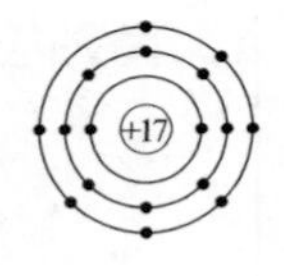

此时的氯原子具有“+17−18=−1”的基本电荷，所以用“Cl^-”来表示氯离子。

综上所述，离子既可以带正电也可带负电，带正电的叫作**阳离子**，带负电的叫作**阴离子**。

应用 离子空气净化器的工作原理

有些空气净化器可以产生离子。

这种叫作离子空气净化器的设备可以通过高电压将空气中的气体分子离子化，离子化的气体分子将进一步使空气中的微粒（悬浮物和灰尘等）带电。

如此一来，带电微粒就会被吸附至空气净化器中的正负电极上（带电微粒会被异种电荷吸引）。这种设计可以用来净化空气。

元素周期律

在元素周期表中，元素的性质具有随着原子序数的递增呈周期性变化的规律，这就是元素周期律。

要点

性质相似的“同族元素”

- 在周期表中，元素的核外电子数随着原子序数的递增逐一递增。在1个电子层排满8个电子后，转而向下一行（周期）排列电子，最外层电子数相等的元素处于同一纵列。
- 周期表中的每一纵列为一**族**，处于同一纵列的元素叫作**同族元素**。
- 在元素周期表中，共有18个纵列，其中第1、2、17、18列较为特殊，同列内元素间的性质极其相似。因此，这4列元素被赋予了专有名称。

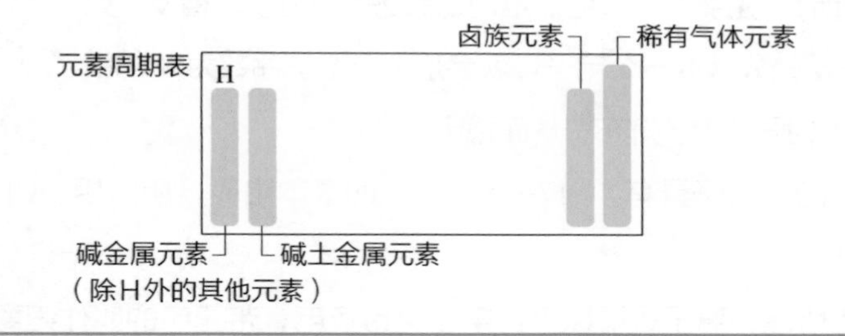

碱金属单质为什么不常见

2019年的诺贝尔化学奖颁发给了为锂离子电池的研发做出杰出贡献的3位学者，其中包括日本学者吉野彰先生。顾名思义，碱金属元素中的**锂（Li）元素**是锂离子电池中的重要金属原料之一。

可为什么我们身边见不到以金属单质形式存在的锂元素呢？这是因为锂元素的化学性质非常活跃，很容易与水发生反应。

除了锂元素，钠元素和钾（K）元素等碱金属元素都具有**极易与水反应**的性质。此外，这类金属在与水反应时会产生大量的热，甚至出现燃烧现象。所以，碱金属单质很难存在于人们日常生活的环境中。

碱金属单质一般保存在实验室中，被浸泡在煤油里。这样做不仅可以阻止它们与空气中的水蒸气发生反应，也能避免它们在与氧气接触后出现氧化现象。

应用 氦气也被应用于医疗领域

稀有气体元素是所有元素中最稳定的一族元素，它们常出现在下文所述的几种场景中。

一提到氦气，很多读者可能会联想到飘浮在空中的气球。事实上，氦气在医疗领域中发挥着更加重要的作用。氦气的沸点极低，约为 −269 ℃。因此，液氦常用于将物体冷却至极低的温度。医务人员在工作中需要经常为医疗设备降温，在为它们降温的过程中，就使用到了液氦这种优秀的超低温冷却剂。

氖气被用于霓虹灯的制造。给封入霓虹灯管的氖气施加电压，灯管就可以发出特有的颜色。

氩气在空气中的含量不到1%。氩气有其独特的作用，比如配合金属焊接工作。在焊接金属的同时常常会喷射氩气，这样做可以让氩气覆盖在金属表面，阻断金属与氧气之间的接触，从而避免金属氧化现象的出现。

入门 ★★　　实用 ★★★　　考试 ★★★

08 离子晶体

阴阳离子按一定规律整齐排列形成的物质叫作离子晶体。

要点

阴阳离子的排列使得离子晶体整体不带电

例如，氯化钠（NaCl）是由钠离子（Na^+）和氯离子（Cl^-）组成的物质。由于这两种离子分别具有一个单位的正电荷和一个单位的负电荷，所以对阴阳离子进行逐一组合后，离子晶体整体不带电。

离子物质的特征

- 我们身边存在的物质不带电，由此可知，由离子构成的物体也不带电，其中阴阳离子的电荷相互平衡。
- 我们身边的物质中含有无数的离子，与其说数量多，不如说离子的数量占比高。
- 氯化钠中钠离子（Na^+）与氯离子（Cl^-）的比为1：1，写作NaCl。这就是氯化钠的**化学式**。
- 氯化镁（$MgCl_2$）由镁离子（Mg^{2+}）和氯离子（Cl^-）组成，为达到正负电荷平衡，镁离子（Mg^{2+}）与氯离子（Cl^-）的比应为1：2。因此，氯化镁的化学式写作$MgCl_2$。

离子晶体的性质

按右图所示的规律有序排列的离子晶体具有以下的性质。

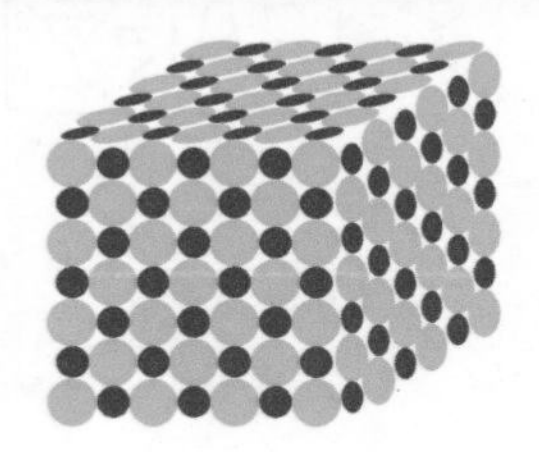

- 离子晶体在固体状态下不导电

离子晶体中的离子无法移动，所以它不具备导电性。但如果将离子晶体溶于水，则其水溶液能够导电。因为被水溶解的离子可以自由移动，**带电的离子在定向运动状态下能够形成电流**。

此外，被加热至熔点并熔化后（变成液态）的离子晶体也具有导电性。事实上，我们很难见到液态氯化钠，因为氯化钠的熔点高达801℃。不过一旦加热温度达到氯化钠的熔点，它就会变成液态。

液化后，构成氯化钠的离子就能够自由移动，它也因此具备了导电性。

- 离子晶体质地坚硬但具有脆性

离子晶体质地坚硬，它由离子间牢固的键（离子键）结合而成，外力不能轻易将其破坏。

但同时，离子晶体也具有脆性，在受到特定方向施加的作用力后会突然裂开。出现这种现象的原因如下：离子晶体被施加了右图所示方向上的作用力，导致一部分晶体出现了单个离子距离的偏移，使得**离子之间的引力变成了斥力**。

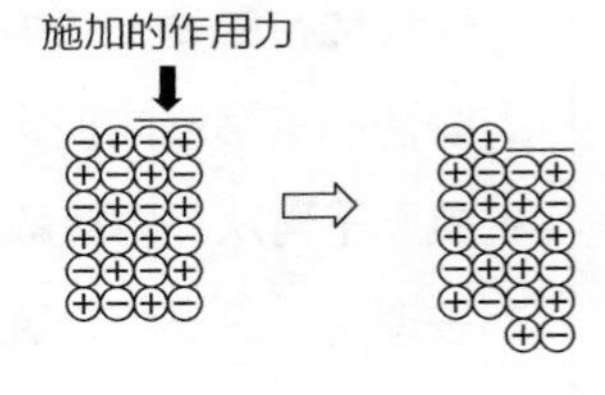

应用 自动发泡沐浴露的发泡原理

自动发泡沐浴露中添加了碳酸氢钠（$NaHCO_3$），这是一种由钠离子（Na^+）和碳酸氢根离子（HCO_3^-）组成的离子晶体。

可为什么碳酸氢钠会在热水中发泡呢？因为除了碳酸氢钠，自动发泡沐浴露中还添加了富马酸这种酸性物质。碳酸氢根离子原本由二氧化碳与水发生的反应生成，且碳酸虽然具有酸性，但富马酸的酸性更强。因此，两者在水中相遇后，酸性较弱的碳酸氢根离子与富马酸发生反应，生成了水和二氧化碳，这就是泡沫产生的原因。

入门 ★★ 实用 ★★★★ 考试 ★★★

09 分子

原子很少单独存在，通常情况下以多个原子聚集的形式出现，其中一种聚集形式为由共价键连接形成的“分子”形态。

要点

分子的成因是“原子倾向于实现与稀有气体元素相同的电子排布”

- 在所有元素中，稀有气体元素的性质最为稳定。其他元素也试图实现与稀有气体元素相同的电子排布。方法之一是变成离子，可在某些情况下很难实现，比如氧原子和氧原子结合的情况。
- 氧原子再从外界获取2个电子就可以变成与氖原子相同的电子排布。按理说，只要两个氧原子都变成O^{2-}就可以实现这个目标。
- 但是，在这种情况下，氧原子必须从外界获取多余的电子，否则就无法变成O^{2-}。为此，一对氧原子采取了“各拿出2个电子然后共用”的策略。这样一来，双方都增加了两个电子，达到了相对稳定的状态。这种结合方式叫作**共价键结合**。

分子的表示方法

氧分子由两个氧原子以共价键的方式结合而成。也就是说，分子是原子通过共价键的方式结合而成的。

可将氧分子表示为“O=O”，这两条线代表两个氧原子共用两对电子。

所有分子都可以用这种方法表示，这种表示方法叫作**结构式**，掌握其中的诀窍后就能简单地将分子表示出来。

例：氨分子（NH_3）

氮原子需要补充3个电子，才能达到稳定状态。于是，氮原子“伸”出了3只“获取电子的手”，可将其状态表示为“$-\overset{|}{N}-$”。

此外，氢原子也需要补充一个电子。3个氢原子可各自表示为“H– H– H–”。

此时的关键在于将氨分子的4个原子紧密地结合在一起，这意味着**每个原子都必须得到自己需要的电子**。

由此我们得出结论，氨分子的结构式如下。

```
   H
   |
H－N－H
```

应用 气体是由分子组成的典型物质

气体是由分子组成的典型物质。工厂和医院都会使用气体，且气体通常需要被妥善保管。气体的重要性质包含以下两点，即是否易溶于水、轻于空气或重于空气。

要判断第二点，就必须知道该气体的相对分子质量（具体参考第6章02小节的内容），此处只进行简要介绍。

例如，氢气的结构式为“H–H”，它的密度比空气小。空气主要由氮气（N≡N）和氧气（O=O）组成。这3种气体的分子构型虽然相同，质量却不相同。这是因为氢原子、氧原子、氮原子的质量本就不同，三者中最轻的是氢原子。并且，由氢分子构成的氢气也是最轻的气体。

按上文所述，我们可以根据分子结构式确认气体的分子形态，并通过气体的相对分子质量确定气体的相对质量。

需要特别注意的是，氦气、氖气、氩气等稀有气体原本就有稳定的电子排布，所以它们不需要与其他原子形成共价键，而是以单原子分子的形式存在。

入门 ★★　实用 ★★★★　考试 ★★★

10 分子晶体

只含分子的晶体叫作分子晶体。

要点

分子间存在的相互作用力叫作“分子间作用力”

电负性

分子中的每个原子都具有吸引电子的能力，这种能力叫作**电负性**。不同原子的电负性各不相同。

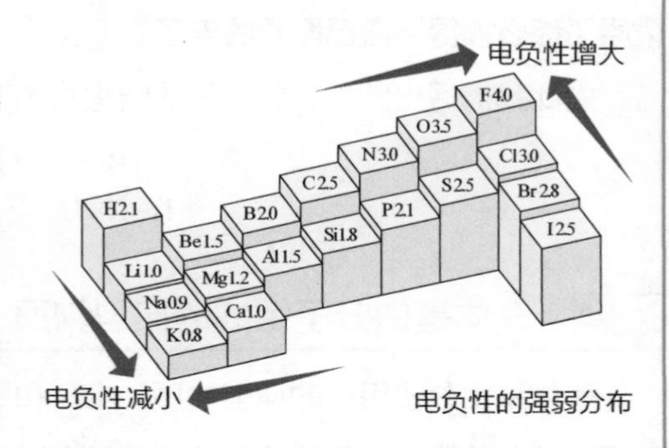

电负性的强弱分布

由具有不同电负性的原子所组成的分子内部会出现电荷分布不均匀的情况。这就是**极性**，具有极性的分子被称为**极性分子**。

例：HCl　$\overset{\delta+}{H}-\overset{\delta-}{Cl}$　其中“δ+(−)”表示带有微量的正电或负电。

非极性分子

并非所有分子都有极性，一些分子由电负性相等的原子组成，它们不具有极性，H_2就属于**非极性分子**。

分子间作用力

以电中性分子为结构单元，通过分子间作用力构成的晶体称为**分子晶体**。

分子晶体示例

要使分子晶体的结构保持稳定，分子间就必须存在力的作用，这种力被称为**分子间作用力**，其产生原理如下页图所示。

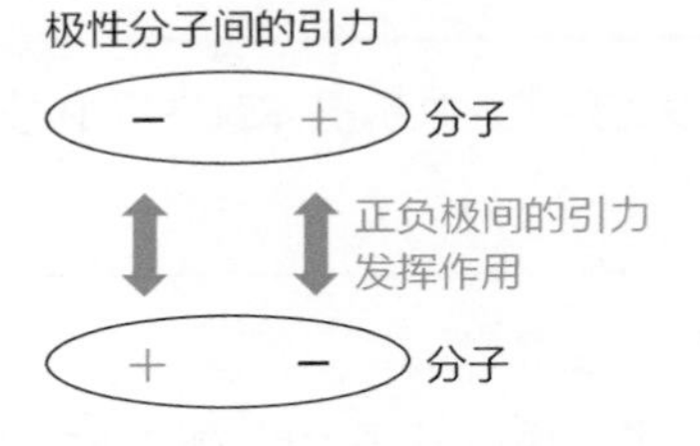

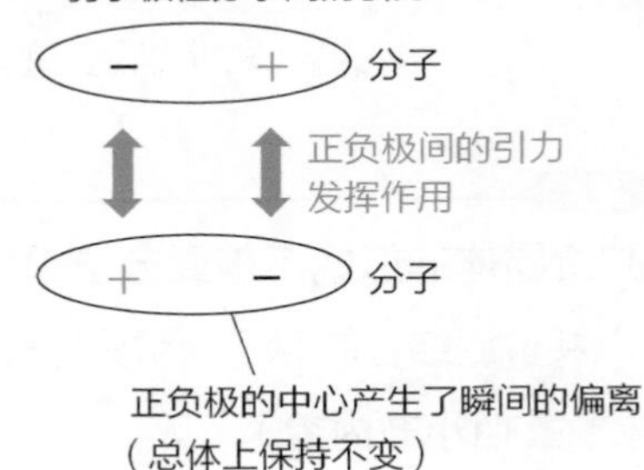

也就是说，极性分子间的引力更强。比如，水分子（H_2O）是极性分子且具有分子间作用力，所以水在常温下可以以液态的形式存在。

相比之下，非极性分子二氧化碳的分子间作用力不算很强，所以常温下的二氧化碳为气态。

应用 萘属于分子晶体

在有些樟脑丸中会添加一种叫作萘的化学物质。萘属于分子晶体，且其分子为非极性分子。也就是说，萘晶体的分子间作用力很弱，所以很容易解体。在常温下，萘不会变成液态，而是直接转化成气态。这种现象叫作**升华**，干冰和碘也会出现这种现象。

放在衣柜里的樟脑丸总是在不知不觉中消失了，这是因为樟脑丸中的成分发生了升华现象。如果樟脑丸变成液态就会导致衣物受潮，但升华为气体后就不会使衣物受潮了。

入门 ★★ 实用 ★★★★★ 考试 ★★★

11 共价晶体

有的晶体的微观空间里没有分子，共价晶体就是其中之一。

要点

共价晶体的形成不需要分子单位

以共价键结合的原子通常先形成分子，再以分子为单位构成晶体（参考本章10小节内容）。

有些物质通过共价键的反复结合形成“巨分子”，在该过程中不产生小分子单位。这就是**共价晶体**。

共价键之间的结合力远强于分子间作用力，所以共价晶体具有硬度大、熔点高及难溶于水等多种特点。

部分共价晶体示例

下面列举几种共价晶体。

• 金刚石

金刚石中每一个碳原子与另外4个碳原子结合形成立体结构，所以非常坚硬。由于没有可自由移动的电子，金刚石不具备导电性，见右图。

金刚石的晶体结构

共价键

• 石墨

石墨中每一个碳原子与另外3个碳原子结合形成平面结构。各平面结构之间通过分子间作用力相结合，由于分子间作用力较弱，石墨晶体的各层容易分离，见下页图。

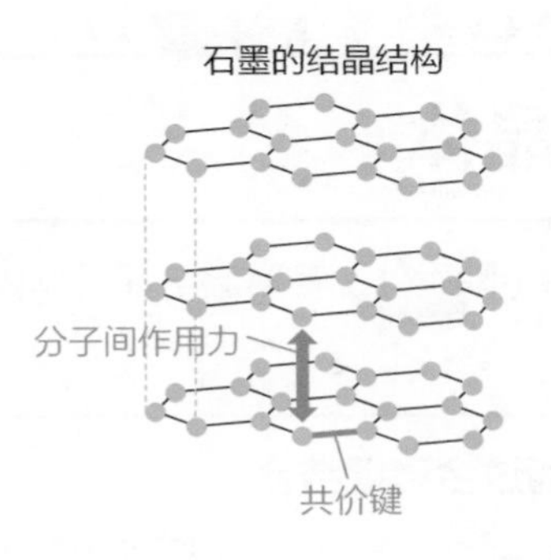

- 硅（Si）

与碳原子一样，硅原子也存在与其他4个硅原子结合成的立体结构，见右图。

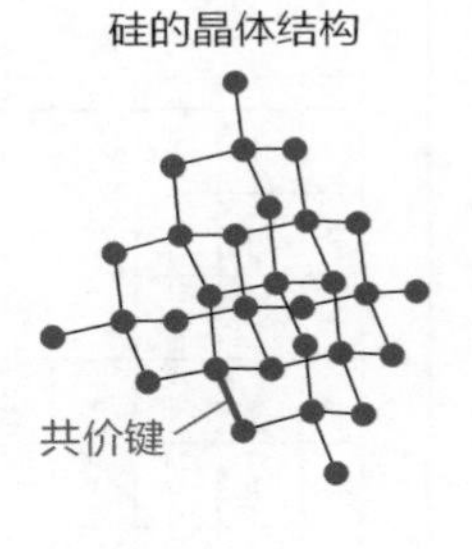

- 二氧化硅（SiO_2）

相当于在硅晶体中的每2个硅原子间加入一个氧原子。

● 为硅原子，结构与金刚石相同。
● 为氧原子，连接着2个硅原子。

应用 硅元素是制作半导体的关键

硅晶体是一种不可或缺的**半导体材料**。制造半导体的关键是如何获得纯净的硅晶体。

制作硅晶体的原料为二氧化硅。事实上，岩石的主要成分就是二氧化硅，这意味着硅元素在地球上的储备量极高。除此之外，二氧化硅也以纯净的晶体形式存在，也就是人们常说的“水晶”。

入门 ★★★ 实用 ★★ 考试 ★★★★★

12 金属晶体

金属（除汞外）在常温下都是晶体，称为金属晶体。

金属元素间可通过金属键结合

可将元素周期表中的元素分为金属元素和非金属元素。

周期	1	2	3	4	5	6	7	8	9	10	11	12	13	14	15	16	17	18
1	1 H 氢																	2 He 氦
2	3 Li 锂	4 Be 铍											5 B 硼	6 C 碳	7 N 氮	8 O 氧	9 F 氟	10 Ne 氖
3	11 Na 钠	12 Mg 镁											13 Al 铝	14 Si 硅	15 P 磷	16 S 硫	17 Cl 氯	18 Ar 氩
4	19 K 钾	20 Ca 钙	21 Sc 钪	22 Ti 钛	23 V 钒	24 Cr 铬	25 Mn 锰	26 Fe 铁	27 Co 钴	28 Ni 镍	29 Cu 铜	30 Zn 锌	31 Ga 镓	32 Ge 锗	33 As 砷	34 Se 硒	35 Br 溴	36 Kr 氪
5	37 Rb 铷	38 Sr 锶	39 Y 钇	40 Zr 锆	41 Nb 铌	42 Mo 钼	43 Tc 锝	44 Ru 钌	45 Rh 铑	46 Pd 钯	47 Ag 银	48 Cd 镉	49 In 铟	50 Sn 锡	51 Sb 锑	52 Te 碲	53 I 碘	54 Xe 氙
6	55 Cs 铯	56 Ba 钡	57~71 La~Lu 镧系	72 Hf 铪	73 Ta 钽	74 W 钨	75 Re 铼	76 Os 锇	77 Ir 铱	78 Pt 铂	79 Au 金	80 Hg 汞	81 Tl 铊	82 Pb 铅	83 Bi 铋	84 Po 钋	85 At 砹	86 Rn 氡
7	87 Fr 钫	88 Ra 镭	89~103 Ac~Lr 锕系	104 Rf 𬬻	105 Db 𬭊	106 Sg 𬭳	107 Bh 𬭛	108 Hs 𬭶	109 Mt 鿏	110 Ds 𫟼	111 Rg 𬬭	112 Cn 鿔	113 Nh 鿭	114 Fl 𫓧	115 Mc 镆	116 Lv 𫟷	117 Ts 鿬	118 Og 鿫

金属单质是由**金属元素**构成的。金属元素具有容易失去电子成为阳离子的性质（电负性弱）。

如果这些聚集在一起的原子都变成阳离子，就会互相排斥。但由于游离在阳离子间的自由电子形成了电子气，使得阳离子在静电力的作用下相互结合，排列成晶格状并保持稳定。这种结合方式叫作金属键。

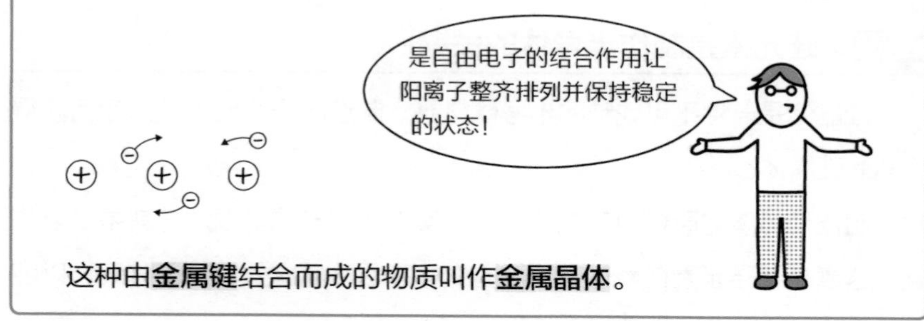

这种由**金属键**结合而成的物质叫作**金属晶体**。

金属性质的来源——自由电子

顾名思义，**自由电子**是能够在金属晶体中自由移动的电子。金属的种类繁多，但它们具有共同的性质。并且，这些性质都是由其内部存在的自由电子引起的。

- 具有金属光泽：因为金属晶体表面的自由电子具有反射光线的性质。
- 具有良好的导电性、导热性：自由电子不仅能通过定向移动形成电流，也能传递热量。
- 具有延展性（可以被展成片、拉成丝）：金属键没有方向性，由自由电子形成的电子气能把即将分崩离析的阳离子维系在一起。

应用 电线的原材料为什么是铜

银是导电性、导热性最好的金属，其次是铜，再次是金。

如今，电线遍布世界的各个角落，其原材料主要为铜，因为铜具有良好的导电性。虽说银是导电性最好的金属，但由于银矿稀少而铜矿资源丰富，所以电线的原材料选用了铜。

金则是延展性最好的金属。仅1 g黄金就可以被拉伸成3000 m长的丝线，也可以被延展成直径为80 cm的圆形金箔。金箔的厚度最多可以薄至0.0001 mm左右，而铝箔的厚度最多薄至0.015 mm，相比之下，金箔要薄得多。

在制作金属箔时不仅要考虑每种金属的延展性，还要确定所需要的金属箔的大小。

入门 ★★★　实用 ★★　考试 ★★★★★

13 物质的量（1）

身边万物皆由原子和分子等微观粒子构成，它们的数量极大，数不胜数。如此庞大的数量如果以“个”为单位计数，根本无法统计。那么我们该如何处理呢?

要点

使用相对原子质量

相对质量

物质中含有的原子数量庞大，这意味着单个原子的质量微乎其微。如果使用g（克）为单位来表示单个原子的质量，那不知道要在小数点后加多少个零，这种方法极其不便。

因此，人们将质量数为12的碳原子质量的$\frac{1}{12}$作为标准，并以此为基准确定其他原子的质量。这种方法得出的结果为原子的**相对原子质量**。

相对原子质量的计算

在确定某一元素的相对原子质量时需要考虑到同一元素所包含的同位素。碳原子的具体情况如下表所示。

	相对原子质量	丰度
^{12}C	12	98.93%
^{13}C	13.003	1.07%

据此，可求出碳原子的平均相对原子质量为$12\times\frac{98.93}{100}+13\times\frac{1.07}{100}\approx 12.01$。

计算物质所含的微观粒子的数目

有些物质由分子构成，而有些物质则由离子构成。对于这两种情况，应分别使用分子的质量（相对分子质量）和离子的质量（组成离子的原子的相对原子质量之和）来考虑。相对原子质量同时也是衡量分子质量、离子质量的基础。

例：二氧化碳

二氧化碳的相对分子质量为12（碳原子的相对原子质量）+16（氧原子的相对原子质量）×2=44

例：氯化钠

氯化钠的相对分子质量为23（钠原子的相对原子质量）+35.5（氯原子的相对原子质量）=58.5

通过这种方法，我们可以确定原子、分子及离子等肉眼不可见的微观粒子的质量。那么，物质中到底含有多少个这样的微观粒子呢？

同样**以碳元素为基准**，一个碳原子的相对原子质量为12。当然，这个数字不代表12g，也不需要其他单位，因为相对原子质量没有单位。

假设我们为12加上“g”这个单位。那么，如果真的要达到“12g”的质量，需要聚集多少个碳原子呢？这是一个巨大的数值，大约需要6.02×10^{23}个碳原子。如果聚集的碳原子少于这个数量，那么碳原子的总体质量将低于12 g。

于是，人们确定了“6.02×10^{23}”这一数值，并称其为**阿伏加德罗常数**。如此一来，我们就能够确定物质中粒子数和质量间的关系了。比如二氧化碳，它的相对分子质量为44，这意味着6.02×10^{23}个二氧化碳分子的质量为44g。

由此可知，当原子、分子、离子等粒子的数量等于阿伏加德罗常数时，它们的质量就等同于自身的相对原子质量、相对分子质量加上单位“g”。这种理解方式非常方便，所以构成物质的**粒子数**也是以此为基准来计算的。于是，人们把6.02×10^{23}个聚集在一起的粒子（原子、分子、离子）作为一个“集团”来处理，计为“1mol（摩尔）”。并且，将以摩尔为单位的表示含有一定数目粒子的集合体叫作**物质的量**。

利用这一物理量，我们可以轻松地计算出组成物质的粒子数。

入门 ★★★ 实用 ★★★ 考试 ★★★★★

物质数量（2）

身边的空气是气体分子的集合。虽然无法用肉眼观察到，但是否能确定它们的数量呢?

要点

气体分子的数量与气体种类无关

单位体积内含有的气体分子数量取决于温度、压力等条件。也就是说，只要温度和压力一定，就能确定单位体积内气体分子的数量。

气体分子数量的多少与气体种类无关，在标准状态［0 ℃，1个标准大气压（101 kPa）］下，体积为22.4 L气体分子中含有1 mol（6.02×10^{23}个）气体分子，这就是所谓的**阿伏加德罗定律**。

气压由数量庞大的气体分子引起

阿伏加德罗定律也适用于日常生活空间。当然，现实中的温度和压力条件会有一定的变化，但其数值与标准状态相差不大。所以，在常温常压下的22.4 L气体中，气体分子的数量不会与1 mol有太多偏差。

22.4 L的气体大约能装满11个2 L容量的塑料瓶，其中包含了不计其数的气体分子。

这些气体分子以每秒数百米的速度在空间中飞来飞去，它们之间不断产生碰撞，同时也撞击着我们的身体，我们无时无刻不在承受着来自空气的压力。

气压是由气体分子相互碰撞的力引起的，单个气体分子异常渺小，它的撞击不会产生很大的力。但是，空气中气体分子数量极其庞大，它们共同产生的力是不容小觑的。

应用 无尘车间的清洁程度

无尘车间为保持内部空气的洁净，将悬浮物和灰尘的数量控制在了极限程度。无尘车间的用途广泛，常用于半导体、电路的制造及药品、化妆品的生产等多种领域。

那么，无尘车间到底有多干净呢？国际标准化组织（ISO）根据用途将无尘车间的洁净度等级划定为“一级”“二级”等多个等级。

无尘车间洁净度最高的是一级，其环境标准为每1 m^3的空间内直径为0.1 μm以上的微粒不超过10个。然后是二级，其环境标准为每1 m^3的空间内直径为0.1 μm以上的微粒不超过100个。三级的环境标准则是每1 m^3的空间内直径为0.1 μm以上的微粒数不超过1000个……以此类推。

你可能会觉得在1 m^3的空间中有10个或100个微粒不是什么大不了的事（可能有人认为，普通空气中的悬浮物和灰尘本就只有这么多），但其实这是一种无稽之谈。试想一下，仅22.4 L的空气（体积约为0.0224 m^3）中就有6.02×10^{23}个气体分子。相比之下，你应该可以切实感受到将1 m^3空间中的微粒数控制在10个或100个有多难做到。

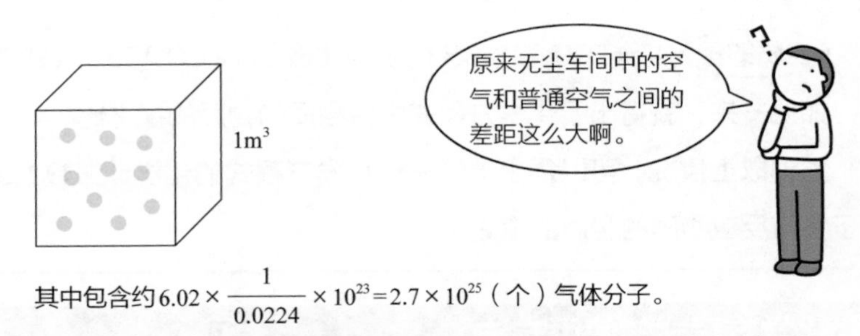

其中包含约$6.02\times\frac{1}{0.0224}\times10^{23}=2.7\times10^{25}$（个）气体分子。

能将1 m^3的空间内的微粒控制在10个或100个这种数量级的技术，真是相当了得！

入门 ★★★　实用 ★★★★　考试 ★★★★

15 化学方程式与物质的量

化学方程式不仅体现了化学反应的过程，还展示了化学反应中物质的量的变化关系。

要点

化学方程式的化学计量数之比等于式中各物质的物质的量之比

化学方程式如下所示，依据化学变化的情况，化学方程式提供参与化学反应的粒子数目的相关信息。

例：$$CH_4 + 2O_2 \xlongequal{点燃} CO_2 + 2H_2O$$

(分子)　一个CH_4和两个O_2反应生成一个CO_2和两个H_2O

但实际情况为无数个分子同时发生反应。因此，将6.02×10^{23}个分子作为一个单位（1mol）来计算。可以得出以下推论。

$$CH_4 + 2O_2 \xlongequal{点燃} CO_2 + 2H_2O$$

(分子)　一个CH_4和两个O_2反应生成一个CO_2和两个H_2O

↓ 将6.02×10^{23}个分子看作一个单位

(物质的量)　1 mol CH_4和2 mol O_2反应生成1 mol CO_2和2 mol H_2O。

如此一来，就得出了化学方程式中各物质的物质的量之比。

整理以上情况，可以得出结论——**化学方程式的化学计量数之比等于参与反应物质的物质的量之比**。

化学方程式的使用方法

上文得出的结论，可以实际运用在下述情况中。

以燃气灶中的反应为例：丙烷（C_3H_8）的燃烧反应。其化学方程式如下。

$$C_3H_8 + 5O_2 \xlongequal{点燃} 3CO_2 + 4H_2O$$

丙烷在燃烧后生成二氧化碳和水（水蒸气）。此时，该如何根据丙烷的燃烧量计算二氧化碳和水的生成量呢?

二氧化碳是引起温室效应的罪魁祸首，受到了人们的广泛关注。在许多情况下，我们均需要计算出它的排放量。例如，假设燃烧44 g丙烷，则可按下式进行计算。

$$C_3H_8+5O_2 \xlongequal{\text{点燃}} 3CO_2+4H_2O$$

$$\begin{array}{lll} 44 & 3\times44 & 4\times18 \\ 44\ \text{g} & x & y \end{array}$$

$$\frac{44}{44}=\frac{3\times44}{x}=\frac{4\times18}{y}$$

$$\begin{cases} x=132 \\ y=72 \end{cases}$$

所以，燃烧44 g C_3H_8，会产生132 g CO_2和72 g水。

应用 汽油燃烧时的二氧化碳排放量

可以将汽油的分子式表示为C_nH_{2n}，n可以是某个不为0的自然数。如果$n=10$，那么分子式为$C_{10}H_{20}$；如果$n=20$，分子式则为$C_{20}H_{40}$。

汽油燃烧时发生的化学方程式如下式所示。

$$2C_nH_{2n}+3nO_2 \xlongequal{\text{点燃}} 2nCO_2+2nH_2O$$

可以看出，1 mol汽油燃烧后会产生n mol的二氧化碳。

那么，已知1 L汽油质量约为0.75 kg=750 g。由于汽油的相对分子质量为$12n+2n=14n$，所以750 g汽油的物质的量为$\frac{750}{14n}$ mol。于是，这部分汽油燃烧后产生的二氧化碳的物质的量为$\frac{750}{14n}\times n$ mol，即$\frac{750}{14}$ mol。

将物质的量换算成质量（二氧化碳的相对分子质量为44），可得出所生成的二氧化碳的质量为$44\times\frac{750}{14}$ g ≈ 2357 g ≈ 2.4 kg。

将其换算为体积（以标准状态进行计算），可得出所生成的二氧化碳的体积为$22.4\times\frac{750}{14}$ L=1200 L。

如此一来，我们就求出了汽油燃烧时的二氧化碳排放量。

入门 ★★★　实用 ★★★★　考试 ★★★★

16 酸和碱

酸碱度是一种衡量溶液性质的指标。测定氢离子浓度指数（pH）可以快速确定溶液的酸碱度。

要点

酸碱度由H^+（氢离子）的浓度决定

水溶液的酸碱度取决于溶液中H^+的浓度。在任何水溶液中，必然含有H^+和OH^-，两者浓度的高低决定着水溶液是呈酸性还是碱性。

- 酸性：$c(H^+)>c(OH^-)$
- 中性：$c(H^+)=c(OH^-)$
- 碱性：$c(H^+)<c(OH^-)$

此处，$c(H^+)$代表H^+的物质的量浓度（参考本章23小节中内容），$c(OH^-)$代表OH^-的物质的量浓度。

如何定义pH

当溶液呈中性时，$c(H^+)=c(OH^-)$。H^+与OH^-这两种离子的摩尔浓度会随溶液温度的变化而变化，但在25 ℃的纯水中，$c(H^+)=c(OH^-)=10^{-7}\ mol/L$。

此外，当溶液的酸碱度发生改变时，$c(H^+)$与$c(OH^-)$也会随之发生变化。不过，在常温下两者始终满足“$c(H^+)\times c(OH^-)=10^{-14}$”的关系。

由此可知，已知溶液中$c(H^+)$就可以直接求出$c(OH^-)$。

依据这一规律，一种使用$c(H^+)$表示溶液酸碱度的方法诞生了。即H^+浓度负对数——pH。以溶液的$c(H^+)$为基准，pH的定义如下所示。

当$c(H^+)=10^{-□}$ mol/时，则pH等于□的数值
※□内为0~14的某数

此处需要注意的是，酸性越强，则溶液的pH就越小。以下案例能够说明这一点。

溶液A：$c(H^+)=10^{-2}$ mol/L

溶液B：$c(H^+)=10^{-3}$ mol/L

↓

溶液A的$c(H^+)$更大，故其酸性更强。并且，此时溶液B的pH较大。

在常温下溶液呈中性时，pH为7，因为$c(H^+)=10^{-7}$ mol/L。以此为分界线，酸性溶液的pH小于7，碱性溶液的pH大于7。

应用 产品质量检测中的pH测定

酸碱度检测是液体产品质量检测中不可缺少的环节。例如，酒和酱油品质的检测指标之一就是pH。

使用pH计可以简单快捷地测定出液体的pH。在20世纪30年代末，世界上最早的pH计诞生于美国，随后被引入日本。然而，据说受日本潮湿环境及其他因素的影响，当时引入的pH计出现了大量损坏的情况。

在1951年，针对日本环境研发的新一代pH计姗姗来迟，因为在此前的1931年，pH试纸这一发明已经捷足先登。pH试纸虽然不能测量出溶液精确的pH，但可以用来判断溶液大致的pH。目前，这项发明已经是校园实验中的常客。

pH试纸最初的名字叫作氢离子浓度试纸，从这一点也不难看出，pH指的是溶液中H^+的浓度。

入门★★ 实用★★★ 考试★★

17 中和反应

酸与碱混合时会发生抵消彼此性质的反应，这就是十分常见的中和反应。

要点

中和反应的产物是水

电离时生成的阳离子全部为H^+的化合物叫作酸，而碱则是电离时阴离子全部为OH^-的化合物。

H^+、OH^-分别代表酸性和碱性。如果两者混合，H^+和OH^-就会发生反应。该化学反应的化学方程式为$H^+ + OH^- = H_2O$。

此反应使得溶液中的H^+与OH^-的浓度同步降低，所以酸与碱的性质被互相抵消，这就是**中和反应**。

通过酸碱中和滴定实验确定酸或碱的准确浓度

酸性溶液或碱性溶液的浓度可以通过酸碱**中和滴定**实验进行准确的测定。

酸碱中和滴定实验的操作顺序如下所示。

案例：用氢氧化钠溶液滴定醋酸溶液，以求醋酸溶液的浓度。

①醋酸溶液的稀释过程如下图所示。

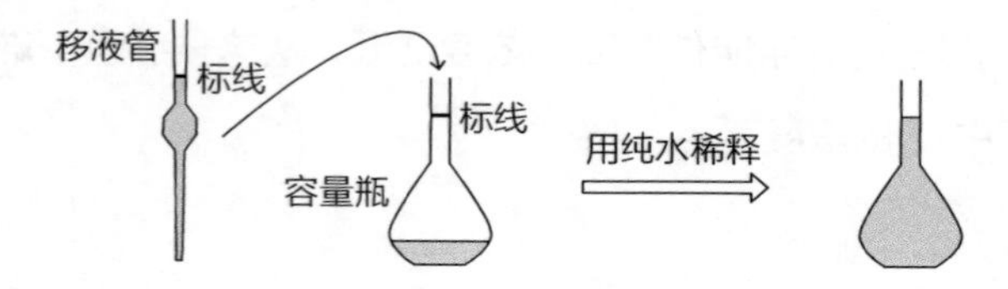

②将一定量的醋酸溶液置于锥形瓶中，并加入数滴酚酞溶液。

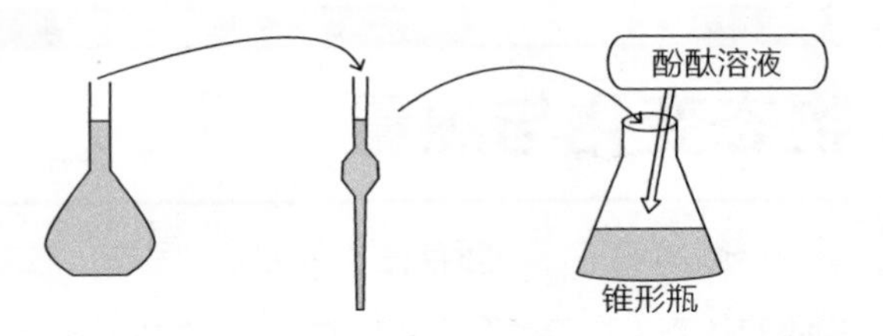

③在滴定管中加入已知浓度的氢氧化钠溶液，并对醋酸溶液进行滴定，直到酚酞变色。

完成以上步骤后即可开始进行计算，假设实验中的数据如下。

- 醋酸溶液的体积：10.0 mL（稀释后）
- 氢氧化钠溶液的浓度：0.10 mol/L
- 氢氧化钠溶液的体积：8.0 mL

根据以上条件可以求出醋酸溶液（稀释后）的浓度，具体过程如下。

$$\underbrace{x\text{（mol/L）}\times\frac{10.0}{1000}\text{L}\times 1}_{H^+\text{的物质的量}}=\underbrace{0.10\text{ mol/L}\times\frac{8.0}{1000}\text{L}\times 1}_{OH^-\text{的物质的量}}$$

两侧分别乘以醋酸溶液中的H^+及氢氧化钠溶液中的OH^-化合价的绝对值“1”，最终求得醋酸溶液的浓度为$x=0.080$ mol/L。

应用 中和反应在卫生间除臭剂中的应用

有些卫生间除臭剂利用了酸碱中和原理。

氨是卫生间臭味的来源。氨的水溶液呈碱性，可用具有酸性的柠檬酸将其中和，以此来抑制卫生间的臭味。相反，脚臭则是由酸性物质引起的，所以具有碱性的小苏打溶液可以用来抑制脚臭。

酸碱中和反应也能用于自然环境的保护。例如，日本草津温泉的热水具有很强的酸性，如果将该温泉的热水直接排入河流，将会给环境带来恶劣的影响。为避免这种情况的发生，人们选择向河流中投入碱石灰，利用酸碱中和反应来抑制河流的酸化。

入门 ★★ 实用 ★★★ 考试 ★★★★

18 物态变化与热量

一般情况下，物质存在3种状态：固态、液态和气态。当物质的状态（物态）发生变化时，它会发生吸热或放热的现象。

要点

物质在失去能量时释放热量

物质在以下3种状态间发生变化。

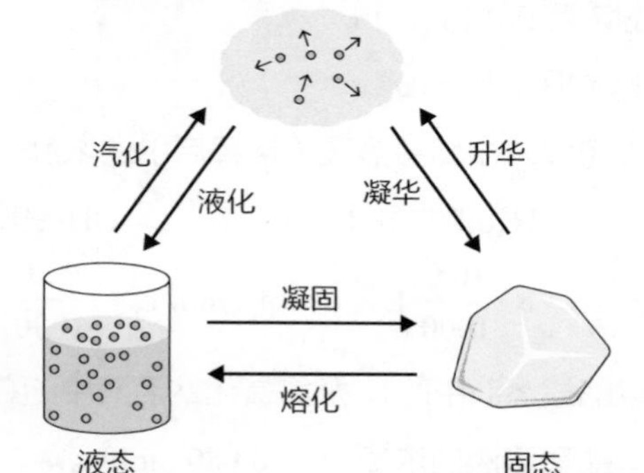

同一物质处于上述3种物质的状态时所具有的能量关系为“气态时的能量＞液态时的能量＞固态时的能量”。

物质的状态在变化为能量更高的状态时从周围环境吸收热量。相反，在变化为能量更低的状态时则向周围环境释放热量。综上所述可得出以下规律。

- 熔化、汽化、升华：吸收热量。
- 液化、凝固、凝华：释放热量。

化学世界中的热力学温度

温度是用来描述组成物质的粒子（原子、分子等）的热运动的激烈程度的。**热运动**指的是微观粒子的无规则运动。温度越高，微观粒子的热运动越剧烈。

理论上，任何热运动都可以加剧（变快），这意味着物体的温度可以达到非常高，科学家使用核聚变反应堆达到过5.1亿摄氏度。

相反，热运动放缓（变慢）意味着温度下降。最低限度的热运动即停止运动，这意味着物体的**温度是有下限的**。

如果以日常使用的摄氏温度为标准，那么低温的极限约在−273.15 ℃。因此，宇宙中的物质无法达到−274 ℃。

鉴于此情况，以温度下限为起点来表示温度在化学（科学）世界中显得更加方便。所以，人类将温度的下限（约−273.15 ℃）定义为绝对零度，并将其定义为“0 K（开尔文）”。如果在同一刻度下标注摄氏温度和热力学温度，则情况如下图所示。

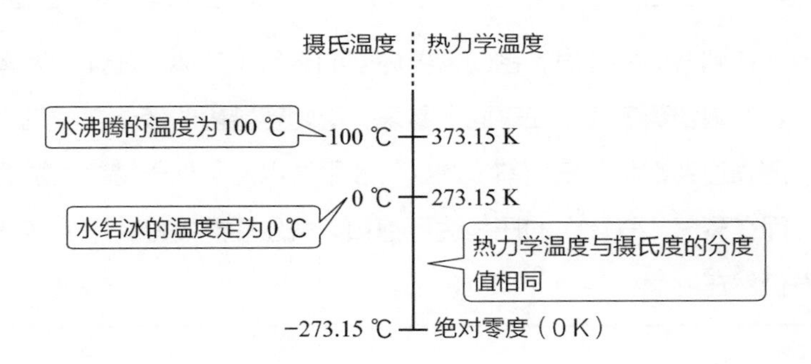

应用 cal和J的区别使用

过去，人们曾使用**cal（卡路里）**作为热量单位。这个单位目前仍被用于表示食物所含有的热量。1 cal是能使1 g水的温度上升1 ℃的热量。

再后来，人们发现热其实是能量的表现形式之一，于是将热量的单位改为与能量相同的**J（焦耳）**。

入门 ★★★ 实用 ★★★★ 考试 ★★★★★

19 气液平衡与蒸气压

“蒸气压”是一个耳熟能详的词语，但人们往往没有准确理解其含义。

要点

蒸气压指在密闭容器中的气液（固液）平衡状态下，蒸气所具有的压强

在密闭容器内放入液体后能够观察到下图所示的变化。

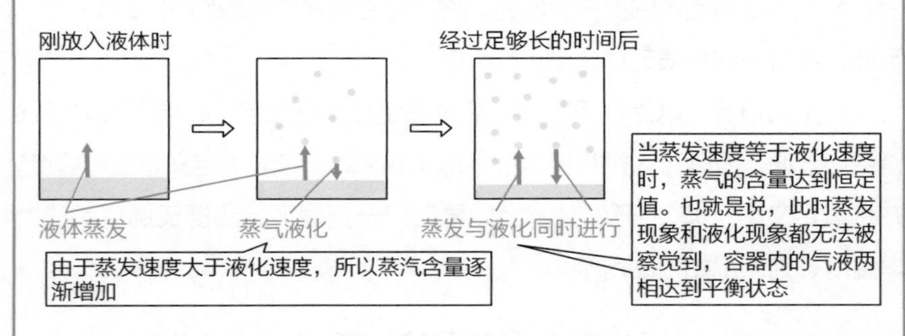

在达到气液平衡时，密闭容器内部的蒸气（气体）压强即为**蒸气压**，也叫**饱和蒸气压**。在表面上看来，密闭容器内的液体在蒸气（气体）压强达到饱和蒸气压前（达到气液平衡以前）处于持续蒸发的状态，而在蒸气（气体）的压强达到饱和蒸气压后蒸发停止了（实际上蒸发仍然在继续）。

有时，即便液体蒸发殆尽，容器内的压强也无法达到饱和蒸气压

如要点中所述，密闭容器内部最终会达到一种**平衡状态**。但是，如果液体在蒸气（气体）压强达到饱和蒸气压前就蒸发殆尽，那么密闭容器内部的压强将永远无法达到饱和蒸气压。

另外，饱和蒸气压仅**由温度决定**（温度越高，饱和蒸气压越大）。改变

密闭容器的体积，或者在密闭容器内有其他气体共存，饱和蒸气压的大小也不会受到影响。

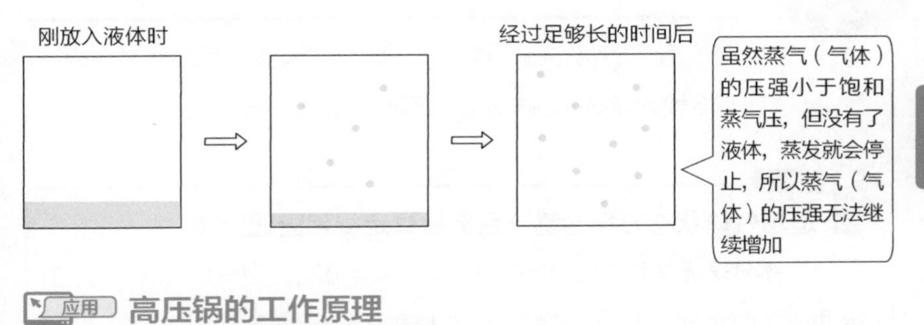

应用 高压锅的工作原理

我们首先要理解蒸发和沸腾的区别。

- 蒸发

蒸发是在液体表面发生的汽化过程，在液体未达到沸点时也会发生。

- 沸腾

液体的表面与内部同时发生汽化，内部汽化的液体形成气泡，上升至液体表面后破裂。沸腾现象只有在液体达到沸点后才会发生。如果在温度为T时，液体的饱和蒸气压等于标准大气压，那么此温度即为该液体的沸点。

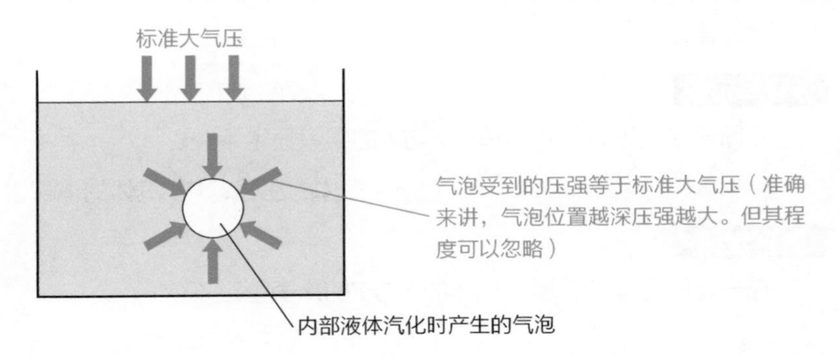

由此可知，如果外部气压升高，液体就必须达到更高的温度才能沸腾。例如，做饭时使用的高压锅就可以在其内部的密闭空间内制造高压，从而提高液体的沸腾温度，以达到提高烹饪温度和缩短烹饪时间的效果。这么看来，烹饪也与化学（科学）息息相关，真是妙不可言。

入门 ★★★ 实用 ★★★ 考试 ★★★★

理想气体状态方程

气体的状态由“体积”“压力”“温度”等物理量来描述。这3种物理量间的关系可以用一个公式来表达。

要点

理想气体状态方程的基础是玻意耳定律和查理定律

气体分子无法用肉眼观察，其运动速度极高（空气中气体分子的运动速度约为500 m/s）。这种运动叫作**气体分子的热运动**。

气体分子之间的“碰撞”是产生压强的根本原因。

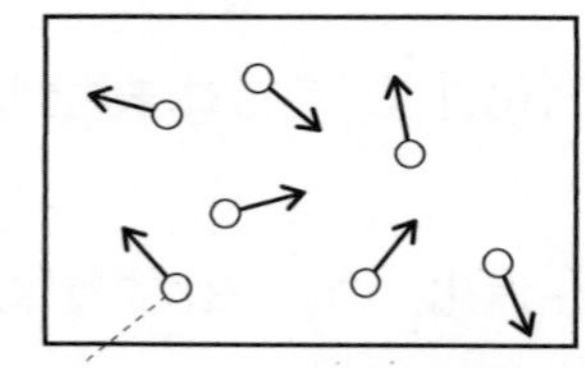

压强由气体分子互相碰撞引起

如果能形象地联想出气体分子的热运动，就可以很容易地理解以下两则定律。

玻意耳定律

在同一温度下，等量气体的p与V的乘积恒定不变。

（p：气体的压强；V：气体的体积）

查理定律

在一定的压强下，等量气体的V与T的比值恒定不变。

（T：气体的热力学温度）

确定一个定量，研究两个变量

可以通过以下两个案例来理解玻意耳定律和查理定律。

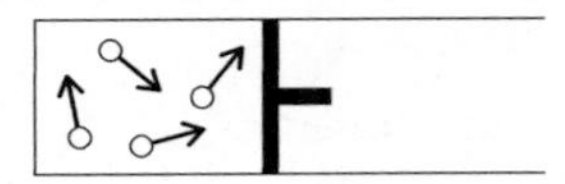

在温度一定、气体分子热运动激烈程度保持不变的情况下，将容器的体积扩大至原来的两倍

气体分子与容器壁及活塞的碰撞次数减少为原来的$\frac{1}{2}$，所以容器内的压强变为原来的$\frac{1}{2}$

阐明玻意耳定律的案例：温度恒定，体积加倍

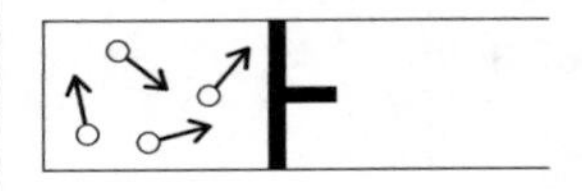

温度升至两倍后气体分子的热运动加剧

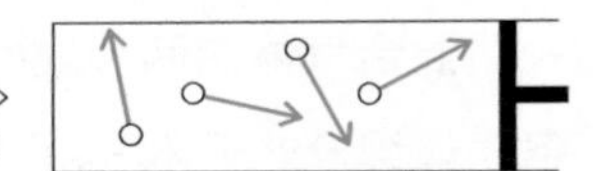

由于气体分子与容器壁及活塞的碰撞加剧，如果容器体积保持不变，压强就会增加。为保持压强不变，需要增大容器的体积

阐明查理定律的案例：环境温度升高至原来的两倍的情况下，维持容器内压强不变

综上所述，在确定其中一个物理量后，这两则定律将变得更易于理解。

然而，在大多数情况下，3种物理量（温度、压强、体积）都会发生变化。为便于思考，此时需要合并运用玻意耳定律和查理定律。于是，理想气体状态方程应运而生。

理想气体状态方程：$pV=nRT$ （n：气体的物质的量；R：摩尔气体常数）。

应用 为什么在电梯快速上升时耳朵会疼

当人们乘坐的电梯快速上升时，耳朵可能会出现疼痛的情况。这是因为电梯内的气压降低，引起耳内空气膨胀。这一现象很好地印证了玻意耳定律。

人们在乘坐飞机时也会感觉到耳朵疼痛。为了避免给乘客带来这种糟糕的体验，飞机会在机舱的内部增压。究其原因，是飞机的飞行高度通常在地面以上10000 m左右，在这种高空环境下，飞机周围的气压远小于地表气压。

入门 ★★　实用 ★★★★　考试 ★★★

道尔顿分压定律

我们所处的空间是一个各种气体混合存在的空间。在这种情况下，我们该如何使用理想气体状态方程呢?

通过压强比例求出混合气体中各气体组分的占比

混合气体由两种或两种以上的气体均匀混合而成，“均匀”是指各气体组分处于体积和温度都相同的状态下。

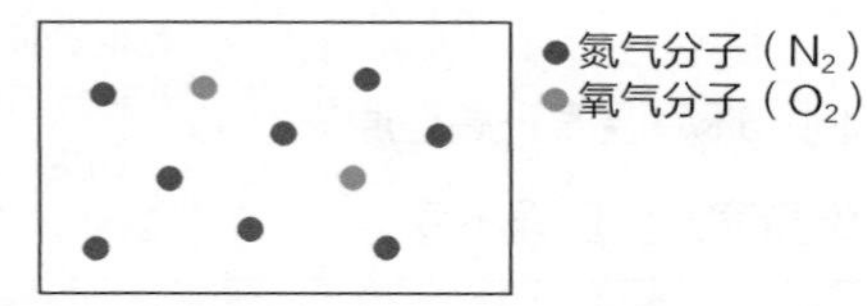

两种气体混合分布在整个容器中，所以它们的体积相同，温度也相同

在混合气体中，各气体组分的分压强p与各气体组分的物质的量成正比。

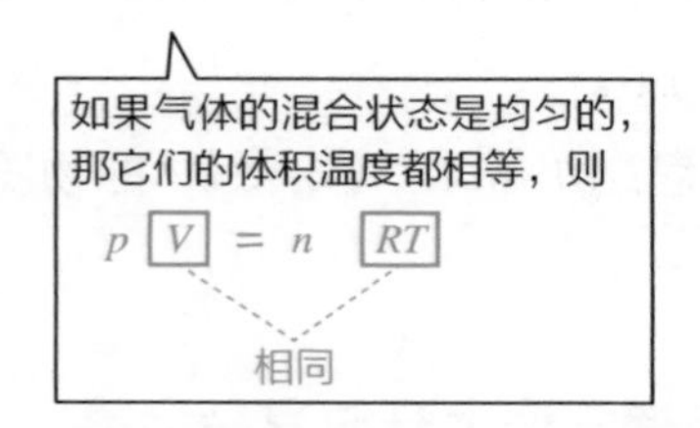

另外，全压（混合气体的整体压强）为各气体组分的分压之和（混合气体中各气体组分的压强之和显然就是混合气体的整体压强）。

求空气的平均相对分子质量

在掌握分压的思路后不难发现，各气体组分的分压可利用下文所述的方式求得。

> 案例：将n_A mol的气体A与n_B mol的气体B混合，当整体压强为p时，
>
> 气体A的分压$p_A=\frac{n_A}{n_A+n_B}p$，气体B的分压$p_B=\frac{n_B}{n_A+n_B}p$

也可以采用这种方法来计算空气的**平均相对分子质量**。

混合气体由两种或两种以上的气体混合而成，不同气体的相对分子质量存在差异。如果将混合气体视为一个整体并计算其相对分子质量，得出的数据即为该混合气体的平均相对分子质量。

> 案例：混合气体由相对分子质量为M_A的气体A和相对分子质量为M_B的气体B以$n_A:n_B$的物质的量之比混合而成。
>
> 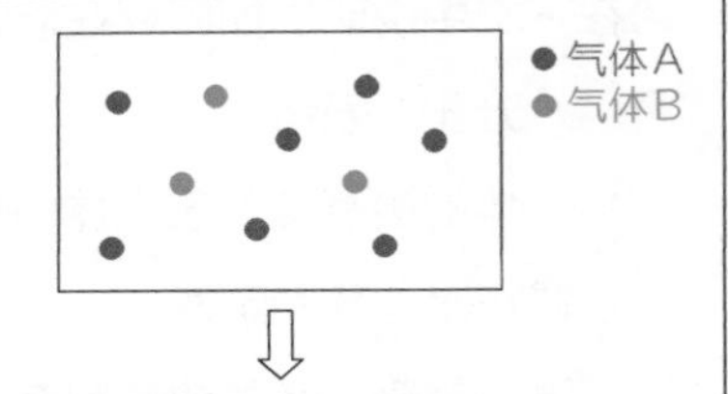
>
>
> 当气体A的物质的量为n_A mol，气体B的物质的量为n_B mol时，已知混合气体的总质量为（$M_A \times n_A + M_B \times n_B$）g，且混合气体的总物质的量为（$n_A+n_B$）mol。
>
> 那么，如果将混合气体看作一个整体进行计算，即可以求出相对分子质量：1mol该混合气体的质量为$\frac{M_An_A+M_Bn_B}{n_A+n_B}$。
>
> 这一数值即为混合气体的平均相对分子质量。

假设空气是氮气与氧气以4∶1的比例混合而成的气体，当氮气的物质的量为4 mol，氧气的物质的量为1 mol时，可求出气体的总质量为$28 \times 4 + 32 \times 1$ g$=144$ g，总物质的量为$4+1$ mol$=5$ mol。

如果我们把这种混合气体看作一个整体，就可以求出相对分子质量：

1 mol的该混合气体的质量为$\frac{28 \times 4+32 \times 1}{5}$ g=28.8 g。

这就是空气的平均相对分子质量的粗略数值。

入门 ★★★★　实用 ★★★★★　考试 ★★★

22 溶解平衡和溶解度

液体可以溶解气体和固体。物质的最大溶解度遵循一定的规律。

要点

气体的溶解度与其压强（分压）成正比

在一定的温度、压力条件下，物质在定量溶剂中的最高溶解量叫作**溶解度**。气体的溶解度取决于该气体的压强和环境温度，具体变化将在下文中说明。如果存在混合气体，混合气体的某气体组分的压强可用“分压”表示。

气体的溶解度与该气体的压强（若是混合气体，则为该气体的分压）成正比（亨利定律）……①

温度越高，气体的溶解度越小……②

①号定律只适用于溶解度较小的气体，不适用于氨气和氯化氢等溶解度较大的气体。此外，也可将①号定律表示为“溶解气体的体积（在该分压下的体积）恒定，不受其分压大小的影响”。这似乎与①号定律原本的描述自相矛盾，但如果通过具体的例子来理解，就会发现第二种解释其实与①号定律原本的描述是一致的。

案例：若处于分压p时，气体的溶解量为n mol，那么在分压增加至原来的两倍后，

- 溶解量达到$2n$ mol（溶解度变为原来的2倍）。
- 由于压强增加了一倍，气体的体积变为原来的一半。

⇩

最终，溶解气体的体积（在该分压下的体积）大小不变。

另外需要注意的是，在②号定律中描述的规律与固体溶解时的表现恰恰相反（温度越高，固体的溶解度越大）。

相似相溶原理

溶液由溶解物质的溶剂和溶解在**溶剂**中的**溶质**组成。但是，在不同类型的溶剂和溶质之间存在易溶和难溶的区别。

在大多数情况下，根据下述原则就可以判断溶质能否溶于溶剂。

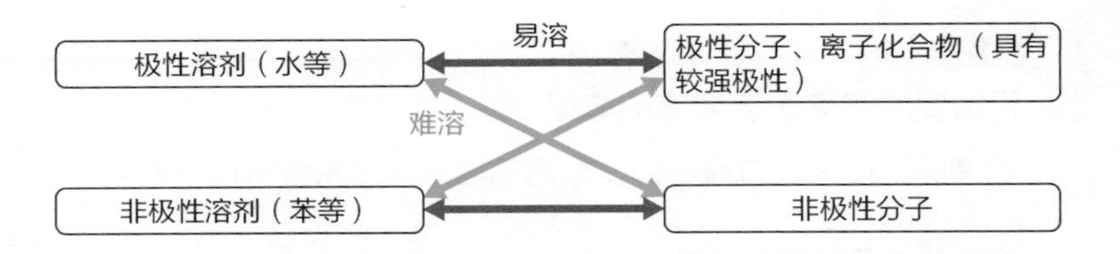

总而言之，极性溶质易溶于极性溶剂，而非极性溶质易溶于非极性溶剂。这就是所谓的相似相溶原理，下文将介绍其原理。

- 极性物质之间（易溶）

当极性分子或离子化合物在水（极性分子）中溶解时，它们会在静电引力的作用下被水分子吸引，并以被水分子围绕的形式溶解。这种现象叫作水合反应。

- 非极性物质之间（易溶）

由于非极性分子之间的分子间作用力较弱，所以非极性分子会自然地扩散并溶解在非极性溶剂中。

- 极性物质和非极性物质（难溶）

当溶质和溶剂中的一方具有极性而另一方不具有极性时，极性物质会在强大的结合力的作用下聚集在一起，致使溶质难以溶解在溶剂中。

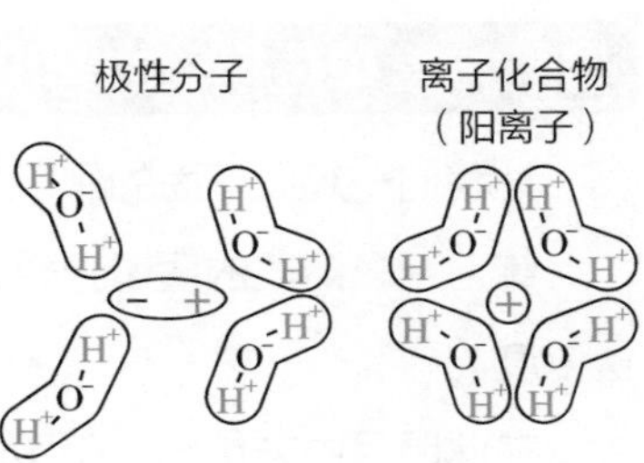

入门 ★★★★　实用 ★★★★★　考试 ★★★

23 浓度单位的换算

溶液浓度的单位有若干种。本节介绍如何快速换算不同的浓度单位。

要点

用物质的量来表示溶液的浓度

溶液的浓度单位有很多种，常用的溶液浓度单位有以下两种。

$$溶液中溶质的质量分数（\%）=\frac{溶质的质量}{溶质的质量+溶剂的质量}\times 100\%$$

$$物质的量浓度（mol/L）=\frac{溶质的物质的量（mol）}{溶液的体积（L）}$$

除此之外，还有一种浓度单位，如下所示。

$$质量摩尔浓度（mol/kg）=\frac{溶质的物质的量（mol）}{溶剂的质量（kg）}$$

这种浓度单位被用于计算溶液沸点升高的程度与凝固点降低的程度（具体参考本章24小节内容）。

浓度单位换算的窍门是以1L溶液为标准

让我们一起以下面的例子来练习如何换算浓度单位。

练习：求溶质的质量分数为49%、密度为1.6 g/mL的浓硫酸的物质的量浓度。

在此题目中未给出浓硫酸的体积（mL），但在确定溶液的体积后能更好地计算物质的量浓度。那么，我们先假设浓硫酸的体积为1 L。

假设溶液的体积大小并不影响其摩尔浓度，所以我们可以据此**自由地假设一个便于计算的溶液体积**。

已知1 L浓硫酸的质量（g）为“总溶液质量（g）=密度（g/mL）× 总溶液体积（mL）”。故浓硫酸的质量为1.6 g/mL × 1000 mL＝1600 g。

此外，溶液中的溶质（H_2SO_4）的质量（g）如下。

$$溶质质量（g）= 总溶液质量（g）\times \frac{溶质的质量分数（\%）}{100\%}$$

故溶质的质量为$1600\ g \times \frac{49\%}{100\%} = 784\ g$。

又因为98 g硫酸的物质的量为1 mol，所以784 g硫酸的物质的量等于$\frac{784}{98}\ mol = 8.0\ mol$。

综上所述，浓硫酸的物质的量浓度为$\frac{8.0\ mol}{1.0\ L} = 8.0\ mol/L$。

应用 大气中二氧化碳的浓度单位

如果气体的浓度极小，则可以使用“ppm”“ppb”作为计量单位。ppm是parts per million的缩写，意思是百万分之几。也就是说，1 ppm意为百万分之一的浓度（kg/L），其值为“1 mg/L”。

如今，大气中二氧化碳含量的上升是一个非常严峻的问题。二氧化碳的浓度通常以ppm为单位，它在地球大气中的浓度约为400 ppm。在研究全球变暖问题时，务必要了解这一数据。

除此之外，ppb是parts per billion的缩写，表示10亿分之一。此单位用于表示浓度极微的成分。

数值的单位实在是五花八门。在报纸上刊登的数值必然会标有单位，正确认识单位能帮助我们更加透彻地理解数据。

入门 ★★★★ 实用 ★★★★★ 考试 ★★★

24 沸点升高与凝固点降低

在溶液中加入溶质会产生三大变化：沸点升高、凝固点降低、具有渗透压。本节介绍沸点升高和凝固点降低。

要点

饱和蒸气压降低使得溶液的沸点提高

在使用纯净的水溶解溶质后，饱和蒸气压会相对降低，其原因如下图所示。

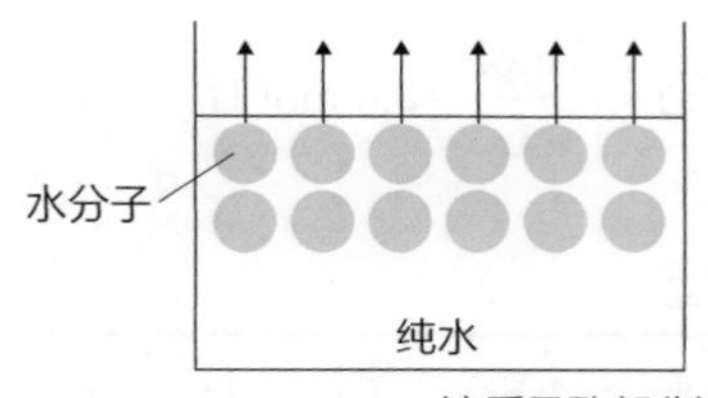

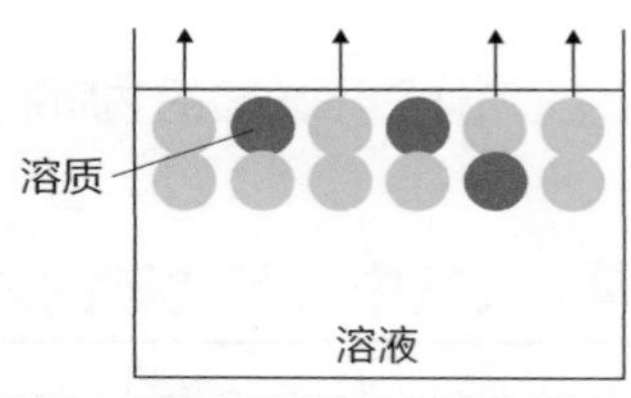

溶质导致部分溶剂不能蒸发，所以饱和蒸气压会相对降低

这种现象叫作**蒸气压下降**。

纯水在100 ℃时的饱和蒸气压等于标准大气压。在纯水中溶解溶质后，溶液的饱和蒸气压将相对下降，所以此时的溶液在100 ℃时的饱和蒸气压将小于标准大气压。也就是说，要使溶液的饱和蒸气压与标准大气压相等，溶液温度必须高于100 ℃。

液体会在饱和蒸气压等于标准大气压时沸腾，所以纯水的沸点为100 ℃。在纯水中溶解溶质后，其沸点将高于100 ℃，这种现象即为**沸点升高**。

总而言之，在纯水中溶解溶质后，溶液的饱和蒸气压会降低，所以其沸点也随之提高。

沸点升高值和凝固点降低值可使用类似的公式计算

沸点升高值指溶液的沸点比纯水沸点升高的温度，可由下式求得。

$$\Delta t = K_b \times m$$

Δt：沸点升高值（℃）

K_b：质量摩尔沸点升高常数（由溶剂种类决定，与溶质的种类无关）

m：溶液的质量摩尔浓度（mol/kg）

$$质量摩尔浓度（mol/kg）= \frac{溶质的物质的量（mol）}{溶剂的质量（kg）}$$

需要注意的是，由于沸点升高值的大小由溶液中溶质的溶解量（溶质在溶液中的粒子数）决定，所以在计算其数值前必须求出溶液的质量摩尔浓度。

> 案例：1mol NaCl溶于M kg的溶剂中。
>
> NaCl在溶解后以“$NaCl = Na^+ + Cl^-$”的形式电离，所以1 mol NaCl将电离成2 mol离子。因此，此时溶液的质量摩尔浓度应为$\frac{2}{M}$mol/kg。

接下来介绍凝固点降低现象。使用纯净的水溶解溶质后，水的凝固点会相对降低，因为溶质阻碍了水的凝固。

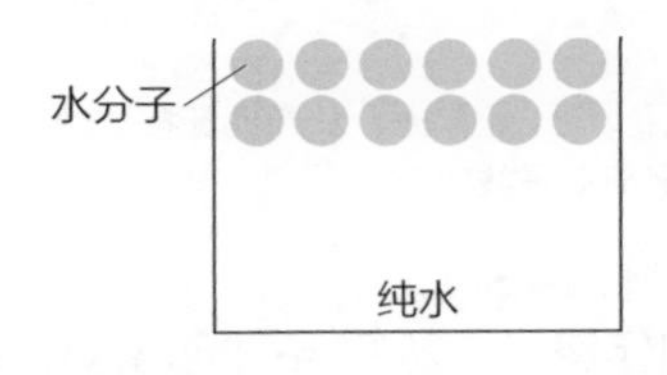

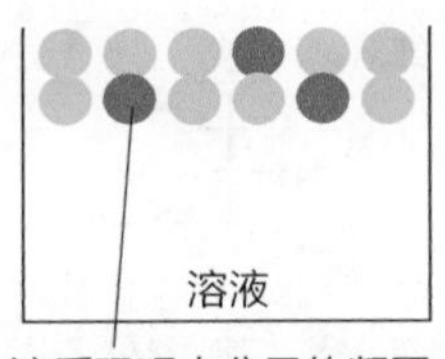

这种现象叫作**凝固点降低**。溶液的凝固点比纯水凝固点降低的温度即为**凝固点降低值**，计算该数值可使用与计算沸点升高值类似的公式，如下所示。

$$\Delta t = K_f \times m$$

Δt：凝固点降低值（℃）

K_f：质量摩尔凝固点降低常数（由溶剂种类决定，与溶质的种类无关）

m：溶液的质量摩尔浓度（mol/kg）

※与计算沸点升高值时的情况相同，需要先求出溶液的质量摩尔浓度。

25 渗透压

稀溶液的另一个重要性质是具有渗透压。我们可以利用这一性质将海水转化为淡水。

要点

渗透压指由渗透产生的压强

请观察并思考右图所示的装置——用半透膜将纯溶剂与溶液隔开。

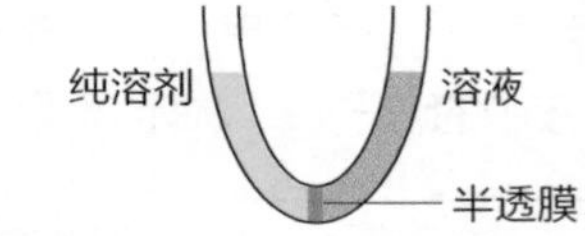

半透膜是一种可使一定大小的粒子选择性通过的薄膜，溶剂粒子可以从中通过，但溶质粒子（尺寸大于溶剂粒子）则不能通过。

纯溶剂和溶液中都包含溶剂粒子，所以溶剂粒子不仅会从纯溶剂向溶液中移动，也会从溶液向纯溶剂中移动。但是，从纯溶剂向溶液中移动的溶剂粒子数量更多，如下图所示。

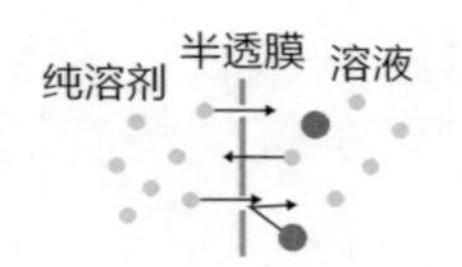

溶质粒子数越多，从右向左移动的溶剂粒子数就越少

这种溶剂粒子的移动现象叫作**渗透**，从纯溶剂向溶液中渗透时所产生的压强即为**渗透压**。

需要注意的是，溶液的渗透压不是由内部溶剂粒子渗出引起的，而是由外界溶剂粒子渗入引起的。

渗透压的计算公式与理想气体状态方程类似

渗透现象会使液面出现高低差，如下页左图所示。

为避免液面高度差的出现，需要在**溶液一侧施加与渗透压大小相同的**

压强，如右下图所示。

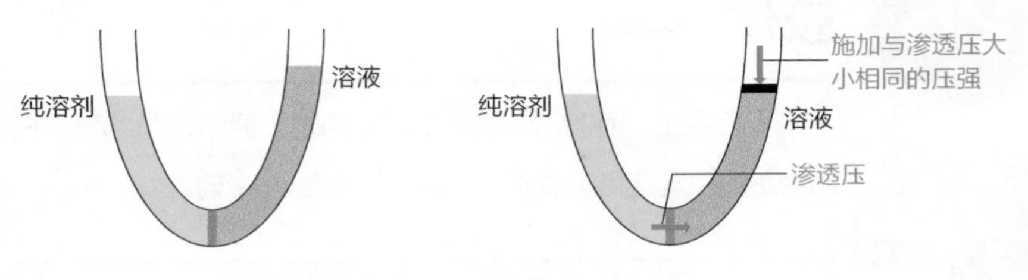

此外，溶液渗透压的大小 Π 可通过下式求得。

$$\Pi = CRT$$

c：溶液的物质的量浓度（mol/L）（此时，溶液的物质的量浓度与溶质的物质的量及溶液的体积相关）

R：理想气体常数（取自理想气体状态方程）

T：热力学温度（K）

由于溶液的物质的量浓度为 $c=\dfrac{n}{V}$（V：溶液的体积；n：溶质的物质的量），所以上述公式与理想气体状态方程的形式类似，即 $\Pi=\dfrac{nRT}{V}$，也可变形为 $\Pi V=nRT$。

虽然和理想气体状态方程表达的含义不同，但鉴于渗透压公式与其形式类似，将两者联想起来更便于记忆。

应用 淡化海水的方法

回到右上图所示的情况，如果在溶液一侧施加大小超过渗透压的压强，会出现什么情况呢？这样做会使溶剂向与正常渗透方向相反的方向移动。这种现象叫作**反渗透**，此时纯溶剂的量得到增加。

在我们赖以生存的地球上，水资源的保障一直是一个重要的课题。话虽如此，其实海洋中储备着“取之不尽”的水资源。利用反渗透技术能够将海水转化为淡水（淡化海水），所以该技术常用于缺水地区和大型船舶上。此外，反渗透技术在制药用无菌水、电子工业用超纯水、果汁浓缩液等一系列产品的生产中发挥着难以替代的作用。

入门 ★★★　实用 ★★　考试 ★★★★

26 胶体

直径在1~1000 nm的粒子叫作胶粒，能够均匀地分布在水中不产生沉淀且不透明。含有胶粒的液体叫作胶体。

要点

胶体被分为3类

胶粒的直径大于普通溶液中的溶质粒子（直径小于1 nm）。所以，胶粒不能通过半透膜但可以通过滤纸。

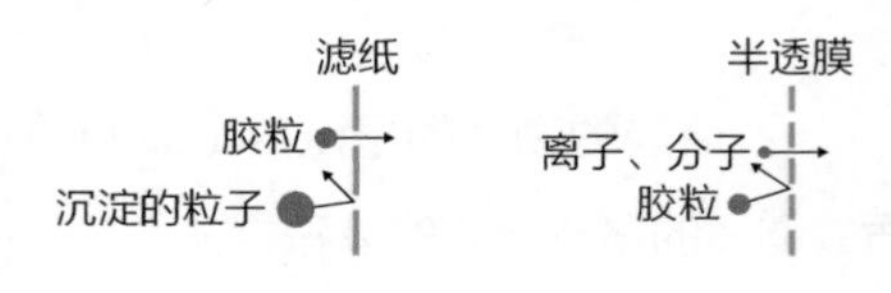

胶体可根据胶粒形式的不同被分为以下几类。

①分子胶体：巨大的分子，由单个分子构成的胶粒（如蛋白质、淀粉）。

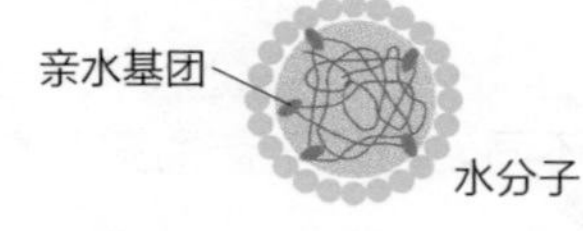

因为有许多亲水基团，所以被水分子包围后形成了稳定的结构

②缔合胶体：50~100个同时具有亲水基团和疏水基团的分子以疏水基团在内、亲水基团在外的形态聚集而成的胶粒（如肥皂）。

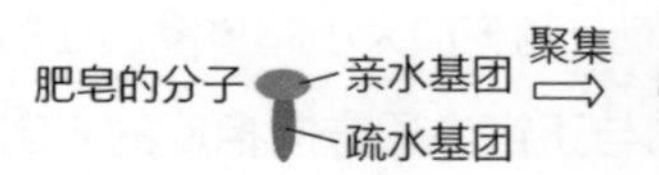

被水分子包围后形成稳定的结构

③分散胶体：本不溶于该溶剂的物质，其组成粒子在某种原因下表面带上电荷后形成的胶粒（如泥水的泥灰、硫磺、金属、氢氧化铁胶体）。

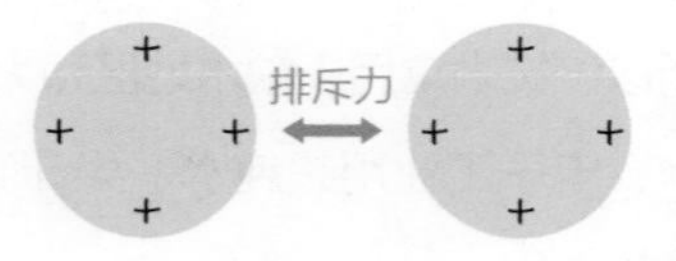

在排斥力的影响下分散，且不会沉淀

胶体的特殊性质

胶体具有以下性质（下列第①～③条为与胶粒大小有关的现象，第④条为与电荷有关的现象）。

①**丁达尔效应**：穿过胶体的光线被胶粒散射后引起的现象。

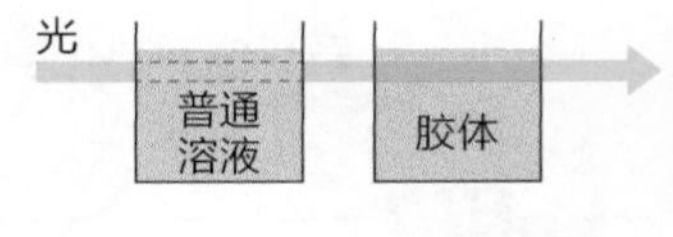

②**布朗运动**：胶粒与周围的溶剂分子随机碰撞，产生无规则运动的现象。

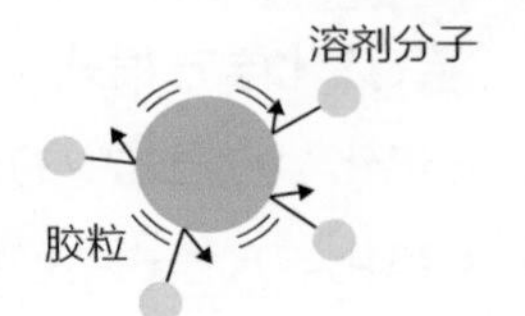

③**透析**：使用离子或分子可以通过，而胶粒不能通过的半透膜来提纯胶体的过程。

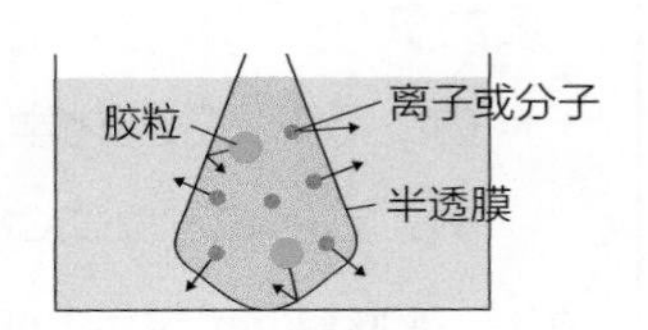

④**电泳**：为胶体通电后，胶粒向着与其电性相反的电极移动的现象。

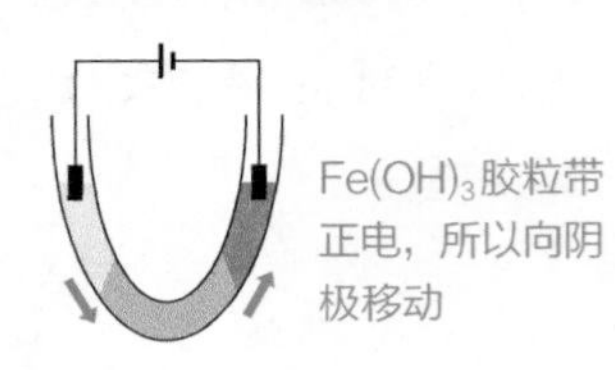

应用 肾脏透析的原理

人体的肾脏时时刻刻都在进行透析，它能将水、离子、葡萄糖、废物等从血液中分离并形成原尿（尿的基础）。被分离的物质均为微小的粒子，而血细胞及蛋白质等较大的粒子则被保留在了血液中。

由此可见，透析过程利用的是溶液中粒子大小不同的特点。

另外，医学上的人工透析可以代替发生病变的肾脏完成透析功能。目前，人类已经研制出可以透析血液的人工肾脏，该装置自然也使用了半透膜技术。

入门 ★★★★ 实用 ★★★ 考试 ★★★★

热化学方程式

热化学方程式与化学方程式的形式类似，但内容具有差异。理解热化学方程式的含义后可以将其应用在许多领域。

要点

热化学方程式与化学方程式之间的区别

- 热化学方程式中的化学式表示各物质的能量。
- 热化学方程式中各物质前的化学计量数表示参加反应的各物质的物质的量。

由此可见，它与化学方程式有着不同之处。

例：热化学方程式 CH_4（g）+ $2O_2$（g）══ $2H_2O$（l）+ CO_2（g）$\Delta H=-890$ kJ/mol 表示 1 mol 气态 CH_4 和 2 mol 气态 O_2 反应生成 2 mol 液态 H_2O 和 1 mol 气态 CO_2，并放出 890 kJ 的热量。其内容可用下图形象地表示。

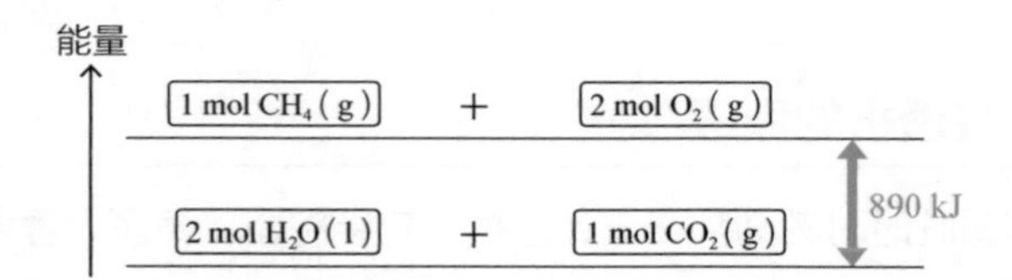

热化学方程式的书写方法

在理解热化学方程式的含义后就能够根据需要写出热化学方程式。下面举例说明。

例 1：1 mol 液态水蒸发成水蒸气需要吸收 41 kJ 的热量。

物质在吸收热量后，能量就会相应增大。因此，水在状态变化前后的关系如下页图所示。

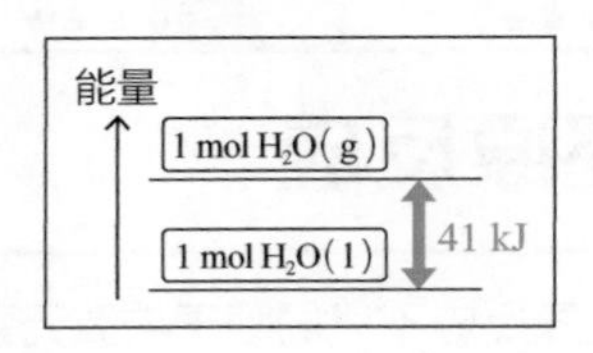

也就是说，1 mol气态H_2O的能量只比1 mol液态H_2O的能量大41 kJ。如果用热化学方程式来表示，即如下式。

$$H_2O(g) = H_2O(l) \quad \Delta H = -41\ kJ/mol$$

例2：当1 mol气态甲醇（CH_3OH）完全燃烧生成液态水和二氧化碳时，产生726 kJ的热量。

甲醇完全燃烧的化学方程式可表示如下式。

$$2CH_3OH + 3O_2 \xlongequal{点燃} 4H_2O + 2CO_2$$

此反应为放热反应，这意味着生成物具有的能量更小。因此，化学反应前后的能量变化关系如下图所示。

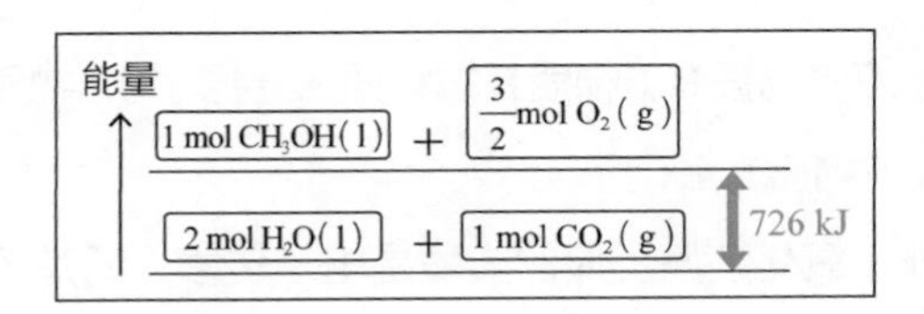

也就是说，1 mol液态甲醇和$\frac{3}{2}$mol氧气反应生成2 mol液态水和1 mol气态二氧化碳，并放出726 kJ的热量。如果用热化学方程式来表示，如下式。

$$CH_3OH(l) + \frac{3}{2}O_2(g) \xlongequal{点燃} 2H_2O(l) + CO_2(g) \quad \Delta H = -726\ kJ/mol$$

入门 ★★★ 实用 ★★★ 考试 ★★★

28 氧化还原反应

氧化还原反应不只局限于与氧元素有关的化学反应，即使没有氧元素的参与，氧化还原反应也能够进行。

要点

氧化还原反应的本质是电子的得失

- 氧化：将电子给予对方的过程。
- 还原：从对方处夺取电子的过程。

以上是**氧化还原反应**相关的文字定义。

学习氧化还原反应的定义后，我们可以得出以下结论：

在此反应中：

物质A还原了物质B（物质B被物质A还原了），物质B氧化了物质A（物质A被物质B氧化了）。

除此之外，氧化还原反应的实质是电子转移，清楚了这一点也就不难理解氧化过程和还原过程是同时进行的了。

通过氧与氢的得失来理解氧化还原反应

氧化还原反应的本质是**电子的得失或电子对的偏移**。然而，电子是一种无法用肉眼观察到的物质，仅从电子的转移去理解氧化还原反应，实际上是一件很困难的事情。

于是，人们常常利用氢原子、氧原子的得失来作为理解氧化还原反应的方法。虽说是观察氢原子、氧原子的转移，但氧化还原反应的本质仍然是电子的转移。具体内容如下文所述。

- 以氧原子的得失定义氧化还原反应。

  得到氧原子：该物质被氧化
  失去氧原子：该物质被还原

（例）

$$2Cu+O_2 \xlongequal{\Delta} 2CuO$$

在反应发生后，氧原子（得电子能力较强）变成带负电的氧离子，与其结合的铜原子变成了带正电的铜离子。也就是说，与氧原子结合后的铜原子失去了电子（铜被氧化）。

$$CuO+H_2 \xlongequal{\Delta} Cu+H_2O$$

在反应发生前，氧离子带负电，铜离子带正电。铜离子被置换后，成为了不带电的铜单质。也就是说，失去氧离子的铜离子得到了电子（铜被还原）。

- 以氢原子的得失定义氧化还原反应。

  得到氢原子：该物质被还原
  失去氢原子：该物质被氧化

（例）

$$H_2S+I_2 \xlongequal{} S+2HI$$

氢原子（得电子能力较弱）容易失电子变成氢离子。所以在反应发生前，与氢离子结合的硫离子带负电。而硫离子被置换后失去氢离子变成了不带电（失去了电子）的硫单质（硫被氧化）。此外，反应前不带电的碘原子在与氢离子结合后变成了带负电的碘离子（碘被还原）。

应用 “暖宝宝”的发热原理

在寒冷的冬日，“暖宝宝”成为了许多人必不可少的物品。人们常用的“暖宝宝”由化学原料组成，其发热过程利用的自然也是化学反应原理。

“暖宝宝”里包含大量细碎的铁粉，铁粉在接触空气后会与空气中的氧气发生氧化反应。

铁粉的氧化反应属于放热反应，“暖宝宝”的热量就是由此而来的。

入门 ★★★★　实用 ★★★★★　考试 ★★★★

金属的氧化还原反应

在涉及两种或两种以上金属参与的氧化还原反应中，不同金属的还原性不同。其原理被应用于电池和电解。

要点

金属活动性顺序

金属的离子形式为阳离子，意味着金属在离子化的同时会失去电子。

金属离子化的难易程度根据其种类的不同而不同。按照离子化从强到弱的标准将金属元素以从左到右的顺序进行排列后，可得到如下所示的**金属活动性顺序**。

Li K Ca Na Mg Al Zn Fe Ni Sn Pb (H) Cu Hg Ag Pt Au

金属活动性越强（离子化倾向越强）的金属，越容易与其他物质发生反应。这一点非常重要。

通过金属活动性顺序判断反应能否进行

如果将铜单质置于硝酸银（$AgNO_3$）溶液中会出现溶液中析出银单质的现象。硝酸银溶液中含有银离子，铜元素比银元素更容易失电子变成离子，所以铜单质代替了银离子的位置将其从溶液中置换出来。

铜单质在变成离子时会失去电子。银离子得到了铜单质失去的电子，以银单质的形式被置换出来。

如果将此反应颠倒会如何？即将实验改为在硝酸铜（$Cu(NO_3)_2$）溶液中加入银单质。

此时溶液中不会发生任何反应。因为**银的金属活动性比铜弱**，原本金属活动性较强的一方（铜）已经处于离子状态，所以没有任何变化出现。

由此可见，学习金属活动性顺序将有助于确定化学反应是否能够发生。

此外，金属活动性越强的金属越容易与其他物质发生反应，这一点也很重要。归纳各金属的金属活动性后可得到如下所示的反应规律。

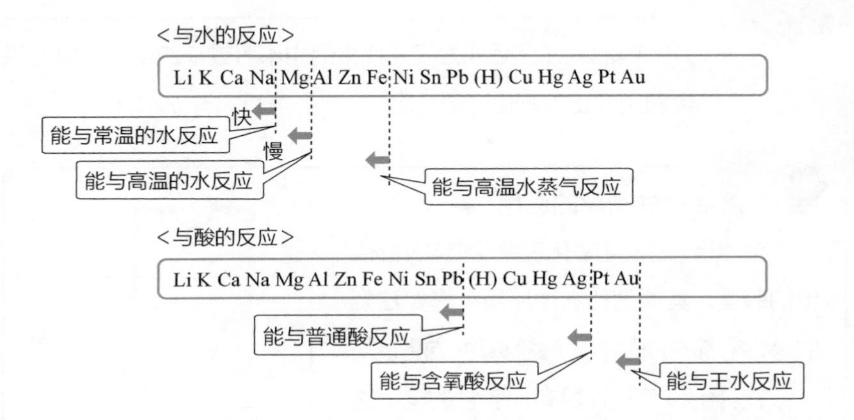

锂、钾、钙及钠等金属活动性较强的金属通常被保存在实验室里的煤油瓶中。因为这些金属极易与其他物质发生反应，仅仅是暴露在空气中就很容易被氧化，保存在煤油瓶中可以避免这类反应的发生。

应用 白铁皮和马口铁的电镀工艺

金属活动性顺序也与电镀法有着密切的关系。电镀制品的典型代表包括白铁皮和马口铁。

白铁皮是表面镀锌（Zn）的铁（Fe）皮

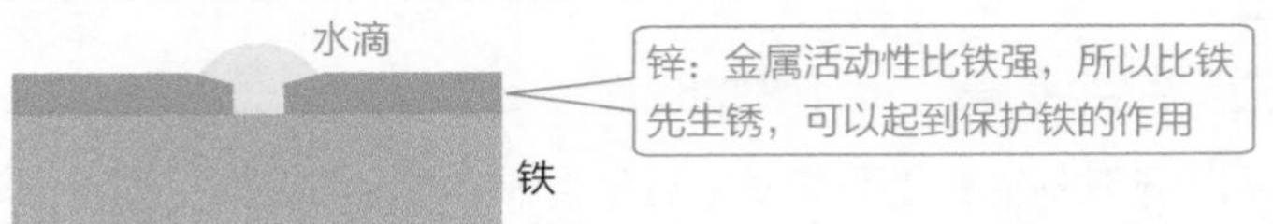

表面容易受损，常用于制作屋顶和水桶（即使表面受损，锌依旧可以保护铁）

马口铁是表面镀锡（Sn）的铁皮

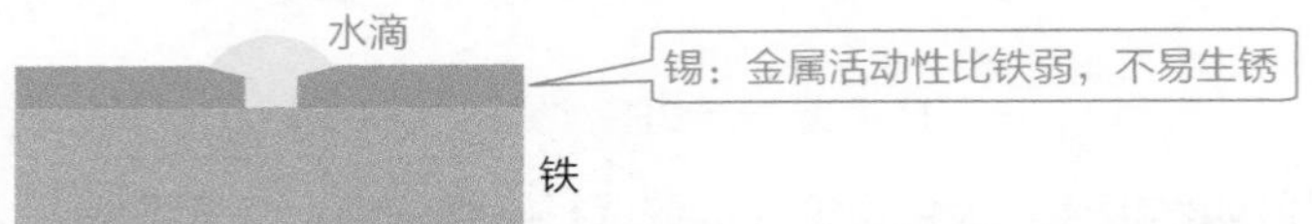

如果表面不受损，难以与外界反应的锡就能起到保护作用，但如果表面受损，金属性强的铁就会先生锈，所以这种材质常用作罐头盒的内部材料（不易受损）

电池

电池或许已经成为了现代生活中不可或缺的物品。电池供电利用的正是氧化还原反应。

要点

金属活动性顺序的应用

电池是一种利用氧化还原反应向外部供电的装置。其原理如右图所示（需要注意的是，电流的方向与电子的移动方向相反）。

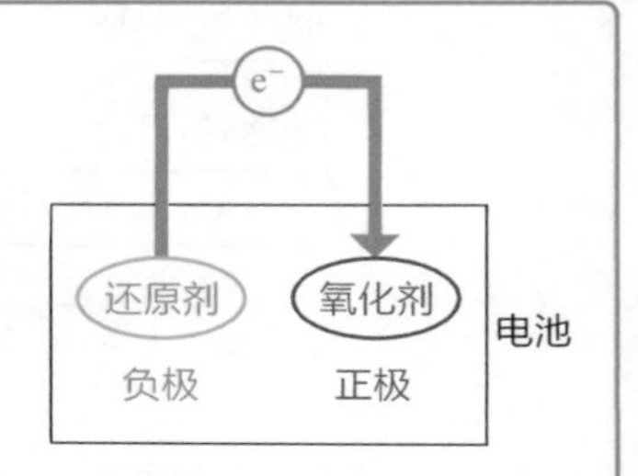

在介绍以下几种具有代表性的电池之前，我们有必要了解一下电池的正极（氧化剂）和负极（还原剂）分别会发生怎样的反应。

从早期电池中学习电池的构造

早期电池包括以下几种。

- **伏打电堆**

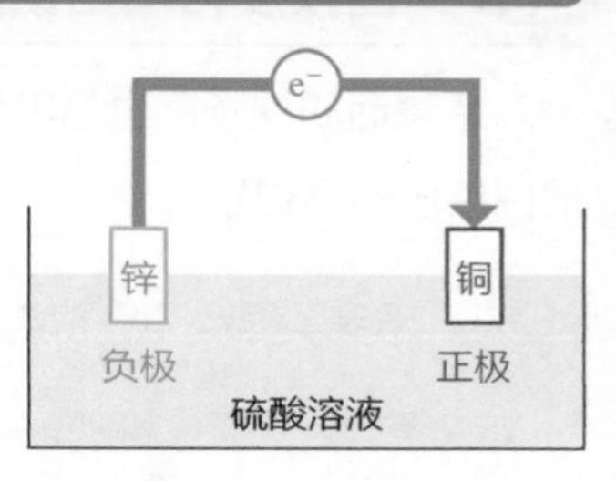

正极反应：$2H^+ + 2e^- = H_2$（氢离子由硫酸电离产生）。

负极反应：$Zn - 2e^- = Zn^{2+}$（锌的还原性强于铜，所以铜不发生氧化而锌发生氧化）。

在正极生成的氢气比铜的还原性强，所以会释放电子，恢复成氢离子的状态。

$$H_2 - 2e^- = 2H^+$$

这种现象叫作**极化**。极化现象会导致伏打电堆的电压快速下降。这种状况可以通过添加氧化剂（也叫去极剂）代替氢离子接受电子来改善。

- **铅酸蓄电池**（应用于汽车电瓶）

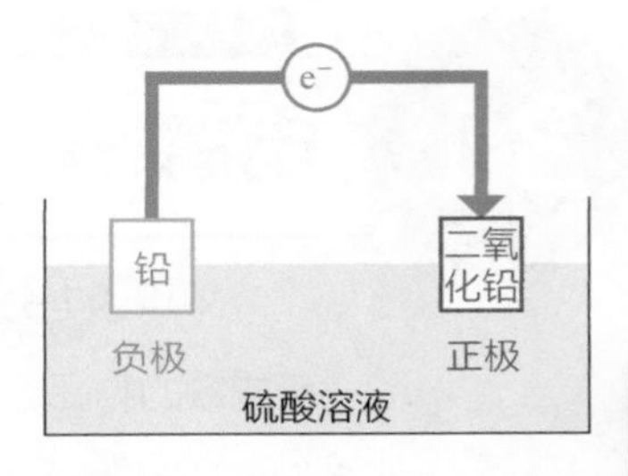

正极反应：

$PbO_2+4H^++SO_4^{2-}+2e^-=PbSO_4+2H_2O$

负极反应：

$Pb+SO_4^{2-}-2e^-=PbSO_4$（虽然铅（Pb）的还原性不强，但强氧化剂二氧化铅（PbO_2）可以夺走铅的电子）

结合正极和负极的（半）反应方程式后可得到下式。

$$PbO_2+Pb+4H^++2SO_4^{2-}=2PbSO_4+2H_2O$$

由于氢离子由硫酸电离而成，故可以得到下式。

$$PbO_2+Pb+2H_2SO_4=2PbSO_4+2H_2O\cdots\cdots※$$

以上为铅酸蓄电池放电时的化学方程式。另外，在通电后，铅酸蓄电池的正负极均会生成硫酸铅（$PbSO_4$）。

硫酸铅不溶于水，所以会残留在极板上。因此，如果按照与“※”反应（放电反应）中相反的电流方向为铅酸蓄电池通电，就会促使“※”反应的逆反应（充电反应）发生。这一举动会使铅酸蓄电池回到放电反应前的状态。铅酸蓄电池的总反应方程式如下所示。

$$PbO_2+Pb+2H_2SO_4 \underset{充电}{\overset{放电}{\rightleftharpoons}} 2PbSO_4+2H_2O$$

应用 燃料电池的放电原理

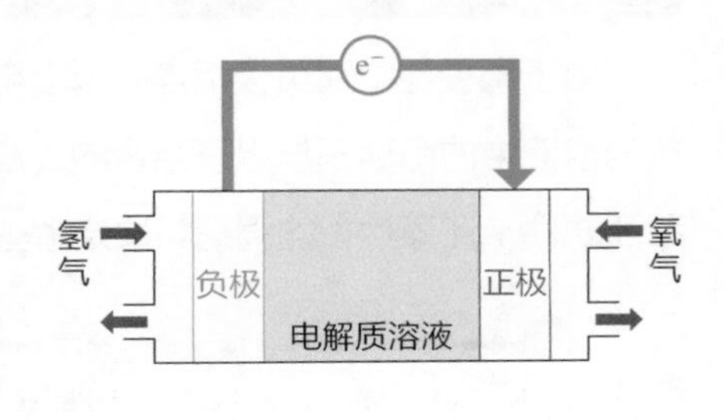

在新能源汽车领域，以燃料电池为能源的汽车备受世人的瞩目。如下所示，氢氧燃料电池通过氢气和氧气的反应产生电力。该反应中的生成物只有水，属于清洁能源。

正极反应：$O_2+4H^++4e^-=2H_2O$　　负极反应：$H_2-2e^-=2H^+$

⇩

将两个反应式合并，即可得$O_2+2H_2=2H_2O$

入门 ★★　实用 ★★　考试 ★★★

电解

采用通电分解物质的方式（电解）可以生产一些生活中不可或缺的物品。本节将就电解的原理进行介绍。

电解是强行通电引起物质分解的过程

电池是利用氧化还原反应向外部供电的装置，而电解则是通电（强行通电）后引起氧化还原反应的现象。

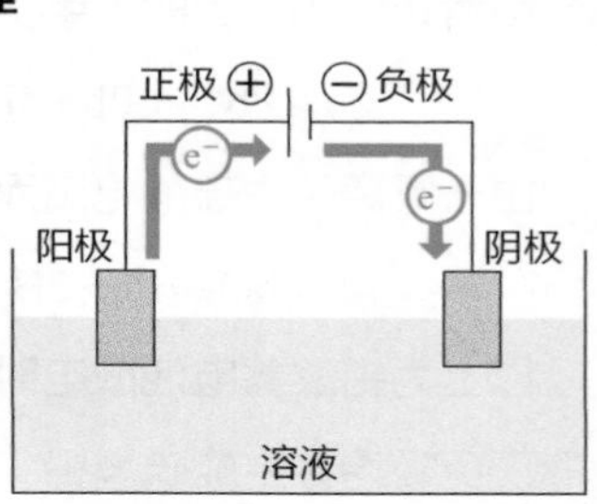

注意避免混淆“正极”与“阳极”，“负极”与“阴极”。

电池 { “+”号一侧为正极；“−”号一侧为负极 }

电解极板 { 连接电源正极的一侧为阳极；连接电源负极的一侧为阴极 }

阴极反应

由于阴极与电池负极相连，所以电子由阴极流入。在阴极上发生的反应为**溶液中的阳离子与电子结合的反应**。当溶液中存在多种阳离子时，金属活动性（还原性）的强弱将决定哪些阳离子能够获得电子。

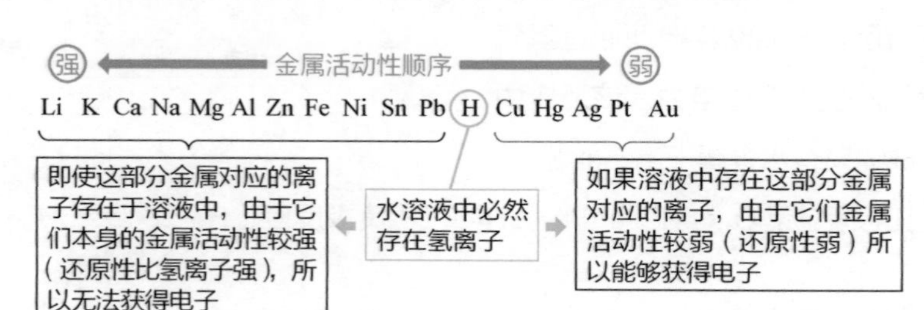

阳极反应

由于阳极与电池正极相连，所以电子从阳极流出。

在阳极上发生的反应是极板或溶液中的阴离子失去电子的反应。我们可以通过以下方式判断是溶液失去电子还是极板失去电子。

①首先确认极板是否释放电子

需要注意的是，极板不参与阴极化学反应，但会参与阳极化学反应。当制作极板的金属材料的金属活动性强于或等于银时，由极板本身释放电子。

由这些材料制成的金属极板会在发生化学反应时释放电子

如果极板使用金属活动性弱于银的金属（铂和金）或碳，则由溶液中的阴离子释放电子，因为该类金属极板难以发生氧化。

②溶液中最活跃的阴离子释放电子

当极板不发生化学反应时，溶液中的阴离子就会发生化学反应。阴离子的活跃性（失去电子的难易程度）如下所示。

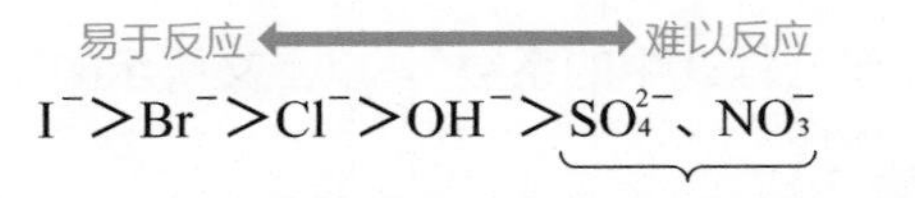

该部分离子无法发生化学反应（不能释放电子）

因为溶液中必然含有OH^-，所以此时由更易发生化学反应的OH^-来承担释放电子的工作

入门 ★★ 实用 ★★★ 考试 ★★★

化学反应速率

化学反应并非在一瞬间完成，有时也会缓慢进行。那么，化学反应的快慢是由什么因素决定的呢?

要点

化学反应速率的表示方法

化学反应速率指化学反应进行的快慢。

化学反应速率v可以表示为$v=\frac{\Delta c}{\Delta t}$（$\Delta c$表示物质的量浓度的变化量；$\Delta t$表示反应时间的变化），即单位时间内物质的量浓度的变化量。

例：$H_2+I_2 = 2HI$

在该化学反应中，由于HI在单位时间内物质的量浓度的变化量是H_2或I_2的2倍，故可得到以下关系。

$$2\frac{\Delta c(H_2)}{\Delta t}=2\frac{\Delta c(I_2)}{\Delta t}=\frac{\Delta c(HI)}{\Delta t}$$

所以说，物质的量浓度的变化量与参与反应的物质本身相关。

一般来说，化学反应的反应速率v被规定为“物质的量浓度的变化量除以该物质在化学方程式中的系数”。以上文所示的化学反应为例，其反应速率如下。

$$v=\frac{\Delta c(H_2)}{\Delta t}=\frac{\Delta c(I_2)}{\Delta t}=\frac{1}{2}\times\frac{\Delta c(HI)}{\Delta t}$$

决定化学反应速率的三大因素

化学反应速率v因反应类型而异。同一反应的反应速率也会受到反应条件的影响。

在学习这部分知识前，首先要了解**化学反应发生的原因**。

例：H_2+I_2══$2HI$的反应机理（反应过程）如下所示。

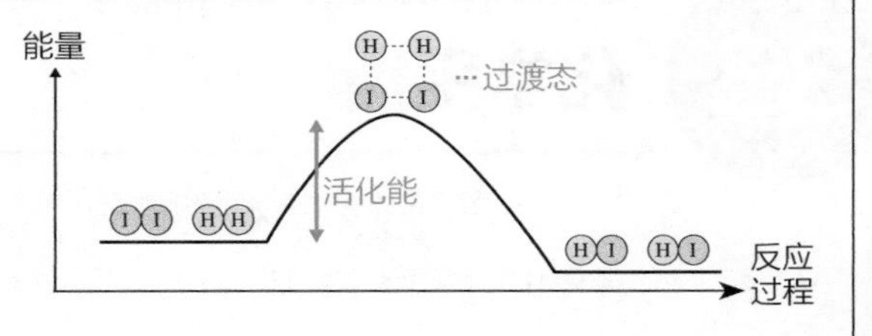

※过渡态：原子在反应过程中所能达到的最高的能量状态（其能量低于零散状态的原子的能量）。

※活化能：活化分子具有的平均能量与反应物分子具有的平均能量之差。

若H_2和I_2发生碰撞时的能量大于活化能，那么反应能够发生，否则无法发生反应。

在了解化学反应机理后，我们就能够理解以下3种增加化学反应速率v的方法。

①提高反应物浓度

化学反应是由反应物分子间的碰撞引起的。反应物浓度越高，单位体积内活化分子数越多，单位时间内分子间的有效碰撞次数就越多，化学反应速率v也随之增大。

②提高反应温度

温度越高，反应物分子的热运动就越快，反应物分子的能量增加，单位时间内分子之间的有效碰撞次数也就越多，化学反应速率v因此增大。但如果没有达到活化能，即使反应物分子间发生碰撞，化学反应也不会发生。提高温度能提高反应物中活化分子的占比，从而增加能量大于活化能的反应物分子所占比例，并使化学反应速率v增大。

③加入催化剂

加入催化剂可以降低化学反应发生所需要的活化能，为化学反应开辟一条“捷径”。在催化剂的作用下，更多的反应物分子变成活化分子，化学反应速率v也随之增大。

入门 ★★★★★　实用 ★★★★　考试 ★

33 化学平衡

化学反应中的各物质的量停止变化，是否意味着反应本身已经停止？表面看似如此，但实则不然，其实化学反应仍在继续。

要点

表面上看似停止进行的化学反应实为进入了化学平衡状态

化学反应包含可逆反应和不可逆反应。

不可逆反应

例1：甲烷完全燃烧的反应式为$CH_4+2O_2 \xlongequal{点燃} CO_2+2H_2O$

向右进行的反应（正反应）$CH_4+2O_2 \rightarrow CO_2+2H_2O$发生，而向左进行的反应（逆反应）$CO_2+2H_2O \rightarrow CH_4+2O_2$不发生。

这种单向进行的反应叫作**不可逆反应**。

可逆反应

例2：氢气和碘混合时发生的反应为$H_2(g)+I_2 \rightleftharpoons 2HI(g)$

向右进行的反应（正反应）$H_2+I_2 \rightarrow 2HI$与向左进行的反应（逆反应）$2HI \rightarrow H_2+I_2$同时发生。

这种在同一条件下正反应和逆反应均能进行的化学在反应被称为**可逆反应**。

例2中的化学反应在发生之初只有反应物H_2和I_2存在，所以只发生正反应。假设正反应的化学反应速率为v_1，则$v_1=k_1c(H_2)c(I_2)$，随着正反应的推进，H_2和I_2的浓度同时减少，使得v_1也逐渐变小。

另外，HI的浓度却逐渐增加。如此一来，逆反应的化学反应速率$v_2=k_2[c(HI)]^2$逐渐提高。最终，反应整体会达到$v_1=v_2$的化学平衡状态。

实际上，当$v_1=v_2$时，正反应和逆反应仍在持续进行，但因为正逆反应的化学反应速率相等，所以从表面上无法观察到物质的浓度变化。这种状态叫作**化学平衡状态**。

化学平衡朝着能够减弱这种改变的方向移动

当某化学反应处于化学平衡状态时，其**正反应的化学反应速率v_1等于逆反应的化学反应速率v_2**。假设这种关系因某项条件的改变而被破坏，转化为“$v_1 > v_2$”或“$v_1 < v_2$”的状态。

那么接下来化学平衡会向正反应或逆反应的方向移动，直至v_1再次等于v_2——反应达到新的化学平衡状态。这种现象叫作**化学平衡移动**。

此时，需要根据各项条件的变化情况确定化学平衡移动的方向。**化学平衡会朝着能够减弱这种改变的方向移动**。掌握了这一原则，就能够准确判断化学平衡移动的方向。

- 改变物质（生成物或反应物）的浓度

在处于化学平衡状态下的反应中，当某个物质的浓度增大，化学平衡就会朝着降低该物质浓度的方向移动（阻碍该物质的浓度的变化）。相反，当某个物质的浓度减小，化学平衡就会向增加该物质浓度的方向移动。

- 改变压强

当反应处于化学平衡状态时，在增加环境的压强后，化学平衡将朝着整体气体分子数减少的方向移动。因为在气体分子数减少后，反应物与生成物的整体压强会降低（阻碍环境压强的变化）。

相反，在减少环境的总压强后，化学平衡会向气体分子数增加的方向移动。

- 改变温度

当环境温度升高时，化学平衡会向推进吸热反应的方向移动以阻碍环境温度上升。相反，当环境温度降低时，为阻碍环境温度的变化，化学平衡向推进放热反应的方向移动。

加入催化剂能同时提升正反应的化学反应速率v_1和逆反应的化学反应速率v_2。这一举措可缩短反应达到化学平衡状态所需要的时间，但不会引起化学平衡的移动。

入门 ★★★ 实用 ★★★★★ 考试 ★★★★

34 电离平衡

化学平衡也存在于水溶液中。水溶液中的电离平衡通常用电离平衡常数和电离度这两个数值来表示。

要点

电离程度通过两个数值来表示

以醋酸为例，醋酸分子（CH_3COOH）在水中会发生部分电离，而后达到电离平衡状态。

$$CH_3COOH \rightleftharpoons CH_3COO^- + H^+$$

如电离方程式所示，当溶液中的醋酸分子电离成醋酸根离子（CH_3COO^-）与氢离子的速率与这两种离子重新结合成醋酸分子的速率相等时，电离的过程就达到了平衡状态，即**电离平衡**。

电离平衡常数

电离平衡常数是溶液中弱电解质电离所生成的各种离子浓度的乘积与溶液中未电离分子的浓度之比，在温度一定的情况下，电离平衡常数的值不变，醋酸分子的电离平衡常数如下所示。

$$\text{电离平衡常数}\ K_a = \frac{c(CH_3COO^-) \cdot c(H^+)}{c(CH_3COOH)}$$

[在酸性（acid）条件下用K_a表示，在碱性（base）条件下用K_b表示]

电离度

尽管电离平衡常数可以用来判断酸、碱溶液的电离程度，但是如果想要更加直观地反映电离程度，通常采用**电离度**。电离度是指酸、碱溶液中已电离的电解质分子数占原来总分子数的百分数。

例如，弱酸（醋酸）的电离度约为0.01，这表示在所有醋酸分子中，只有1%的醋酸分子能够发生电离。

综上所述，弱酸的电离程度可以用电离常数和电离度这两种方式来表示。

电离平衡常数与电离度的关系

电离平衡常数与电离度的关系如以下内容所示。

例：设醋酸分子的电离度为α，

	$CH_3COOH \rightleftharpoons$	CH_3COO^-	$+H^+$	
起始浓度	c	0	0	
变化的浓度	$-c\alpha$	$+c\alpha$	$+c\alpha$	
平衡时的浓度	$c(1-\alpha)$	$c\alpha$	$c\alpha$	单位：mol/L

电离平衡常数$K_a=\dfrac{c(CH_3COO^-)\cdot c(H^+)}{c(CH_3COOH)}=\dfrac{c\alpha\times c\alpha}{c(1-\alpha)}=\dfrac{c\alpha^2}{1-\alpha}\approx c\alpha^2$

由于弱酸溶液中 $\alpha\ll1$，所以$1-\alpha\approx1$

⇩

由上式可推导出：电离平衡常数K_a与电离度α 的关系为 $\alpha=\sqrt{\dfrac{K_a}{c}}$

已知$c(H^+)=c\alpha$

则$c(H^+)=c\alpha=c\times\sqrt{\dfrac{K_a}{c}}=\sqrt{cK_a}$

因此，在电离度α未知的情况下，我们也可以求出氢离子的浓度。

由关系式$\alpha=\sqrt{\dfrac{K_a}{c}}$可知，在相同温度条件下（$K_a$的值由温度决定），弱酸的浓度$c$越大则电离度$\alpha$越小，浓度$c$越小则电离度$\alpha$越大。

应用 缓冲溶液的原理

缓冲溶液是指具有维持相对稳定的pH性能的溶液，其pH在一定的范围内，不因外加少量的酸或碱而发生显著的变化。

它的原理是利用化学平衡移动。血液的pH必须稳定在7.40左右，在血液中起到稳定pH作用的物质是碳酸和碳酸氢盐，二者使血液拥有了缓冲溶液的性质。

在医用的静脉注射液中也添加了pH调节剂，以防注射液对血液的pH产生较大的影响。这也是缓冲溶液的一个应用案例。

专栏

有效去除油性墨水（油墨）的最佳方法

桌子被油墨弄脏了怎么办？这种油污用水是很难去除的，需要使用硝基漆稀释剂（俗称香蕉水）等具有亲脂性的液体来清洗。亲脂性液态物质一般都是非极性的，油墨中使用的也是非极性溶剂。

与此相反，水是由极性分子组成的，而水性油墨也是极性液态物质，所以它们容易互溶。

如上文所述，液态物质大致被分为两种，即亲水性（极性）液态物质和亲脂性（非极性）液态物质。记住这些知识，就可以很容易地知道哪些物质能够相溶，从而可以利用化学溶剂进行高效清洁。这样就能够在日常生活中充分发挥化学溶剂的作用。

专栏

道路防冻的秘密

在冬季，我们时常能看到道路上撒着一些白色的颗粒，这是一种叫作氯化钙（$CaCl_2$）的化学物质。氯化钙溶于水后可以降低水的凝固点，有助于防止道路结冰。

氯化钙不仅生产成本相对低廉，而且在实际使用中还能如电离方程式$CaCl_2 = Ca^{2+} + 2Cl^-$所示电离产生许多离子，因此能够极大地降低水的凝固点。

氯化钙在溶于水时还会产生热量，这也有助于增强其防冻功能。因此，氯化钙可以说是路面防冻物质的不二之选。

原来，马路上寻常可见的白色颗粒，还蕴藏着如此有趣的秘密！

第6章

化学篇 无机化学

导言

与生命无关的物质

世界上的化合物包含**有机化合物**和**无机化合物**这两个分类，既然它们之间的区别在于“机”的有无，那么“机”到底是指什么呢?

所谓的“机”，本意是让生命体焕发活力的“开关”。试想一下，在“机械”一词中，“机”字的本意为触发机械装置的开关，这就意味着如果没有外界行为的介入，机械是无法自发启动的。

其实生命体也具有同样的特征。我们每日的所思所想，无一不被周围的环境所影响。因此，人们选择用“机”这个字眼来指代点亮生命活力的“开关”。

由此可见，有机化合物就是构成生命躯体的物质。举几个例子就容易理解了，蛋白质、油脂都属于有机化合物。正是这些有机化合物构成了地球上的无数生灵——无论是动物还是植物。

相反，无机化合物则**与生命体的构成无关**，它们种类多样、不胜枚举。氧气、氢气等气体，铁、铜等金属，岩石的主要成分（二氧化硅）都属于无机化合物。

由于每个生物体的“躯体”都含有大量的碳元素，所以是否与生命体有关是有机化合物、无机化合物最初的分类标准。但在目前，两种化合物的区分标准是“是否含碳”（但也有一些化合物属于例外情况，如二氧化碳）。与有机化合物相关的知识，本书将在第7章进行详细说明。

无机化合物学习过程中的重点

本章将对无机化合物的相关知识进行介绍。一提到无机化学，许多读者可能会有这样的印象——知识量大，难于记忆。事实也的确如此，本书给出以下两条解决这一困难的对策。

- 对需要学习的物质进行分组，如“气体”“金属”等。
- 了解反应表象背后的原理——掌握理论。

在本章中，我们围绕上述两点，重温无机化合物知识中的重点内容。

于入门学习者而言

无机化学领域包括许多与日常应用相关的知识，如气体、金属等物质的化学反应。以化学的视角重新理解这些物质的性质，一定会获得许多新的启发。

于上班族而言

灵活运用金属材料能够改变电机的能效。金属能够制成合金，金属材料的性质是工厂生产中必不可少的基础知识。

于考生而言

虽然无机化学领域涉及的物质纷繁杂乱，但只要归纳并掌握重要知识点，就一定能够解决该领域的问题。从某种意义上说，就算不擅长理论化学，只要按部就班地学习无机化学知识，就一定能在这个领域得分。符合上述情况的读者请务必重视本章内容。

入门 ★★★★　实用 ★★★★　考试 ★★★★

01 非金属元素（1）

本书将分多个小节对非金属元素的性质进行讲解，首先归纳气体的制备方法。

要点

分类学习气体

牢记所有气体的制备方法是一件非常困难的事情，对各类气体按下表进行分类后，将更加便于学习。

气体的种类	考试中会出现的气体
①酸性气体	H_2S、CO_2、SO_2
②碱性气体	NH_3
③溶于水后易挥发的气体	HCl
④其他气体	H_2、Cl_2、NO、NO_2、O_2、O_3

归纳知识点能使学习更加高效，以表中第2行为例，在表格右侧归纳出的3种气体都可以通过相同的原理制备。

此外，表中2~4行归纳的各类气体的制备方法类似，掌握了第2行归纳的气体的制备方法，就能迅速学会第3、4行归纳的气体的制备方法。

按照分类学习气体的制备方法

通过**弱酸盐与强酸的反应**制备弱酸性气体。下面以硫化氢（H_2S）为例进行说明。

在硫化亚铁（FeS，硫元素的化合价为−2）中加入稀硫酸（H_2SO_4）可以生成H_2S。FeS（盐）可通过如下所示的中和反应来制得。

$$\underbrace{\boxed{H_2S}}_{\text{弱酸}} + \underbrace{\boxed{Fe(OH)_2}}_{\text{碱}} = FeS\downarrow + 2H_2O$$

此反应的平衡关系如下。

$$H_2S \rightleftharpoons HS^- + H^+$$
$$HS^- \rightleftharpoons S^{2-} + H^+$$
$$Fe(OH)_2 \rightleftharpoons Fe^{2+} + 2OH^-$$

如果向其中加入强酸（H_2SO_4），那么反应将出现一种新的化学平衡关系（H_2SO_4属于强酸，其电离常数几乎为100%）。

$$\underset{\text{强酸}}{H_2SO_4} = 2H^+ + SO_4^{2-}$$

随后，反应的化学平衡将出现下列变化。

③生成　②化学平衡移动　①增加

$$H_2S \rightleftharpoons HS^- + H^+$$
$$HS^- \rightleftharpoons S^{2-} + H^+$$
$$Fe(OH)_2 \rightleftharpoons Fe^{2+} + 2OH^-$$
$$H_2SO_4 = 2H^+ + SO_4^{2-}$$

于是，反应生成了硫化氢（H_2S）气体。

通过对以上内容的梳理，可以得到如下所示的化学方程式。

$$\underset{\text{弱酸盐}}{FeS} + \underset{\text{强酸}}{H_2SO_4} = FeSO_4 + \underset{\text{弱酸性气体}}{H_2S\uparrow}$$

综上所述，弱酸盐和强酸发生反应后能够制得弱酸性气体。同属于弱酸性气体的CO_2和SO_2，也能以类似的方式进行制备。

了解这类气体的共性后，就能摆脱学习过程中枯燥的死记硬背。

二氧化碳气体（CO_2）的制备方法

$$\underset{\text{弱酸盐}}{CaCO_3} + \underset{\text{强酸}}{2HCl} = CaCl_2 + H_2O + \underset{\text{弱酸性气体}}{CO_2\uparrow}$$

其中$CaCO_3$（盐）可通过如下所示的反应制得

$$CO_2 + Ca(OH)_2 = CaCO_3\downarrow + H_2O$$

二氧化硫气体（SO_2）的制备方法

$$\boxed{Na_2SO_3}_{\text{弱酸盐}} + \boxed{H_2SO_4}_{\text{强酸}} = Na_2SO_4 + H_2O + \boxed{SO_2\uparrow}_{\text{弱酸性气体}}$$

其中Na_2SO_3（盐）可通过如下所示的反应制得

$$SO_2 + 2NaOH = Na_2SO_3 + H_2O$$

除此之外，SO_2气体也可以通过铜（Cu）和浓硫酸（H_2SO_4）在加热的条件下反应制得，其化学方程式如下所示。

$$Cu+2H_2SO_4(\text{浓}) \overset{\triangle}{=} CuSO_4+2H_2O+\boxed{SO_2\uparrow}$$

碱性气体的制备方法

弱碱盐（铵盐）与强碱的反应能够制备弱碱性气体（NH_3），其原理与弱酸盐与强酸的反应相似，只是将反应物中的酸性物质换成了碱性物质（弱碱盐与强碱）。

氯化铵（NH_4Cl）和强碱$Ca(OH)_2$在加热的条件下可生成氨气（NH_3）。

NH_4Cl在水溶液中的化学平衡关系如下。

$$\boxed{NH_4^+} + H_2O \rightleftharpoons NH_3 \cdot H_2O + H^+$$

$$NH_3 \cdot H_2O \rightleftharpoons NH_3\uparrow + H_2O$$

如果向其中加入$Ca(OH)_2$，那么在溶液中将会出现一种新的化学平衡关系（$Ca(OH)_2$属于强碱，其电离平衡常数几乎为100%）。

$$\boxed{Ca(OH)_2}_{\text{强碱}} = Ca^{2+} + 2OH^-$$

随后，在溶液中出现下列变化。

$$H^+ + OH^- = H_2O$$

②化学平衡移动

$$\boxed{NH_4^+} + H_2O \rightleftharpoons NH_3 \cdot H_2O + H^+$$ ①减少

③增加 $$NH_3 \cdot H_2O \rightleftharpoons NH_3\uparrow + H_2O$$

④生成

于是，反应生成了NH_3。

通过对以上内容的梳理，可以得到如下所示的化学方程式。

$$\underset{\text{弱碱盐}}{\boxed{2NH_4Cl}} + \underset{\text{强碱}}{\boxed{Ca(OH)_2}} \xlongequal{\triangle} CaCl_2 + 2H_2O + \underset{\text{弱碱}}{\boxed{2NH_3\uparrow}}$$

综上所述，弱碱盐（铵盐）与强碱发生反应后能够制得弱碱性气体（NH_3）。

挥发性酸（气体）的制备

用盐酸盐/挥发性酸的盐与难挥发的酸反应制备氯化氢（气体）/挥发性酸。反应原理与弱酸性气体与弱碱性气体的制备方法类似。

氯化钠（NaCl）与浓硫酸（H_2SO_4）在加热的条件下反应时可以生成氯化氢（HCl）。

NaCl（盐）溶液的平衡关系如下。

$$NaCl = Na^+ + Cl^-$$

$$H_2O \rightleftharpoons H^+ + OH^-$$

在加入H_2SO_4这种难挥发的酸后，溶液中将出现一种新的化学平衡关系（H_2SO_4属于强酸，其电离平衡常数几乎为100%）。

$$\underset{\text{难挥发的酸}}{\boxed{H_2SO_4}} = 2H^+ + SO_4^{2-}$$

随后溶液中出现下列变化：

$$HCl \rightleftharpoons H^+ + Cl^-$$

于是，反应生成了氯化氢（HCl）气体。

通过对以上内容的梳理，可以得到如下所示的化学方程式。

$$NaCl + H_2SO_4(浓) \xlongequal{\triangle} NaHSO_4 + HCl\uparrow$$

NaCl：挥发性酸的盐；H_2SO_4（浓）：难挥发的酸；HCl：挥发性酸

综上所述，**挥发性酸的盐和难挥发的酸反应可以制得溶于水后易挥发的气体**（挥发性酸）。

总结以上全部内容后不难发现，弱酸、弱碱及挥发性酸可以用类似的原理制备。

对于难以归纳总结的气体的制备方法，有必要单独学习，下文将举例介绍。

氢气（H_2）的制备方法

离子化倾向（还原性）强于氢元素的金属与非氧化性酸反应后可制得氢气

$$Zn + H_2SO_4 = ZnSO_4 + H_2\uparrow$$

氯气（Cl_2）的两种制备方法

二氧化锰（MnO_2，锰元素的化合价为+4）与浓盐酸在加热的条件下可制得氯气

$$MnO_2 + 4HCl(浓) \xlongequal{\triangle} MnCl_2 + 2H_2O + Cl_2\uparrow$$

漂白粉（$CaCl_2$和$Ca(ClO)_2$的混合物）与盐酸反应可制得氯气

$$Ca(ClO)_2 + 4HCl = CaCl_2 + 2H_2O + 2Cl_2\uparrow$$

地球的大气成分

气体的制备方法能够帮助人类研究地球的大气成分。

大气中的气体与人类的生活息息相关，本书中提到的的臭氧（能够吸收紫外线）就是一个典型的例子。为了解各类气体的性质，制备气体的实验就显得至关重要。

入门 ★★★★　实用 ★★★★　考试 ★★★

02 非金属元素（2）

本节将归纳介绍气体非金属元素的性质。

要点

气体的质量取决于该气体的相对分子质量

为方便理解，我们需要在学习的过程中了解各种气体的性质。

气体是否重于空气由以下因素决定。

已知相对分子质量越大的气体密度就越大，故：

- 若气体的相对分子质量小于28.8（空气的平均相对分子质量），则该气体比空气轻。
- 若气体的相对分子质量大于28.8（空气的平均相对分子质量），则该气体比空气重。

由此可知，根据某气体的相对分子质量，可以判断其相对于空气的轻重。实际上，比空气轻的气体并不多，其中包括H_2（相对分子质量为2）、CH_4（相对分子质量为16）、NH_3（相对分子质量为17）等，其余大多数气体重于空气。

这种对比建立在阿伏加德罗定律下——在同温同压的情况下，具有相同体积的任意气体均含有相同的气体分子数。

气体在水中的溶解性

我们首先需要了解CO_2、SO_2、NO_2、Cl_2、HCl、H_2S、NH_3这7种易溶于水的气体，然后以这7种气体为基础进一步了解气体的收集方法，学习气体水溶液的酸碱性及气体的气味特征方面的知识。

- 用集气法收集气体

气体的收集方法有3种，即**排水法**、**向下排空气法**、**向上排空气法**。

通过排水法得到的气体比通过排空气法得到的气体更纯净（因为不会混入空气），对于难溶于水且不与水发生反应的气体，可以使用排水法收集。

在上文列出的7种易溶于水的气体中，相对分子质量小于空气的只有NH_3，因此，收集NH_3使用向下排空气法，在收集CO_2、SO_2、NO_2、Cl_2、HCl、H_2S时使用向上排空气法。

- 气体水溶液的酸碱性

当易溶于水的气体溶于水时，其水溶液可能呈酸性或呈碱性。

也就是说，只有以上7种易溶于水的气体才需要判断其水溶液的酸碱性。

在这7种气体的水溶液中，只有NH_3的溶液呈碱性，所以NH_3是弱碱性气体，其余的CO_2、SO_2、NO_2、Cl_2、HCl、H_2S均为弱酸性气体。

- 有气味的气体易溶于水

大多数情况下，有气味的气体易溶于水。因为气体必须在溶于鼻黏膜中的黏液后才能刺激鼻黏膜并使人体察觉到气味。但也有例外的情况，比如，CO_2易溶于水但无气味，而微溶于水的臭氧（O_3）则有气味。具体的气体气味整理如下：

SO_2、NO_2、Cl_2、HCl、NH_3、O_3：有刺激性气味；H_2S：有臭鸡蛋气味。

- 有色气体

以下3种气体具有独特的颜色。

Cl_2为黄绿色，O_3为淡蓝色，NO_2为红棕色。

- 有毒气体

有刺激性气味的气体通常是有毒的，特别是H_2S有剧毒。CO没有气味，有剧毒，是煤气的主要成分，煤气泄漏时闻到的味道来自于煤气中添加的其他气体。

除此之外，以下两种气体具有漂白作用：Cl_2、SO_2具有漂白作用。

入门 ★★★★ 实用 ★★★★ 考试 ★★★

非金属元素（3）

学习干燥剂的工作原理有助于理解非金属元素的性质。

要点

适用于不同气体的干燥剂种类不同

干燥剂的作用是除去气体中的水分（实验室制得的气体必然含有水分）。

干燥剂被分为若干种，其性质不尽相同，需要区分使用。关键在于用作干燥剂的物质不能与气体本身发生反应。

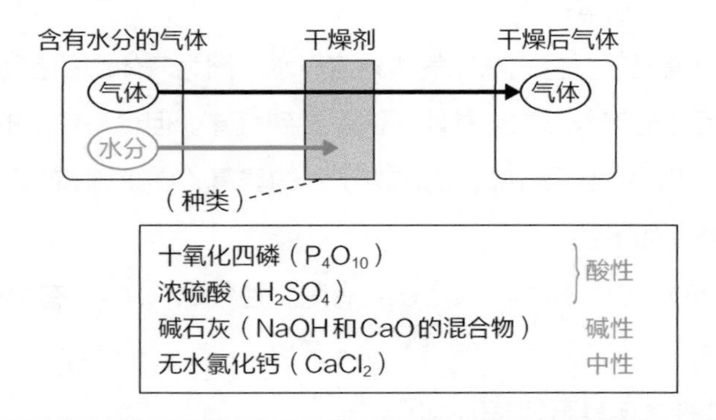

在使用干燥剂时需要注意物质的酸碱性

十氧化四磷是一种酸性干燥剂。它**会和碱性气体发生反应**，所以不能将其作为碱性气体的干燥剂。浓硫酸也是一种酸性干燥剂，显然不能用于碱性气体的干燥。

此外，**浓硫酸还具有强氧化性**，它能与还原性强的硫化氢发生氧化还原反应，因此不能用于硫化氢的干燥。

顾名思义，碱石灰是碱性干燥剂，它不能用来干燥酸性气体。

氯化钙属于中性干燥剂，可用于酸性气体或碱性气体的干燥。但它会与氨气发生反应，因此不能用于氨气的干燥。

实验：制备气体并研究其性质

本实验采用下图所示的设备来制备并干燥气体。此处以产生氯气为例进行说明。

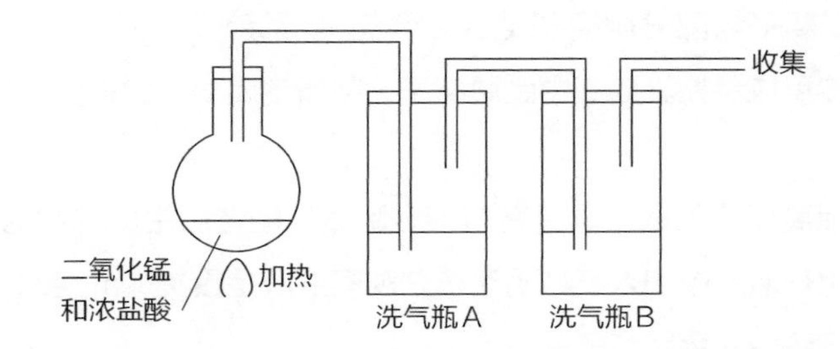

在制备氯气时需要使用上图所示的装置，分两步进行干燥，干燥剂的放置顺序如下。

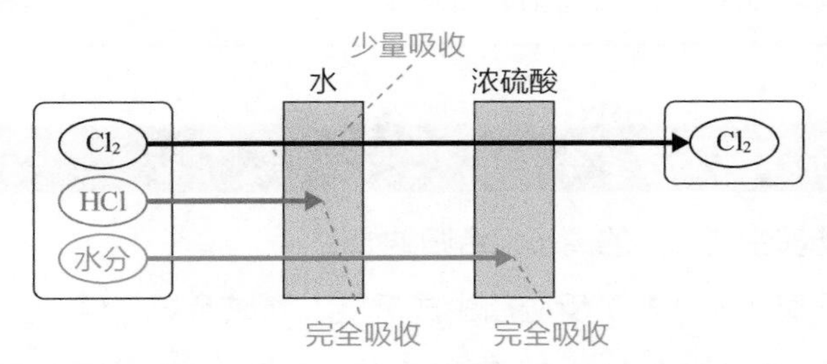

颠倒干燥剂的放置顺序会出现如下所示的情况，导致无法收集干燥的氯气。

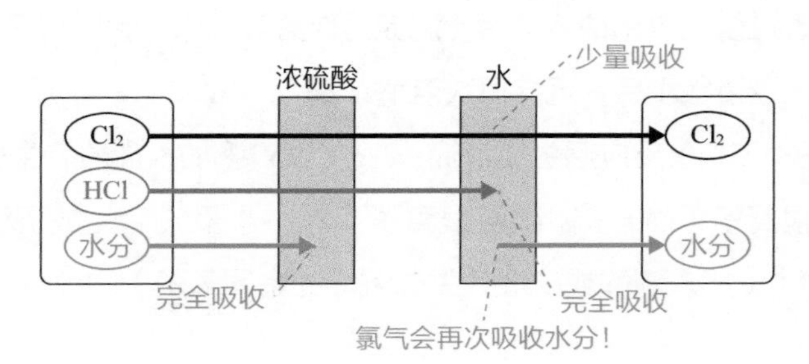

入门 ★★★　实用 ★★★★★　考试 ★★★★

04 金属元素（1）

本节首先归纳金属离子的分离与检验方法，该方法可以用来检验溶液中所含的离子。

要点

金属离子与部分阴离子结合后会生成沉淀

沉淀反应是检验溶液中金属离子（判断金属离子的种类）的方法之一。

金属离子（阳离子）具有与特定阴离子结合后生成沉淀的性质，所以采用在溶液中加入某种阴离子并观察溶液是否生成沉淀的方式可以确定溶液中的金属离子种类。

在使用该方法前需要了解能够生成沉淀的金属离子与阴离子的组合，以及二者反应后生成沉淀的颜色。

碱金属离子大多不沉淀

现将能够生成沉淀的离子组合归纳如下。

- 与氢氧根离子（OH^-）反应后生成沉淀：除碱金属、碱土金属以外的金属离子［加入氢氧化钠水溶液或氨的水溶液（氨水）后生成沉淀］。

⇓ 金属离子全部转化为沉淀物后

加入过量氢氧化钠溶液后，沉淀再次溶解：两性金属离子

加入过量氨水后，沉淀再次溶解：Zn^{2+}、Cu^{2+}、Ag^+

- 与氯离子（Cl^-）反应后生成沉淀：Ag^+、Pb^{2+}（加入盐酸后生成沉淀）。
- 与碳酸根离子（CO_3^{2-}）、硫酸根离子（SO_4^{2-}）反应后生成沉淀：Ca^{2+}、Ba^{2+}、Pb^{2+}（加入碳酸或硫酸会生成沉淀的金属离子）。

- 与铬酸根离子（CrO_4^{2-}）反应后生成沉淀：Ba^{2+}、Pb^{2+}、Ag^+［加入铬酸钾（K_2CrO_4）溶液后生成沉淀的离子］。

应用 海洋及河流的水质调查

在海洋与河流中，富含多种多样的金属离子。检测水域中金属离子的含量可以分析该区域的水质，**沉淀反应**便是其中一种检测手段。

在饮料或烹饪用的调料中也含有金属离子，可以采用沉淀反应检验此类商品的品质。

总而言之，沉淀反应在检测溶液的成分时发挥着重要的作用。

入门 ★★★★ 实用 ★★★★★ 考试 ★★

05 金属元素（2）

金属能以合金的形式发挥作用，本节将介绍一些具有代表性的合金。

要点

合金并非化合物而是混合物

合金是指一种金属与另一种或几种金属、非金属经过混合熔化、冷却凝固后得到的具有金属性质的固体产物。所以，合金属于混合物而不是化合物。

下面列举几种具有代表性的合金（只列出该合金的主要成分，其中也可能含有其他物质）。

不锈钢	铁（Fe）+铬（Cr）+镍（Ni）
硬铝	铝（Al）+铜（Cu）+镁（Mg）
焊锡	锡（Sn）+铅（Pb）
青铜	铜（Cu）+锡（Sn）
黄铜	铜（Cu）+锌（Zn）
白铜	铜（Cu）+镍（Ni）
镍铬合金	镍（Ni）+铬（Cr）

合金的用途

青铜是由铜和锡组成的合金，具有**不易生锈且坚硬**的特点。自古以来，人类就有使用合金的智慧。青铜常被用于制作工艺品或寺庙中的钟。青铜器就是由青铜制成的。

黄铜是由铜和锌组成的合金，具有延展性良好且易于加工的特点，常被用于制作乐器和佛具。梅花5角硬币就是由黄铜制成的。

不锈钢是含有镍、铬等物质的钢，添加这些物质后的钢材变得不易生锈。有一种理论认为，不锈钢之所以不生锈，是因为铬能在钢的表面形成一层氧化膜。

在铝中加入铜和镁等成分后就能制造出轻便且坚固的硬铝。硬铝具有**易加工**的特点，硬铝的典型用途就是制造飞机的机身。

在过去，锡铅合金一直是金属焊接的焊料。随着人们逐渐意识到铅对人体的危害，近年来无铅焊料已经占据了主流市场，这种焊料以锡为主要成分，另外添加了铜、银、镍等物质。

电阻极高的镍铬合金丝在通电后能够散发出大量的热，常被用于制作干燥设备中的电热丝。顾名思义，镍铬合金是由镍和铬两种金属元素组成的合金。

应用 形状记忆合金

形状记忆合金（记忆金属）可以“记忆”最初成型时的形状。这种金属即使发生形变，也能在加热后恢复原状。许多金属元素能用来制作形状记忆合金，如镍与钛。电饭煲的调压阀、内衣的钢圈、眼镜框，甚至是人造卫星天线，都使用了形状记忆合金。

贮氢合金是一种近年来备受瞩目的合金，它能在低温时吸收氢气，在高温时释放氢气。镍氢电池的工作离不开贮氢合金，镍氢电池一般用来为数码相机和电动自行车提供电力。

氢能源的推广有助于低碳生态空间的实现，氢能源受到社会各界的广泛关注。届时，贮氢合金必将在这一领域大放异彩。在未来，人类对贮氢合金的研究将会更加深入。

金属元素（3）

在生活中，钙（Ca）单质并不常见，但其化合物却与我们息息相关。本节将介绍含钙化合物的特点及其相关反应。

要点

常见的含钙化合物

常见的含钙化合物包含以下几种，现将这些化合物的一系列反应过程总结如下图。

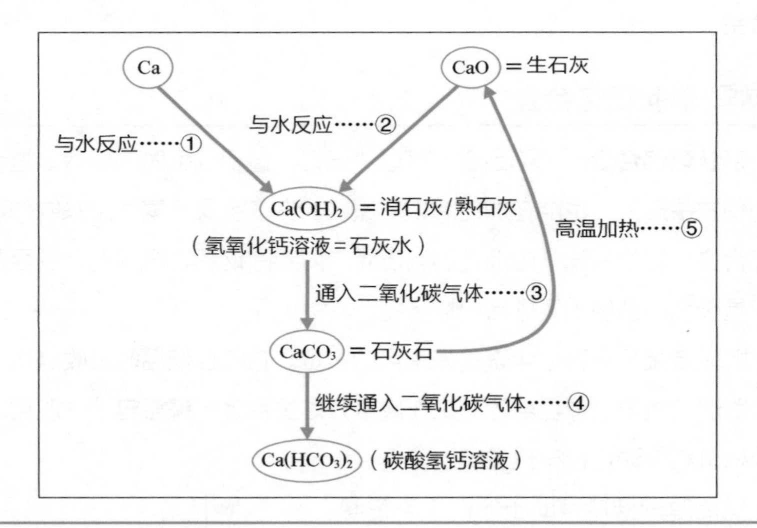

含钙化合物的生成过程

现对要点中归纳的反应①～⑤的过程进行具体介绍。

首先是反应①，钙单质拥有和碱金属同样的性质，能与水直接反应并产生氢气。

$$Ca + 2H_2O = Ca(OH)_2\downarrow + H_2\uparrow$$

在反应②中，氧化钙（生石灰）与水相遇后产生大量的热并生成氢氧化钙（消石灰/熟石灰）。

$$CaO + H_2O = Ca(OH)_2$$

在反应③和反应④中，反应物氢氧化钙溶液也叫作**石灰水**。向其中通入二氧化碳气体，在溶液中会逐渐生成碳酸钙（石灰石）沉淀，因此澄清的石灰水变浑浊。

$$Ca(OH)_2 + CO_2 = CaCO_3\downarrow + H_2O$$

如果继续向溶液中通入二氧化碳气体，碳酸钙将进一步与二氧化碳气体和水反应生成碳酸氢钙，溶液再次恢复澄清状态。

$$CaCO_3 + CO_2 + H_2O \rightleftharpoons Ca(HCO_3)_2$$

反应⑤为高温加热碳酸钙的反应。碳酸钙在被加热后会反应生成氧化钙和二氧化碳气体。

$$CaCO_3 \xlongequal{\text{高温}} CaO + CO_2\uparrow$$

应用 自热食品的加热原理

氧化钙与水反应能产生大量的热，一些能够在食用前加热的自热食品就是利用了这一反应。在此类食品的底部配备有分开放置的氧化钙和水，在食用该食品前可将氧化钙和水混合从而加热食物。

还有一种叫作硫酸钙的含钙化合物，硫酸钙的水合物叫作生石膏（二水石膏），常用于制作石膏像、建筑材料及医用石膏等。可见，钙元素与我们的生活密切相关，它不仅仅存在于骨骼和牛奶中。

入门 ★★　实用 ★★★★　考试 ★★★

化学试剂的保存方法

生产化学试剂的场所必须严格遵守化学试剂的管理标准，既要避免危险事故的发生，又要保证化学试剂的质量。

根据化学试剂的特点分类保存

下表整理了部分常见化学药剂的保存方法。

名称	保存方法
白磷	保存于水中
碱金属	保存于煤油中
氢氟酸［氟化氢（HF）溶液］	保存于聚乙烯容器中
氢氧化钠（固体）、 氢氧化钠溶液	保存于聚乙烯容器中
浓硝酸、 含银化合物［硝酸银（$AgNO_3$）、氯化银（AgCl）等］	保存于棕色试剂中
溴	保存于安瓿中

不同的化学试剂保存方法的缘由

红磷常用于制作火柴盒的擦火皮及其他日常用品，性质相对安全。白磷是红磷的一种同素异形体，它除能在空气中自燃外还含有剧毒，是一种危险物品。因此，应将白磷**保存在水中**，以避免其与空气接触并发生自燃现象。

锂、钠、钾等碱金属的化学性质非常活泼，它们能与空气中的氧气发生反应并在短时间内被氧化，然后进一步和空气中的水蒸气发生反应。为了阻止这类反应的发生，碱金属通常被**保存在煤油中**。

氟化氢的水溶液也叫氢氟酸，它能与玻璃发生反应，因此不能用玻璃容器保存。氢氟酸通常被保存在由**聚乙烯制成的塑料容器**中，因为聚乙烯不与氢氟酸反应。

氢氧化钠（固体）或氢氧化钠溶液同样会腐蚀玻璃，通常被保存在聚乙烯容器里。

硝酸银和氯化银等含银化合物（固体）和浓硝酸（液体）会在光照下分解，它们通常被保存在**可以阻挡光线的棕色试剂瓶中**。

溴（常温下为液态）极易挥发，通常被装入**密封性极强的安瓿**中保存。

氢氧化钠晶体易**潮解**，这是一种缓慢地吸收空气中的水分，直到结晶溶解为饱和溶液的现象。受这种现象影响，吸入水分的氢氧化钠会变成黏稠状态。除此之外，氢氧化钠晶体还会与空气中的二氧化碳发生反应，鉴于以上特点，氢氧化钠晶体通常被保存在**密封性良好的聚乙烯容器中**。

氢氧化钠溶液既可以用聚乙烯容器保存，也可以用**玻璃瓶**保存，因为它与玻璃的反应极弱。但是，储存氢氧化钠的玻璃瓶必须使用橡胶塞或硅胶塞，这样做可以避免玻璃塞被缓慢腐蚀，无法拔出瓶塞。

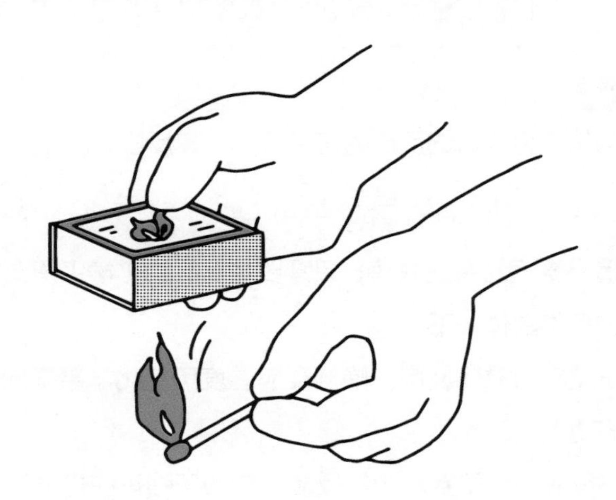

08 无机化工（1）

工业化学是工厂在实际的化学工业生产中应用的化学知识。人们始终在追求更低的原料成本及更高的反应速率和产率。

要点

高温、高压条件下大量地合成氨气

哈伯-博施法制氨

哈伯-博施法制氨的具体原理如下所示。

$$N_2(g)+3H_2(g)\xrightleftharpoons[\text{高温高压}]{\text{催化剂}}2NH_3(g)$$

约500 ℃

高压（200~1000个标准大气压）

催化剂（主要成分：铁）

合成氨反应

氮气与氢气合成氨的反应为可逆反应，其反应为

$$N_2(g)+3H_2(g)\xrightleftharpoons[\text{高温高压}]{\text{催化剂}}2NH_3(g)\quad \Delta H=-92\ \text{kJ/mol}$$

想要提高氨气的合成效率，只需要将反应的化学平衡向右移动即可，需要的条件具体如下。

- 低温（正反应为放热反应，降低反应温度可使化学平衡向生成NH_3的方向移动）。
- 高压（正反应为分子数减少的反应，增加压强可使化学平衡向生成NH_3的方向移动）。

但是，降低反应温度会导致反应速率下降，所以合成氨反应采用高温（约500 ℃）和催化剂（主要成分为铁）的策略，在保证反应速率的情况下提高产率。

发烟硫酸的制备与稀释

接下来，我们将介绍硫酸的生产方法（与氨在同一节介绍的原因请参考本节的应用部分）。

工业制硫酸的方法之一为**接触法**。

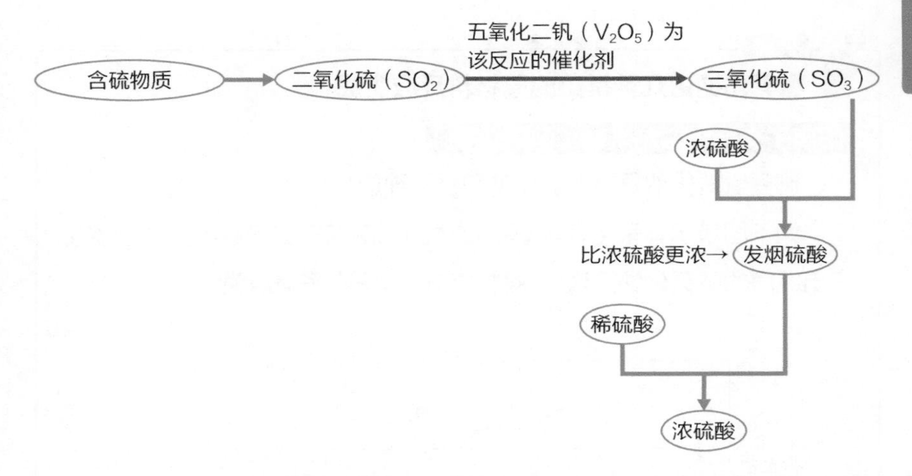

三氧化硫容易被**浓硫酸**吸收。浓硫酸在吸收三氧化硫后可生成焦硫酸或发烟硫酸，但这种硫酸过于浓烈，所以需要进一步加入稀硫酸进行稀释。

在使用接触法制备浓硫酸的过程中，调节浓度是必不可少的环节。

应用 肥料的成分

随着世界人口的持续增长，粮食问题已成为全人类需要共同面对的问题。若要在有限的土地上使粮食增产，必定离不开肥料的帮助。

硫酸铵［$(NH_4)_2SO_4$］是一种优秀的肥料，由氨和硫酸反应制得。也就是说，氨和硫酸是生产硫酸铵的必需原料。

不夸张地说，氨与硫酸的工业化生产为全球人口的增长提供了基础。

入门 ★★ 实用 ★★★★★ 考试 ★★★★

09 无机化工（2）

本节介绍氢氧化钠的制备方法。氢氧化钠是生活中常用的重要化学物质。

要点

氢氧化钠由几种常见的原材料反应生成

阳离子交换膜法制烧碱（氢氧化钠）

制备氢氧化钠只需要氯化钠和水两种原材料。

如下图所示，采用在电解装置中加入阳离子交换膜的方式能够生产出纯净的氢氧化钠溶液，这种方法叫作**阳离子交换膜法**。

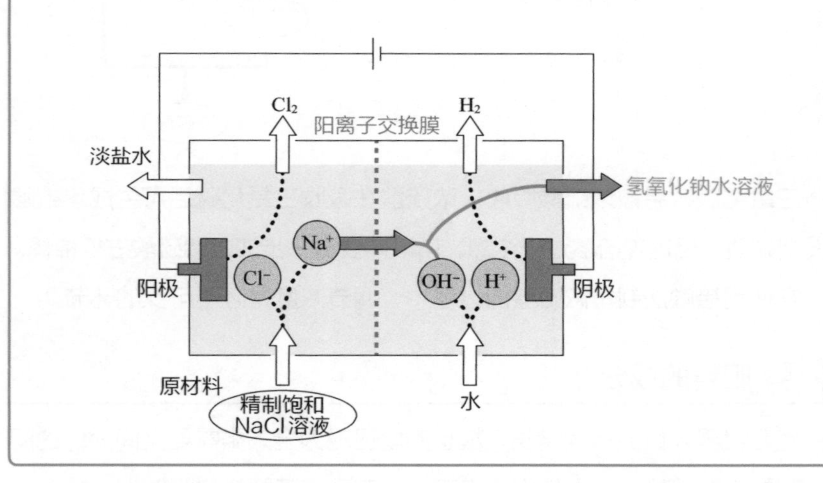

阳离子交换膜对离子具有选择透过性

在氢氧化钠的电解装置中使用了**阳离子交换膜**，这是一种只允许阳离子通过而不允许阴离子通过的膜状结构。阳离子交换膜究竟发挥了怎样的作用呢？下面让我们来一探究竟。

如要点部分的内容所述，氢氧化钠由电解装置右半区域产出，而氯离子（Cl^-）由电解装置左半区域产出。如果氯离子混入电解装置的右半区域，就无法制得纯净的氢氧化钠了。

氯离子属于阴离子，电解装置中央的阳离子交换膜能阻止其进入右半区域。

相反，钠离子必须进入电解装置的右半区域，而阳离子交换膜恰好能使作为阳离子的钠离子从中穿过。

在使用阳离子交换膜法制氢氧化钠的过程中，电解装置两侧电极上的反应分别如下。

阳极反应：$2Cl^- - 2e^- = Cl_2\uparrow$

⇩

阴极反应：$2H^+ + 2e^- = H_2\uparrow$

总反应：$2Cl^- + 2H_2O \xlongequal{电解} Cl_2\uparrow + H_2\uparrow + 2OH^-$

事实上，直接电解氯化钠溶液也能发生如上所示的阴极反应、阳极反应。但如果少了阳离子交换膜的阻隔，装置右半区域生成的氢氧化钠（碱性）就会和氯气（酸性）发生反应，导致无法获得纯净的氢氧化钠溶液。

应用 肥皂的原材料

氢氧化钠是生产肥皂的原料。肥皂作为一种常见的日用品，已经完全融入了人们的日常生活。除此之外，大到造纸和纺织产业，小到用作干燥剂的碱石灰，都少不了氢氧化钠的身影。

虽然大部分人只在实验室中见到过纯净的氢氧化钠，但不可否认的是，氢氧化钠的作用非同小可。氢氧化钠能够参与众多的产品生产过程，在与其相关的化学反应下生产的产品更是数不胜数。事实上，氢氧化钠的用途远比我们想象中要多。

10 无机化工（3）

下面介绍碳酸钠（Na_2CO_3）的制备方法。碳酸钠与氢氧化钠一样，都是化工生产中常用的含钠化合物。

要点

氨碱法制纯碱（碳酸钠）

碳酸钠的制备流程如下图所示，工业上叫**氨碱法**或索尔维法。

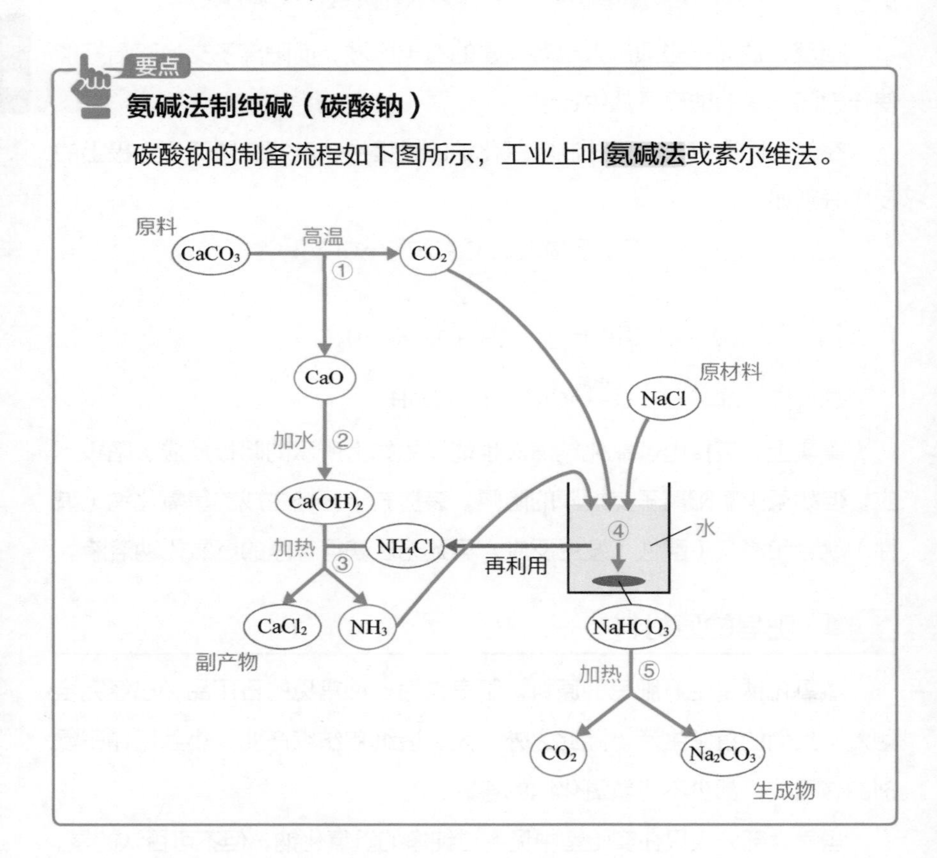

为索尔维创造巨额财富的氨碱法

上图介绍了氨碱法制纯碱的制备流程，其中①～⑤步的具体反应分别如下。

①：$CaCO_3 \xlongequal{高温} CaO + CO_2\uparrow$

②：$CaO + H_2O \xlongequal{} Ca(OH)_2$

③：$Ca(OH)_2 + 2NH_4Cl \xlongequal{\triangle} CaCl_2 + 2NH_3\uparrow + 2H_2O$

④：$NaCl + NH_3 + CO_2 + H_2O \xlongequal{} NaHCO_3\downarrow + NH_4Cl$

⑤：$2NaHCO_3 \xlongequal{\triangle} Na_2CO_3 + CO_2\uparrow + H_2O$

上述反应可整合成单个化学方程式：$CaCO_3+2NaCl \xlongequal{高温} Na_2CO_3+CaCl_2$。

由此可见，反应的原材料只有碳酸钙（$CaCO_3$）和氯化钠（NaCl），而在生成物中，除了碳酸钠还伴随有副产物氯化钙（$CaCl_2$）。

从中不难看出，碳酸钙与氯化钠可直接反应生成碳酸钠。但为什么要舍近求远地进行上文中所述的①～⑤步呢？

原因在于，碳酸钙是一种难溶于水的物质，入水后会迅速沉淀，所以它无法以溶液的形式与其他物质反应。

氨碱法是一种另辟蹊径的制碱工艺，1866年比利时化学家索尔维成功将氨碱法工业化，据说这一成就为他带来了巨额的财富。

应用 碳酸钠在胃药中的应用

碳酸钠既是制造玻璃的必备原料，也能用来生产肥皂。

不仅如此，在碳酸钠的工业生产过程中还存在一种中间产物——碳酸氢钠，这种物质常被用于生产发酵粉和沐浴露。许多读者或许接触过碳酸氢钠，它在烘焙行业的俗名叫作小苏打。更有趣的是，由于碳酸氢钠具有中和胃酸的作用，还是胃药的成分。

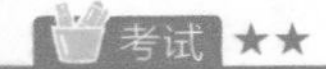

无机化工（4）

从本节起将介绍金属单质的制备方法。以常见的铁、铝、铜3种金属为例。下面首先介绍铝单质的制备方法。

要点

电解铝的原料是氧化铝

现代电解铝工业采用冰晶石（Na_3AlF_6）–氧化铝（Al_2O_3）熔盐电解法（霍尔–埃鲁法）制铝。

冰晶石–氧化铝熔盐电解法

阳极（碳素体）　阴极（碳素体）

液态的氧化铝与冰晶石

通常情况下，碳不参与电解反应，但电解铝工艺例外

※阳极反应 $\begin{cases} C+O^{2-}-2e^- = CO \\ C+2O^{2-}-4e^- = CO_2 \end{cases}$

阴极反应：$Al^{3+}+3e^- = Al$，在阴极上析出铝单质

虽然在电解液中还存在钠离子，但钠的金属活动性（还原性）强于铝，所以钠离子不发生反应。这就是选用冰晶石作为电解液成分的原因。

为什么不能用水溶液电解铝

铝元素比氢元素更容易失去电子。因此，电解含有铝离子（Al^{3+}）的水溶液不能得到铝单质，溶液中的氢离子会先获得电子生成氢气。

在电解钠时也会遇到类似的情况，所以钠单质是通过**电解熔融氯化钠**得到的，具体内容如下所示。

- 电解熔融氯化钠

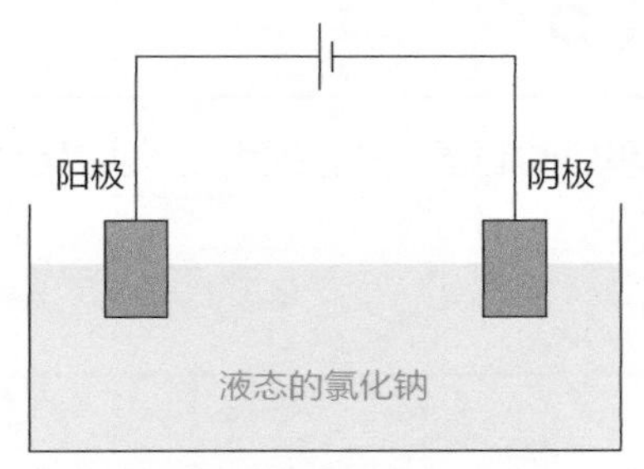

※ 阳极反应：$2Cl^{-}-2e^{-}=Cl_2\uparrow$
阴极反应：$Na^{+}+e^{-}=Na$，在阴极上析出钠单质
※ 氯化钠的熔点约为800℃，必须加热到此温度以上使氯化钠熔化

将固态氯化钠加热熔融后电解的方法属于熔盐电解法。

用电解法制备铝单质时需将铝土矿（主要成分氧化铝）加热至熔点后使其熔化。问题在于，氧化铝的熔点约为2000 ℃（氯化钠的熔点约为800 ℃），将其加热至此温度相当困难。为了解决这一难题，人们利用了氧化铝与大量冰晶石混合后熔点会降低至1000 ℃以下的特性，以此来达到电解制取铝单质的条件。

应用 铝与飞机、汽车的轻量化

铝的密度比铁和铜的密度小，它是飞机、汽车轻量化工程中必不可少的金属。

如前文所述，生产铝需要消耗大量的电能，所以铝也有“电力罐头”的绰号。

不过，在回收铝制品时消耗的能量远小于从矿石中电解铝消耗的能量，所以铝制品也具有易于回收的特点。

入门 ★★ 实用 ★★★★★ 考试 ★★★★

12 无机化工（5）

接下来介绍铁单质的制备方法，铁也是人类社会中用途最广泛的金属之一。

要点

铁矿石制铁

铁矿石的主要成分是氧化铁（Fe_2O_3），氧化铁与一氧化碳（CO）反应后能够得到铁单质。

但是，通过这种方式制得的生铁中含有大量的碳元素，这种铁的硬度很高但脆性较大。想要得到更纯净的铁就必须除去生铁中的碳元素。

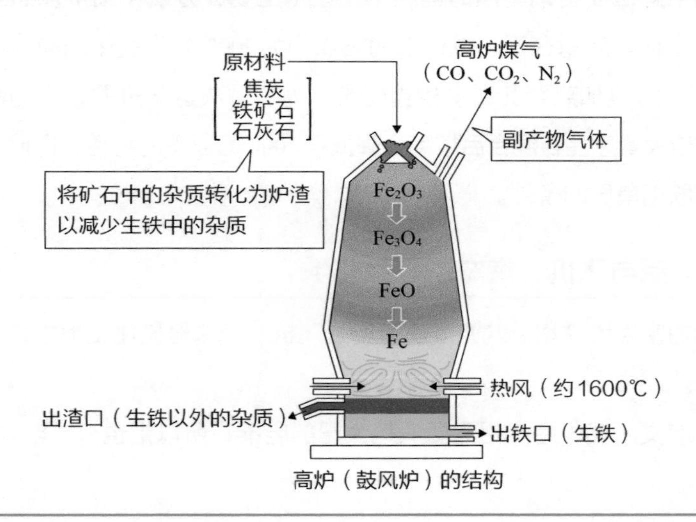

高炉（鼓风炉）的结构

钢铁厂的职责

生产铁单质的原材料是**铁矿石**。有很多种铁矿石，其中包括赤铁矿（Fe_2O_3）和磁铁矿（Fe_3O_4），两者都是铁的氧化物。这么看来，只要将铁矿石还原就能得到铁单质。

依据此原理，将铁矿石与焦炭（主要成分是碳）一并送入高炉并向炉内通入1600 ℃左右的热风就能还原铁矿石中的铁元素。现将高炉炼铁及其后续的工序大致总结如下。

- 铁矿石的还原

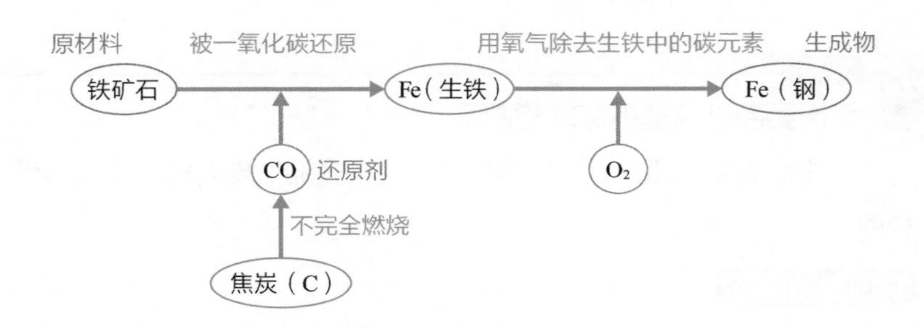

其中，铁矿石与一氧化碳的反应如下。

$$Fe_2O_3+3CO \xlongequal{高温} 2Fe+3CO_2$$

从这个反应中可以看出，钢铁产业是导致温室效应的元凶之一（排放大量的二氧化碳）。通过该反应得到的铁含有约4%的碳元素，此时的产物也叫作生铁。如上文所述，生铁的脆性过高，需要除去其中过量的碳后才能使用。

所以，生铁必须进一步脱碳（与氧气反应）后才能转化为钢（碳含量在2%以下），这就是人们口中的“百炼成钢”。

应用 金属之王——铁

“折戟沉沙铁未销，自将磨洗认前朝”——炼铁工艺历史悠久，已深深印刻在人类文明的历史长河之中。自古以来就有许多关于铁的文字记录，它是青铜时代后人类最常使用的金属，即便称其为“金属之王”也不为过。如今，铁依然在人类社会的各个领域中发挥着举足轻重的作用，奔驰的汽车和拔地而起的栋栋高楼中都少不了它的身影……

13 无机化工（6）

本章在最后一节中介绍铜单质的制备方法，铜同样也是一种现代生活不可或缺的金属。

要点

纯铜要经过电解精炼才能制得

除去金属中杂质的过程叫作精炼，纯铜是通过**电解的方式精炼**而成的。

铜的电解精炼

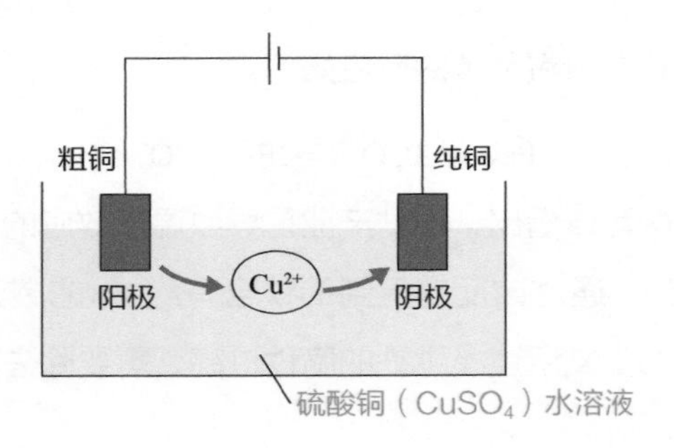

如上图所示，电解装置中的阳极为粗铜，阴极为纯铜，电解液为硫酸铜溶液。此时两极板上发生的反应分别如下。

阳极反应：$Cu-2e^{-}=Cu^{2+}$

阴极反应：$Cu^{2+}+2e^{-}=Cu$

随着反应的持续进行，阳极的粗铜不断减少，而阴极的纯铜持续增加。

粗铜中杂质的去向

制备铜单质的第一步是在通入空气的条件下高温煅烧黄铜矿（$CuFeS_2$），这一步反应后得到的**粗铜**中含有大量杂质。电解精炼就是为了去除粗铜中的这些杂质，可这些杂质最后究竟去了哪里呢？下面我们将这些杂质分为两类进行说明。

- 金属活动性弱于铜的金属杂质（金、银等）

这类杂质的金属活动性弱于铜，它们不发生反应，而是在阳极附近形成沉淀，这种沉淀也叫作阳极泥。

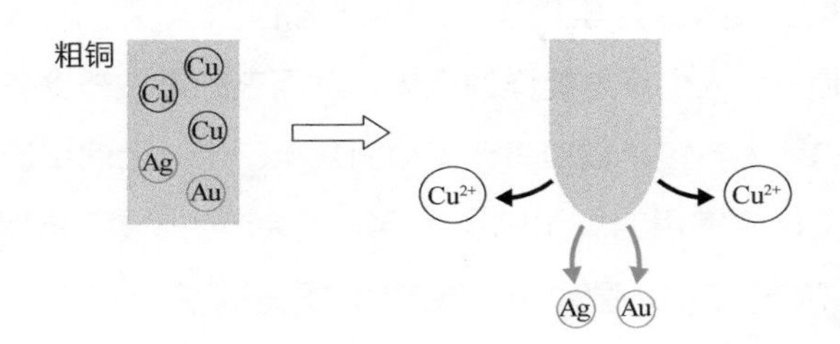

- 金属活动性强于铜的金属杂质（铁、镍等）

这部分金属失去电子后以离子的形式存在于溶液中，由于其金属活动性强于铜，所以不会在阴极上被还原。

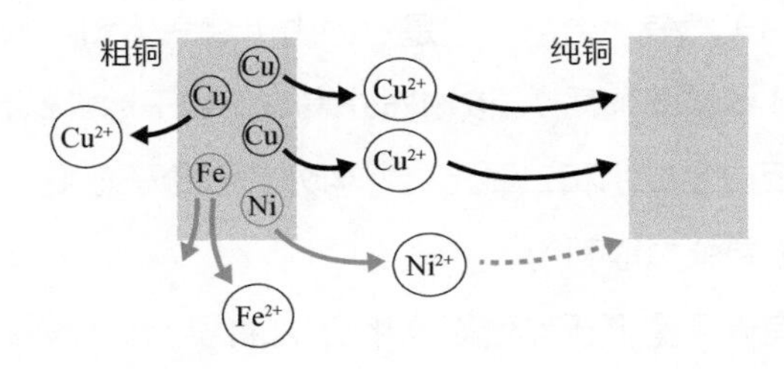

粗铜中的铅属于例外，它失去电子变成铅离子（Pb^{2+}）后不会以离子的形式存在于溶液中，因为铅离子会立即与溶液中的硫酸根离子（SO_4^{2-}）结合生成沉淀。

应用 电线的材料

以铜为材质的电线遍布人类世界的各个角落，之所以选用铜来制作电线，与其成本相对低廉有很大关系。此外，铜还经常被用来制作各类合金（参考本章05小节内容）。

专栏

有毒气体的应用

为了自身和他人的安全，我们有必要了解有毒气体的危险性。

举个例子，在进行游泳池的消毒工作时常会用到氯气，但氯气具有一定的毒性，所以对其用量必须进行严格把控。

臭氧是一种人们耳熟能详的气体，然而它的毒性却少有人知。虽说地球上的绝大多数臭氧聚集在距地面几十千米以上的平流层中，但其实日常工作中常用的复印机在运行时也会产生少量的臭氧。同时，由于臭氧具有一定的杀菌作用，偶尔也被用于净化空气。

专栏

备受期待的新能源——可燃冰

可燃冰即天然气水合物，它是一种由甲烷气体和水分子形成的笼状结晶（类冰状结晶物质）。该物质外表与冰和干冰类似，遇火燃烧，甲烷和氧气反应生成水和二氧化碳，与外部水分子分离。可燃冰中的甲烷也可以被单独提取利用。

甲烷具有碳含量低于其他碳氢化合物的优势，在燃烧时只会排放出少量的二氧化碳，对全球变暖的影响较小。

可燃冰诞生于低温高压的条件下，因此大量分布在海底的沉积物和寒冷陆域的永久冻土带中。近年来，在日本近海的海底也探测出大量的可燃冰资源。期待有朝一日，人类能够掌握这种能源的开采和使用方法。

第7章

化学篇
有机化学

导言

有机化合物碳原子为骨架

最初，有机化合物是用来指代构成生物体的物质。而如今，人们将**含有碳元素的化合物**定义为有机化合物（碳酸盐和碳的氧化物等简单的含碳化合物除外，如二氧化碳），其中不乏一些人造化合物。本章将整理归纳此类化合物的性质，供读者朋友们学习。

读者们需要注意，第5章的理论化学知识是学习有机化学知识的基础。如果不熟练掌握理论化学知识，有机化学知识的学习过程就会沦为无穷无尽的死记硬背。

有机化合物是以碳原子为骨架的化合物。在发生燃烧反应时，有机化合物中的碳元素会和空气中的氧元素结合并生成二氧化碳，这就是全球变暖的根本原因。那么，为什么煤炭、石油、天然气这类物质被叫作“化石”燃料呢?

那是因为，这类物质都是由远古时代的生物躯体转化而来的。动物和植物死去后的遗骸在地下经过漫长的岁月后分别转化成煤炭和石油等物质。所以说，煤与石油本就是名副其实的化石。

构成动植物躯体的物质是有机化合物，而有机化合物的主要元素则是碳元素。既然如此，化石燃料的主要元素就是碳，其消耗（燃烧）后排放出二氧化碳也是理所当然的事情。

学习有机化合物应当从它们的**分类**开始。有机化合物的种类繁多，难以计数。在归纳并学习种类如此庞大的物质时，分类是必不可少的步骤。本章的第一节将向读者介绍有机化合物的分类，如果在后续的学习过程中出现有机化合物种类过多引起的混淆时，请回顾本章开头部分的内容。相信您会发现，许多有机化学的学习难点能够迎刃而解。

于入门学习者而言

人类的身体就是由有机化合物组成的。学习有机化合物能够帮助我们理解生命的意义。

于上班族而言

许多产品的生产离不开有机化合物，如药品、染料、纤维、塑料等，数量众多，难以一一列举。此外，在学习合成化学前必须掌握有机化学的知识。

于考生而言

有机化学在高考中的分数占比较高，常结合理论化学部分的知识出题，只靠死记硬背难以解出。如果对理论化学的内容缺乏信心，也请务必勤加学习。

在掌握理论后需要将其运用到实践中。因为不实践就少了思考的过程。理论和实践之间的关系如同鸟与双翼，两方面都必须认真对待。一般情况下，掌握理论化学知识后再学习有机化学知识就会事半功倍。

入门 ★★★　实用 ★★　考试 ★★

有机化合物的分类与分析

本章将介绍以碳为骨架的有机化合物，有机化合物也是构成生命的物质。

要点

碳是有机化合物的骨架

组成有机化合物的原子主要有碳、氢、氧、氮等。首先介绍其中最简单的一种——由碳、氢两种元素构成的烃类化合物。

环状结构和链状结构

- 环状构造：碳原子结合并闭合成环状（碳链首尾相连的形状）。
- 链状构造：碳原子组成的长链结构（非环状构造）。

烃类（芳香族除外）

链状
- 烷烃：分子中的碳原子均以单键结合
- 单烯烃：只有一个碳碳双键（C=C键）的碳氢化合物
- 单炔烃：有一个碳碳三键（C≡C键）的碳氢化合物

环状
- 环烷烃：环状结构的烷烃
- 环烯烃：环状结构的烯烃

化学通式（当碳原子数为 n 时的化学式）

链状
- 烷烃：C_nH_{2n+2}
- 烯烃：C_nH_{2n}
- 炔烃：C_nH_{2n-2}

环状
- 环烷烃：C_nH_{2n}
- 环烯烃：C_nH_{2n-2}

如何记忆烃的化学式

下文将讲解如何书写要点部分所述的各类烃的化学式。首先是**链状**结构的烃。

从只含单键的烷烃到含1个碳碳双键的单烯烃，再到含1个碳碳三键的单炔烃，其变化过程如下所示。

- 烷烃

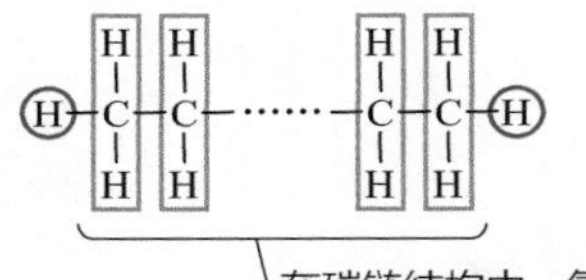

在碳链结构中，氢原子的数量是碳原子的数量的2倍，加上碳链两端多出的两个氢原子（H）后可得出烷烃的化学通式为C_nH_{2n+2}

如果碳链中存在1个碳碳双键，就会减少2个氢原子

- 烯烃

减少2个氢原子，可得到烯烃的化学通式$C_nH_{2n+2-2}=C_nH_{2n}$

当碳碳双键变成碳碳三键时，再次减少2个氢原子

- 炔烃

进一步减少2个氢原子，可得到炔烃的化学通式C_nH_{2n-2}

那么，环状烃的化学通式该如何表示呢？对此，需要分别分析烷烃和烯烃的情况。

烷烃

C_nH_{2n+2}

变为环状结构会减少2个氢原子

环烷烃

两端减少2个氢原子，故其化学通式为$C_nH_{2n+2-2}=C_nH_{2n}$

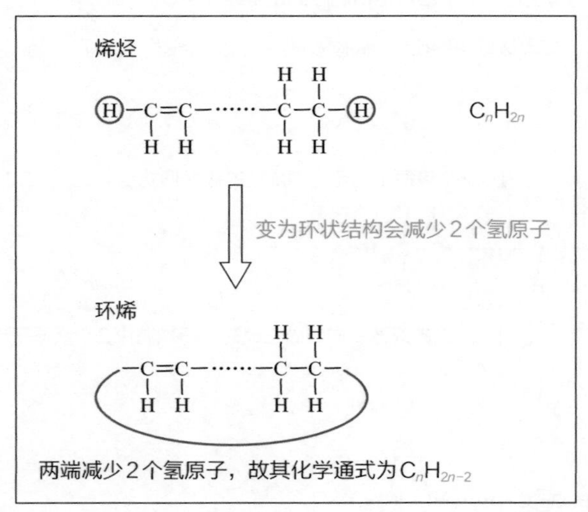

链状烃是一种有2个端点的烃。顾名思义，它的形状像一条长链。

链状烃的两端不存在能够结合的共价键，它们分别与一个氢原子相连。链状有机化合物至少有2个端点。链状烃的结构就像东京到新大阪的新干线。

与此相反，有些有机化合物的碳原子首尾相连，最终形成一个没有端点的闭环，这就是环状烃。环状烃的结构就像日本新干线的山手线。

去除链状有机化合物两端的氢原子就可以获得2个能够结合的碳原子共价键，这2个碳原子共价键相连后就能形成没有端点的闭环。

• 链状有机化合物形象举例

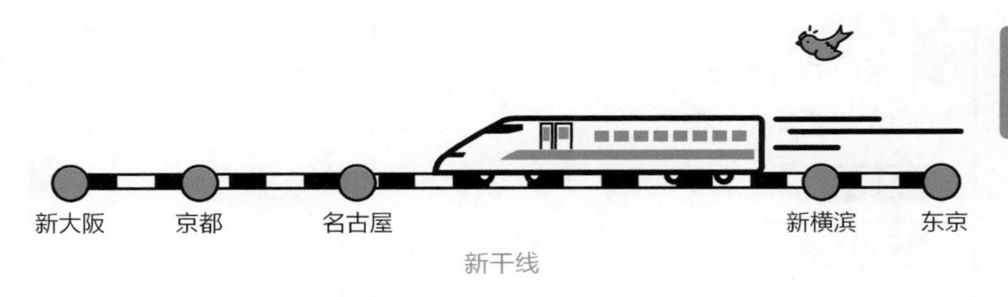

新干线

• 环状有机化合物的形象举例

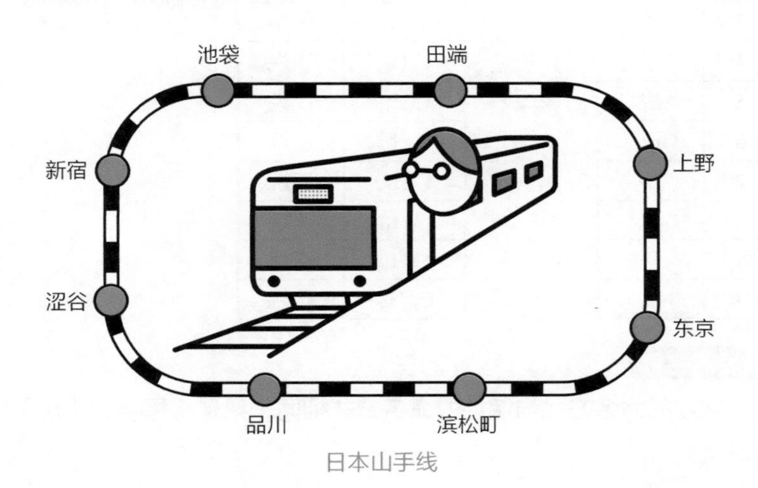

日本山手线

入门 ★★ 实用 ★★ 考试 ★★★

脂肪烃

本节将介绍不含环状结构的链状烃，即脂肪烃，该部分内容为有机化合物的基础知识。

要点

烃的命名方法

烃类名称如下所示。

烷烃的名称

数字词（前缀）	
1	甲
2	乙
3	丙
4	丁
5	戊
6	己
7	庚
8	辛
9	壬
10	癸

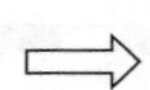

烷烃的名称		
CH_4	甲烷	惯用名
C_2H_6	乙烷	惯用名
C_3H_8	丙烷	惯用名
C_4H_{10}	丁烷	惯用名
C_5H_{12}	戊烷	
C_6H_{14}	己烷	
C_7H_{16}	庚烷	
C_8H_{18}	辛烷	
C_9H_{20}	壬烷	
$C_{10}H_{22}$	癸烷	

烯烃的名称

烯烃的命名方式与烷烃的命名方式相同，只是将尾字的“烷”换为“烯”。

烷烃的名称	
CH_4	甲烷
C_2H_6	乙烷
C_3H_8	丙烷
C_4H_{10}	丁烷
C_5H_{12}	戊烷

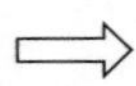

烯烃的名称	
（无）	
C_2H_4	乙烯
C_3H_6	丙烯
C_4H_8	丁烯
C_5H_{10}	戊烯

脂肪烃的不同性质

首先，让我们先来简单了解一下烷烃的熔沸点。

CH_4	甲烷
C_2H_6	乙烷
C_3H_8	丙烷
C_4H_{10}	丁烷
C_5H_{12}	戊烷
C_6H_{14}	己烷
C_7H_{16}	庚烷
C_8H_{18}	辛烷
C_9H_{20}	壬烷
$C_{10}H_{22}$	癸烷

常温下为气体（CH_4 ~ C_4H_{10}）

常温下为液体（C_5H_{12} ~ $C_{10}H_{22}$）

相对分子质量越大，分子间作用力也越大，该烷烃的沸点/熔点就越高

脂肪烃能够参与各种各样的化学反应，具体如下。

- **只有单键的烷烃无法发生加成反应，只能发生取代反应。**
- **具有碳碳双键的烯烃和具有碳碳三键的炔烃能够发生加成反应。**

- 烷烃的反应

H H
H—C—C—H
H H

烷烃没有碳碳双键，无法继续与其他原子或原子团结合

能够发生分子中氢原子被其他原子或原子团取代的反应

- 烯烃的反应

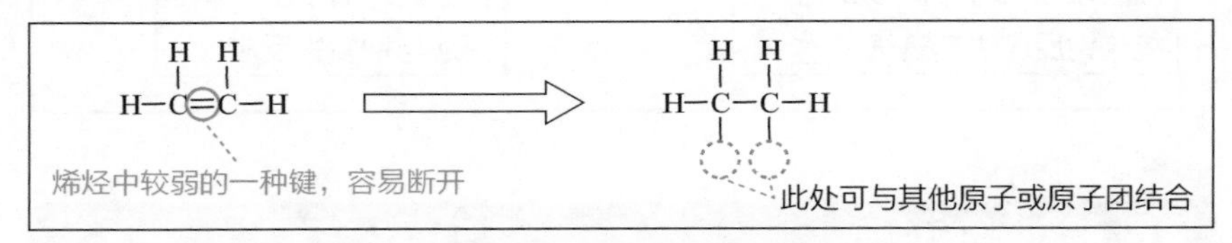

入门 ★★★ 实用 ★★★★★ 考试 ★★★

醇和醚

本节我们将归纳含氧脂肪烃的相关知识点。首先是乙醇和乙醚。特别是乙醇，这是一种人们再熟悉不过的物质了。

要点

醇和醚可以是同分异构体

有些醇和醚的分子式虽然相同，但其分子结构却大不相同。这种关系被称为**同分异构体**。

同分异构体的分子构形示例

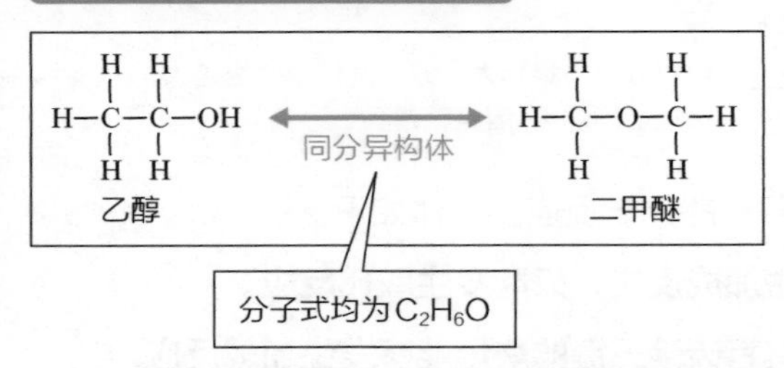

分子式相同但结构不同的物质叫作同分异构体。

因为结构决定性质，所以醇和醚的性质具有以下区别。

醇和醚的性质对比

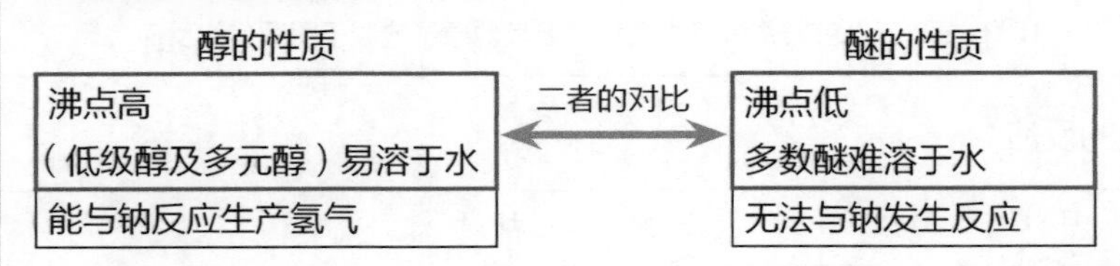

醇和醚的性质

醇具有以下几种性质。

- 水溶液呈中性。
- 能与钠反应产生氢气。

以甲醇（CH_3-OH）为例：$2CH_3-OH+2Na \rightarrow 2CH_3-ONa+H_2\uparrow$

- 碳原子越多，越难溶于水（高级醇）。
- 甲醇有毒，而乙醇无毒。

人类最熟悉的醇类物质莫过于乙醇。酒类中所含的酒精及医用酒精中的有效成分均为乙醇。乙醇还有另外一种特性，**不同温度下的脱水反应不同**。当温度低时乙醇的脱水能力较弱，在浓硫酸的作用下，脱水反应发生在2个乙醇分子之间并生成乙醚。相反，当温度较高时乙醇的脱水能力较强，在浓硫酸的作用下，乙醇分子内发生消去反应生成乙烯。

- 140℃下的反应：乙醇分子间的脱水反应。

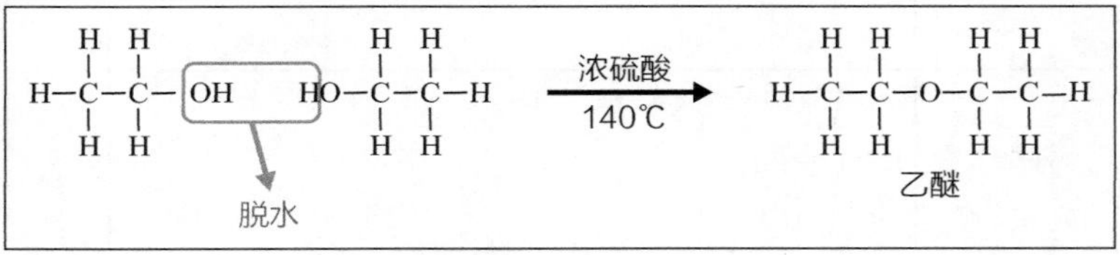

```
   H  H               H  H                     H  H     H  H
   |  |               |  |        浓硫酸        |  |     |  |
H—C—C—[OH     H]O—C—C—H     ————→      H—C—C—O—C—C—H
   |  |               |  |        140℃         |  |     |  |
   H  H               H  H                     H  H     H  H
          脱水                                      乙醚
```

- 170℃下的反应：乙醇分子内的脱水反应。

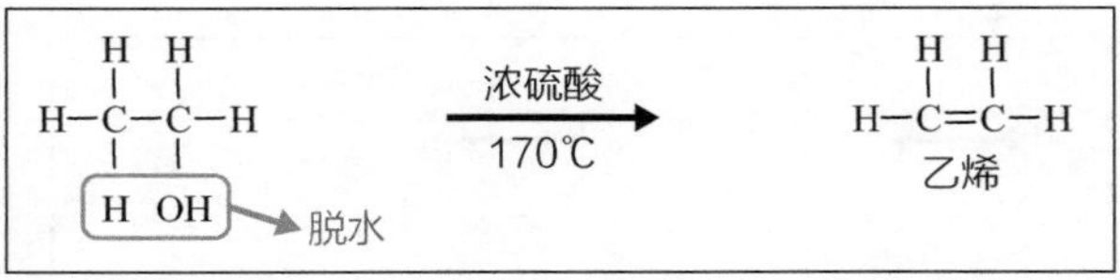

```
   H  H                             H  H
   |  |          浓硫酸             |  |
H—C—C—H       ————→         H—C=C—H
   |  |          170℃               乙烯
  [H  OH] → 脱水
```

与代表性醇类物质乙醇的性质不同，乙醚易燃且具有麻醉作用。

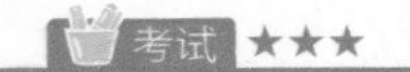

醛和酮

醇可以转化为醛和酮。学习这两类物质的性质也很重要。

醇类物质氧化后可生成醛和酮

醇的分类包含以下几种。

<table>
<tr><th>种类</th><th>结构式</th></tr>
<tr><td>伯醇</td><td>H
|
R—C—OH （可以是“R基”也可以是“氢原子”）
|
H</td></tr>
<tr><td>仲醇</td><td>R′
|
R—C—OH
|
H</td></tr>
<tr><td>叔醇</td><td>R′
|
R—C—OH
|
R″</td></tr>
</table>

上述物质被氧化后会发生如下所示的变化。

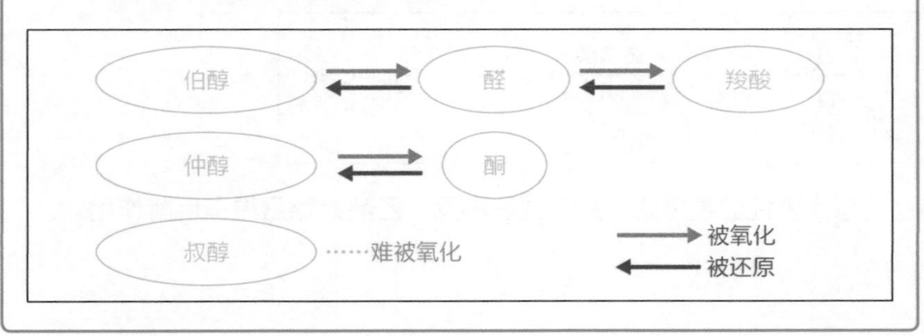

醛的性质

醛能够发生如下所示的两种反应，因为醛具有**还原性**。

- 与斐林试剂（新制的$Cu(OH)_2$）的反应

向斐林试剂（蓝色）中加醛并共热，溶液会变成砖红色。

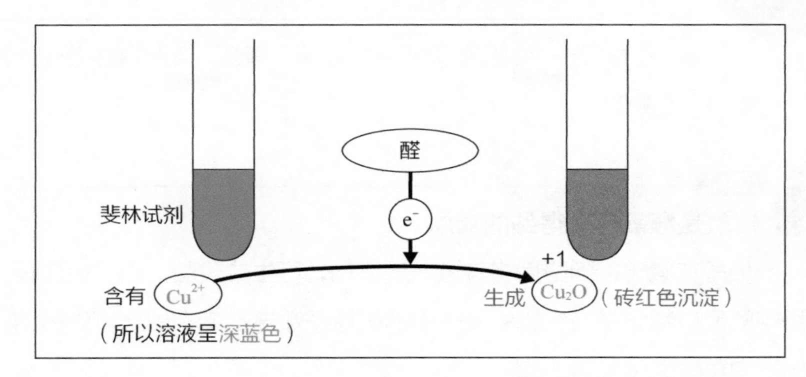

- 银镜反应

将醛与银氨溶液共热，二氨合银离子被还原，在溶液中析出银单质。

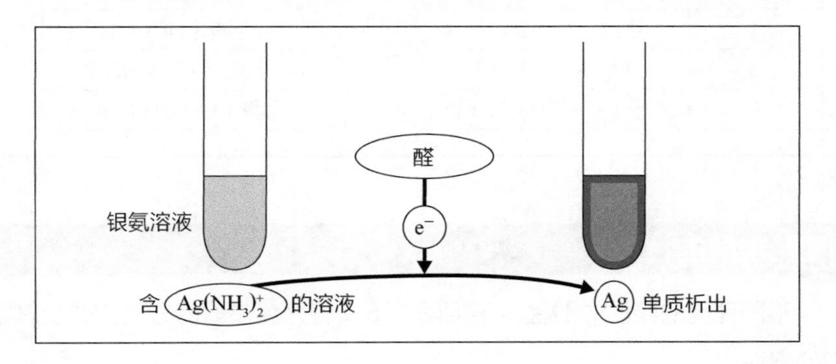

入门 ★★★　实用 ★★★★　考试 ★★★

羧酸

醛进一步氧化后会转化为羧酸。那么，羧酸具备怎样的特性呢?

要点

羧酸是醛氧化后得到的物质

伯醇在氧化得到醛后将其进一步氧化，可生成羧酸。由于反应过程中的反应物分子与生成物分子中的碳原子数量不变，由此可以归纳出醛向羧酸氧化时的规律。

- 醛被氧化成羧酸的例子

碳原子数	醛	氧化后 ⇨	羧酸
1	甲醛（HCHO）		甲酸（HCOOH）
2	乙醛（CH_3CHO）		乙酸（CH_3COOH）
3	丙醛（CH_3CH_2CHO）		丙酸（CH_3CH_2COOH）

羧酸的性质

不同种类的羧酸的酸性也不相同。下文将介绍羧酸的分类方式及其酸性的强弱。

- 羧酸的分类①

以分子中的碳原子数量为标准，羧酸的种类可被划分如下。

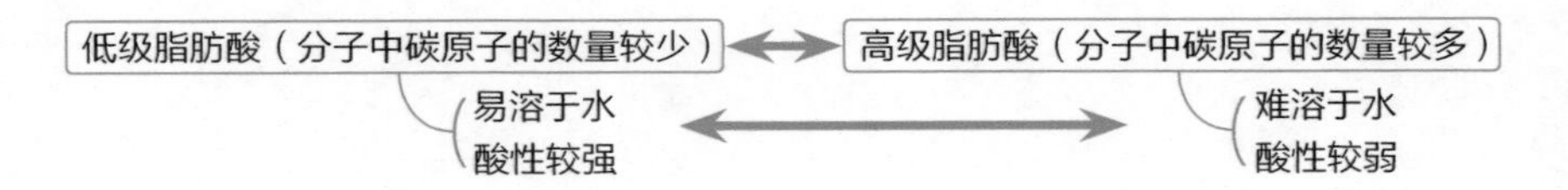

- 羧酸的分类②

羧酸可根据烃基的不同进行如下分类。

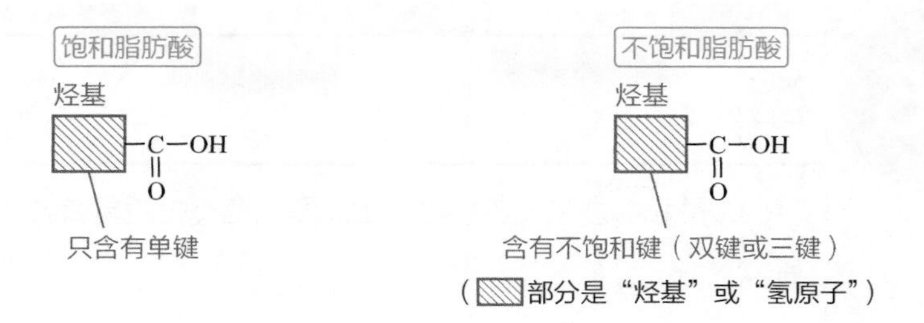

此外，介绍两种具有还原性的羧酸。

- 具有还原性的羧酸

下面两种羧酸具有还原性，能够与斐林试剂发生反应，也能进行银镜反应。

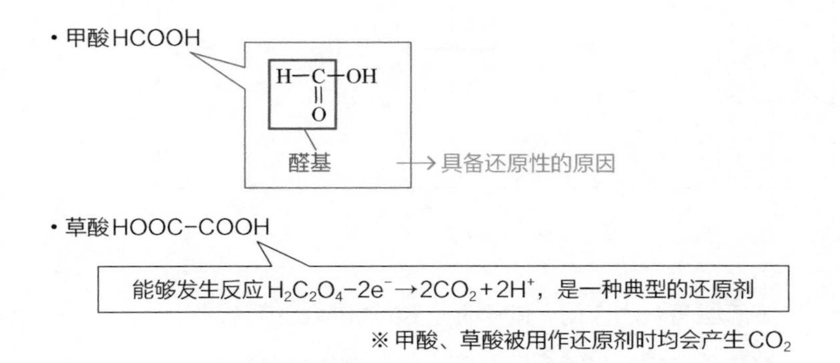

应用 乙酸的多种用途

乙酸在食醋中的含量为3%~5%，除了存在于食醋中，它还作为化工原料参与药品和染料的生产。

乙酸脱水后可得到乙酸酐，这种物质能够用来生产乙酸纤维及部分药物。

入门 ★★★　实用 ★★★★　

考试 ★★★★★

06 酯

羧酸和醇发生反应后可以生成酯。酯类物质具有独特的性质。

要点

酯化反应是一种脱水缩合反应

羧酸和醇类能产生如下所示的反应。

酯化反应

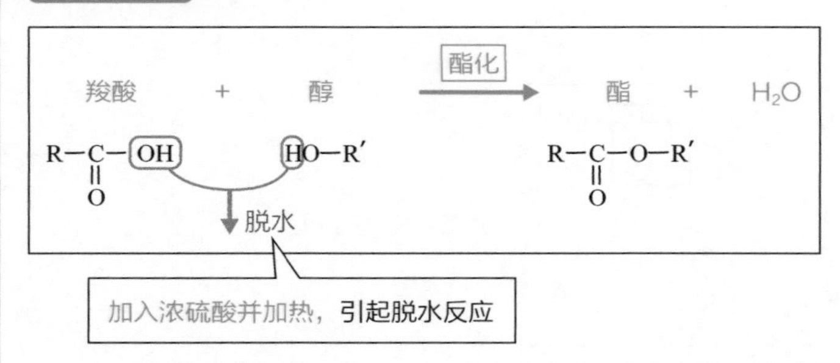

浓硫酸有脱水作用，能够促进羧酸和醇的结合。

这种通过脱水来结合的反应叫作**脱水缩合反应**。

酯的性质

在酯类物质中加入大量的水并放置一段时间后，原本的酯类物质会分解成羧酸和醇。这就是**水解反应**，也可理解为酯化反应的逆反应。

水解

酯 + H_2O → 羧酸 + 醇

$R{-}C(=O){-}O{-}R'$ → $R{-}C(=O){-}OH$　$HO{-}R'$

此外，酯类也能与氢氧化钠发生如下所示的**皂化反应**。

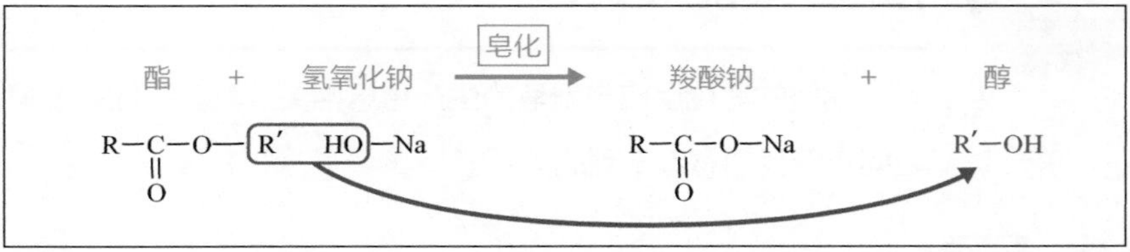

酯 + 氢氧化钠 $\xrightarrow{\text{皂化}}$ 羧酸钠 + 醇

$$R-\underset{\underset{O}{\|}}{C}-O-R' + HO-Na \longrightarrow R-\underset{\underset{O}{\|}}{C}-O-Na + R'-OH$$

酯类的名称由生成它的醇类和羧酸的名称决定。

（例）

$$\underset{\text{乙酸}}{CH_3COOH} + \underset{\text{乙醇}}{C_2H_5OH} \underset{\triangle}{\overset{\text{浓硫酸}}{\rightleftharpoons}} \underset{\text{乙酸乙酯}}{CH_3COOC_2H_5} + H_2O$$

应用 酯类是饮料和点心中常用的增香剂

酯类是一种沸点低、挥发性强且具有独特香气的物质（低级酯具有芳香气味）。由于拥有此类特性，酯类常被用作饮料和点心中的香料。

其实，酯类本来就是存在于无加工食物中的天然香味成分。例如草莓中含有乙酸乙酯。

入门 ★★★ 实用 ★★★★★ 考试 ★★★★★

07 油脂和肥皂

酯类的皂化反应与肥皂的生产息息相关。其实油脂和肥皂之间有着我们意想不到的关系。

要点

酯化反应产生油脂

油脂是通过酯化反应得到的。只不过，这种情况下的羧酸必须是高级脂肪酸，醇必须是甘油。

油脂的生产方法（酯化）

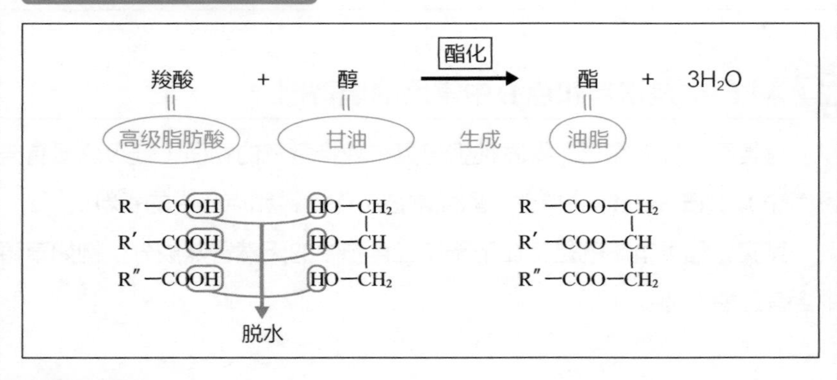

脂肪和油

油脂被分为常温下呈固态的**脂肪**和常温下呈液态的**油**。油和脂肪的区别在于饱和与不饱和的程度。

脂肪（常温下呈固态）=饱和程度较高

油（常温下呈液态）=不饱和程度较高

油与氢气在有催化剂的条件下发生加成反应，提高其饱和度，变成常温下呈半固态的脂肪，即氢化油或硬化油

油脂是肥皂的生产原料

肥皂能够用来清洗油污，所以人们往往认为其生产原料与油脂无关。然而它确实是由**油脂**制成的。

如下所示，油脂发生皂化反应后可以制得肥皂。

• 肥皂的制造方法（皂化）

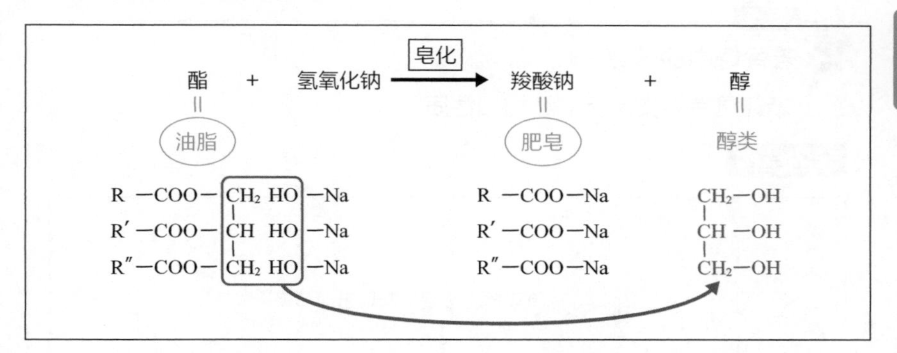

清洁油污的肥皂居然是用油脂制成的，是不是有些出乎意料？

应用 肥皂的清洁原理

肥皂的去污原理在清洁物品方面发挥着不可或缺的作用。当肥皂在水溶液中达到一定的浓度后会形成由多个分子或离子构成的集团（乳浊液），其水溶液呈现出胶体溶液的性质。

• 肥皂去除油污的原理

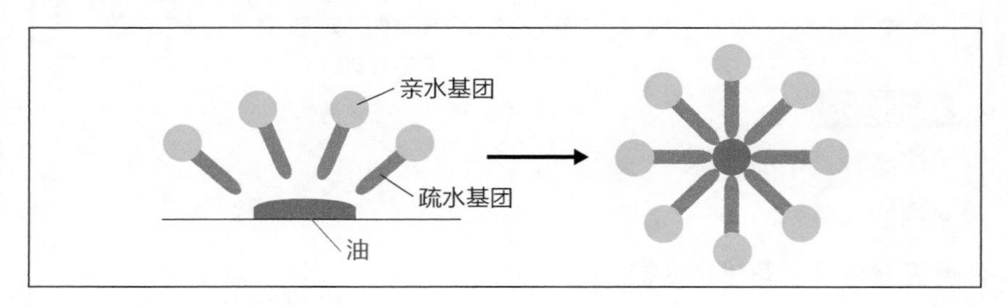

入门 ★★★　　实用 ★★★★　　考试 ★★★

芳香烃

与前文介绍的脂肪烃不同，芳香烃的分子中含有苯环，芳香烃是一种身边常见的化学物质。

要点

芳香烃中的苯环

苯环具有下文所示的结构和性质。

苯的结构

单双键的位置不断地迅速替换

↓

6个碳原子的结合强度及碳原子间距相等

（简写）

苯环中的碳碳键既不是碳碳单键也不是碳碳双键，而是具有介于两者之间的性质。

碳碳键的强度：碳碳三键 > 碳碳双键 > 苯环中的碳碳键 > 碳碳单键

⇩ 结合力越强，碳原子间距越小

碳原子间距：碳碳三键 < 碳碳双键 < 苯环中的碳碳键 < 碳碳单键

苯的性质

- 比水轻，不溶于水
- 易燃
- 充分溶解于有机化合物

苯的相关反应

在苯环中，碳原子间的结合稳定，不容易产生加成反应（因为加成反应需要碳原子间的部分共价键断裂）。

但是，取代反应可以在不改变碳原子间的共价键结合的情况下发生。苯可以进行如下所示的取代反应。

- 卤化

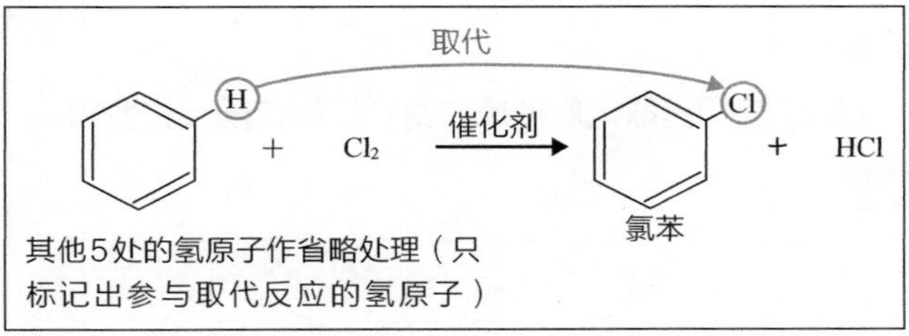

取代

苯(H) + Cl_2 —催化剂→ 氯苯(Cl) + HCl

其他5处的氢原子作省略处理（只标记出参与取代反应的氢原子）

- 硝化

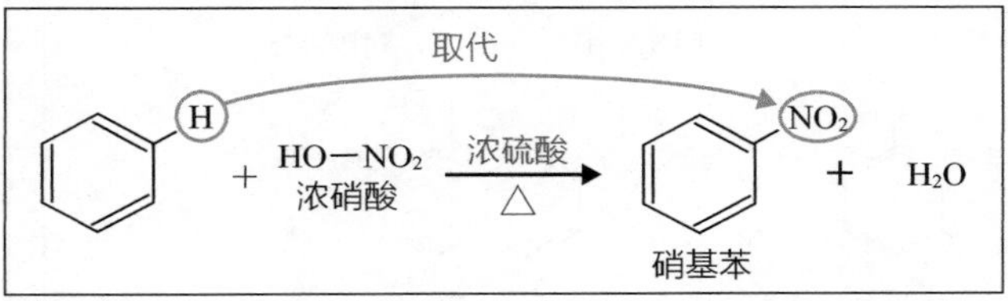

取代

苯(H) + HO—NO_2（浓硝酸） —浓硫酸，△→ 硝基苯(NO_2) + H_2O

- 磺化

取代

苯(H) + HO—SO_3H（浓硫酸） ⇌（△） 苯磺酸(SO_3H) + H_2O

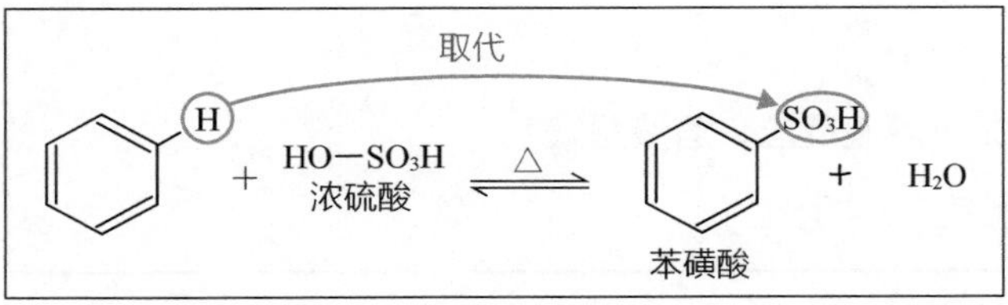

苯环含有不饱和键，因此在特殊条件下可发生加成反应。比如，在使用催化剂并加热的条件下能与氢气发生加成反应；在紫外线照射下能与氯气发生加成反应。

酚类化合物

苯酚是一种具有苯环结构的化合物。苯的一个氢原子被羟基取代后形成的化合物即为苯酚。一般来说，羟基直接结合在苯环上所形成的化合物统称为酚类化合物。

要点

酚类化合物的性质

苯环上的一个氢原子被羟基取代后形成的新物质叫作**酚类化合物**。

酚类化合物的结构

OH, CH_3 邻甲基苯酚

OH, CH_3 间甲基苯酚

OH, CH_3 对甲基苯酚

OH 1-萘酚

OH 2-萘酚

酚类具有以下性质。

- 水溶液呈弱酸性
- 与氯化铁（$FeCl_3$）溶液反应，溶液呈紫色
- 与钠反应产生氢气

酚类的相关反应

至此，我们已经介绍了许多具有羟基（$-OH$）或氢氧根离子（OH^-）的物质。这些物质的酸碱性非常容易判断错误，下面本书将对这部分内容进行梳理。

氢氧化物（如氢氧化钠）：水溶液呈碱性
醇类［如甲醇（CH_3OH）］：水溶液呈中性
酚类（如 OH-苯环 ）：水溶液呈（弱）酸性

由上可知，酚类具有弱酸性，能与碱发生反应，苯酚与氢氧化钠的反应如下。

$$C_6H_5OH + NaOH \longrightarrow C_6H_5ONa + H_2O$$

苯酚钠

苯酚是酚类中结构最简单的物质，它可以通过以下3种方式制得。

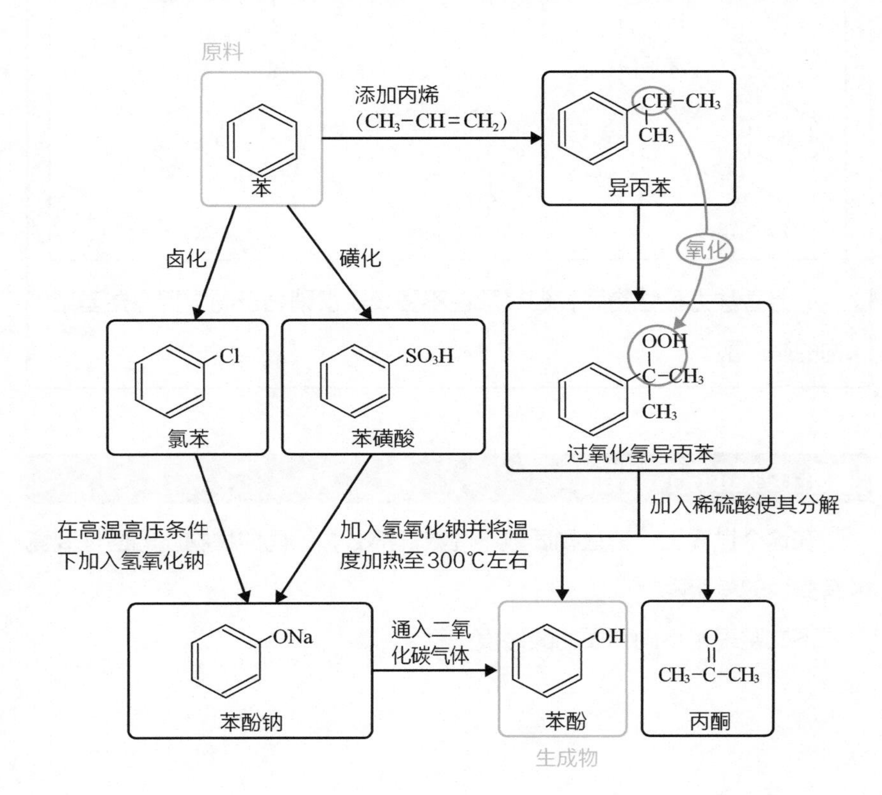

芳香酸（1）

芳香酸也是一种具有苯环结构的化合物。与酚类物质不同，芳香酸取代苯环上氢原子的是羧基。

要点

芳香酸的性质

以羧基取代苯环上的氢原子的化合物叫作**芳香酸**。具有代表性的芳香酸有以下几种。

芳香酸的结构

COOH
苯甲酸

OH
COOH
水杨酸

COOH
COOH
邻苯二甲酸

COOH
COOH
间苯二甲酸

COOH
HOOC
对苯二甲酸

芳香酸为酸性物质，但其酸性不强，仅仅稍强于同样拥有羧基结构的脂肪酸。

酸性的强弱对比

在这个世界上，酸性物质数不胜数。那么，不同酸性物质的酸性究竟能有多大的差距呢？

下文整理了不同物质的酸碱度关系。

- 酸性的强弱对比

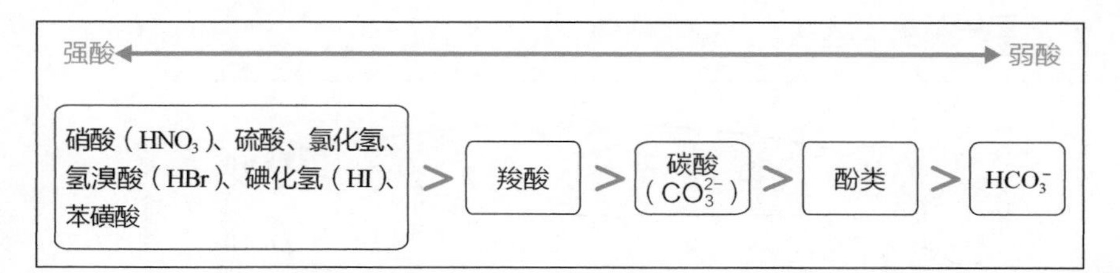

各类芳香酸的制法分别如下。了解了**甲基（$-CH_3$）被氧化后会转变为羧基（$-COOH$）**，学习芳香酸的制法就会更加得心应手。

- 苯甲酸的制备方法

甲苯氧化法，如下图。

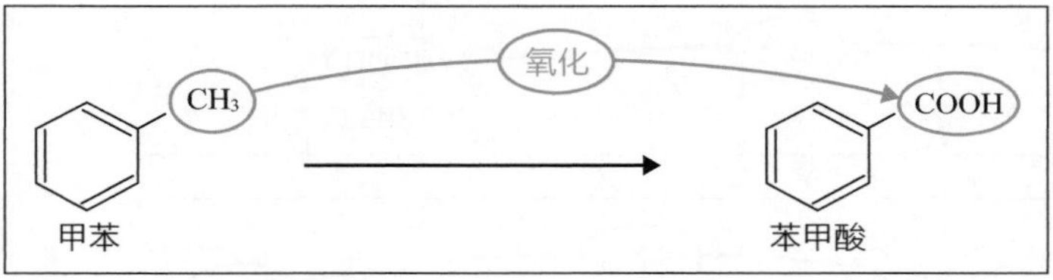

CH_3 氧化 COOH

甲苯 → 苯甲酸

苯甲醇氧化法，如下图。

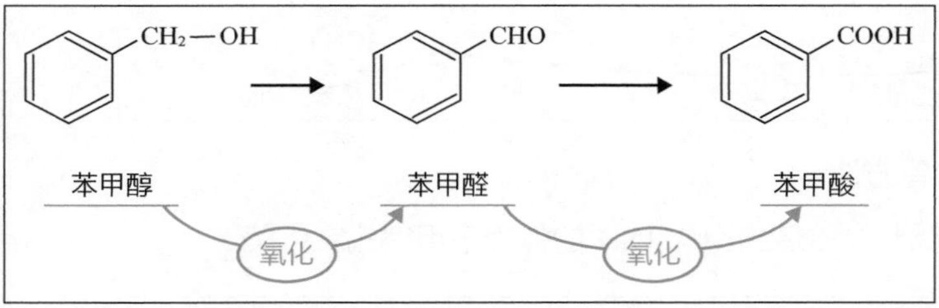

CH_2-OH → CHO → COOH

苯甲醇 氧化 苯甲醛 氧化 苯甲酸

- 水杨酸的制备方法

苯酚钠在高温、高压的条件下与二氧化碳反应生成水杨酸钠，然后水杨酸钠在强酸作用下生成水杨酸。

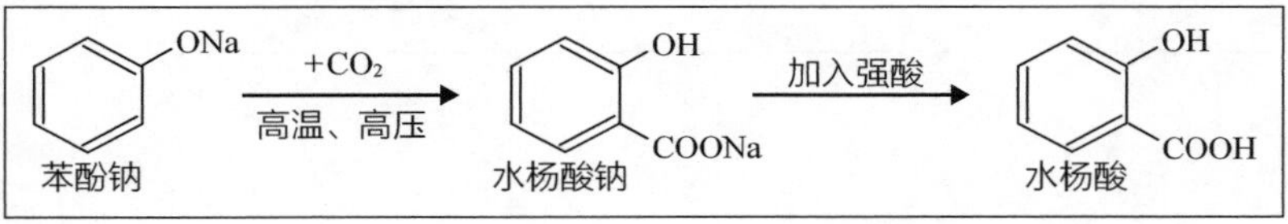

ONa $\xrightarrow[\text{高温、高压}]{+CO_2}$ OH COONa $\xrightarrow{\text{加入强酸}}$ OH COOH

苯酚钠 水杨酸钠 水杨酸

• 邻苯二甲酸、间苯二甲酸和对苯二甲酸制备方法

二甲苯氧化法。

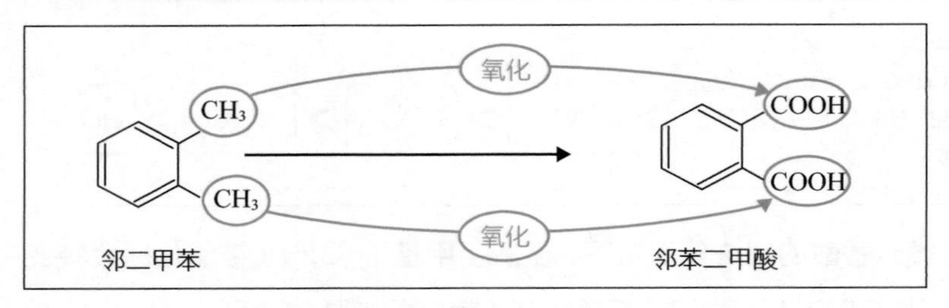

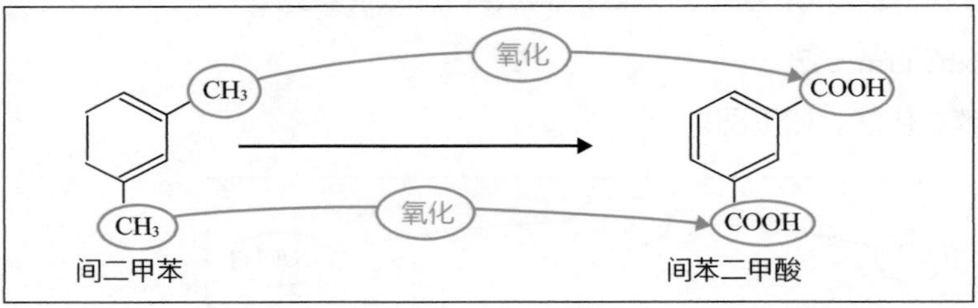

氧化
CH_3
CH_3
COOH
COOH
氧化
邻二甲苯
邻苯二甲酸

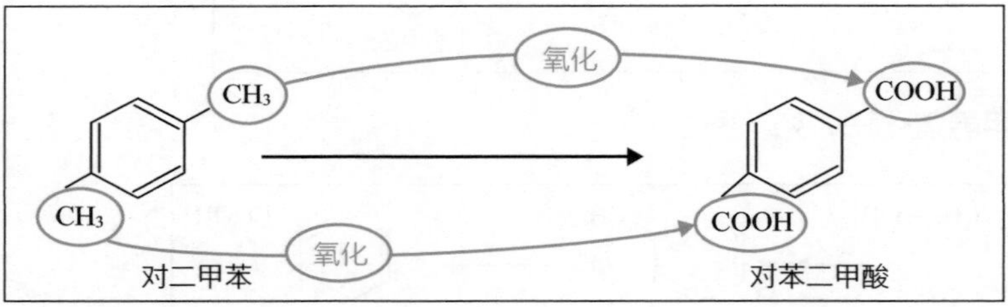

氧化
CH_3
COOH
CH_3
氧化
COOH
间二甲苯
间苯二甲酸

氧化
CH_3
COOH
CH_3
COOH
氧化
对二甲苯
对苯二甲酸

• 苯酐的制备方法

在催化剂——氧化钒（V_2O_5）的作用下用空气氧化萘。

V_2O_5
氧化
O
C
O
C
O
萘
苯酐

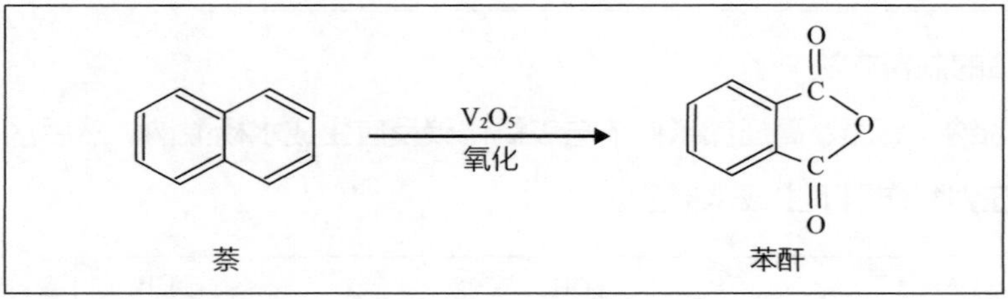

理解上述反应的关键在于，**甲基（$-CH_3$）被氧化时会转化成羧基（$-COOH$）**。因为在氧化反应过程中氧原子代替了氢原子的位置。

应用 食品添加剂的原料

苯甲酸是一种常见的食品防腐剂。除此之外，它还被用来制作染料、药品和香料等。

而邻苯二甲酸容易脱水生成邻苯二甲酸酐，这是一种合成树脂、染料及某些药品的生产原料。

对苯二甲酸和水杨酸也是重要的芳香酸，本书将在下一小节中对它们进行详细介绍。

11 芳香酸（2）

本节梳理了芳香酸中的对苯二甲酸和水杨酸的性质和用途，两者均为日常生活必需的化学物质。

要点

对苯二甲酸的反应

对苯二甲酸与乙二醇的反应如下。

OH—C(=O)—C_6H_4—C(=O)—OH　HO—CH_2—CH_2—OH

对苯二甲酸　乙二醇

脱水

⇩

HO—C(=O)—C_6H_4—C(=O)—O—CH_2—CH_2—OH

酯基

此时将两种物质结合在一起的是**酯基**。由酯基反复连接结合而成的大分子物质叫作**聚酯**，聚酯是现代社会不可缺少的高分子化合物。

水杨酸可用于制药

当对苯二甲酸和乙二醇重复形成酯基时，可以生成聚对苯二甲酸乙二醇这种高分子化合物，其结构如下页图所示。“聚”即“大量聚合”的意思。以“聚”字开头的化学物质不在少数，意为由该物质大量聚合而成的高分子化合物。

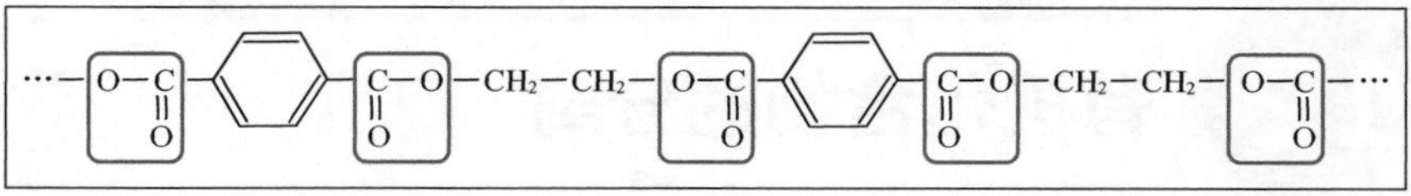

···—O—C(=O)—C₆H₄—C(=O)—O—CH₂—CH₂—O—C(=O)—C₆H₄—C(=O)—O—CH₂—CH₂—O—C(=O)—···

聚对苯二甲酸乙二醇酯是一种生活中的常见材料，属于聚酯的一种，英文简称为PET。一般的矿泉水瓶、碳酸饮料瓶是由它制成的。

接下来介绍水杨酸的性质。水杨酸既有羧基（–COOH）又有酚羟基（–OH），因此它既有羧酸的性质又有酚类的性质。

水杨酸的羧基能与含有羟基的醇类发生反应，它的羟基又能与含有羧基的羧酸发生反应。

- 水杨酸的两类反应

与醇的反应：酯化反应

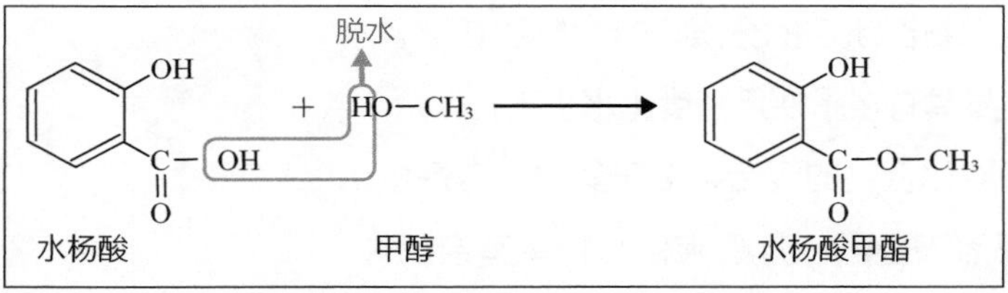

脱水

OH, C, OH, O, +, HO—CH_3 → OH, C—O—CH_3, O

水杨酸　　甲醇　　水杨酸甲酯

与羧酸的反应：乙酰化

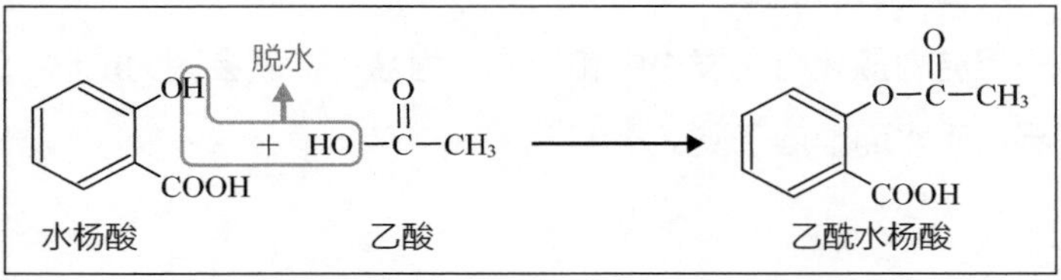

脱水

OH, COOH, +, HO—C(=O)—CH_3 → O—C(=O)—CH_3, COOH

水杨酸　　乙酸　　乙酰水杨酸

入门 ★★ 实用 ★★★★★ 考试 ★★★★★

12 有机化合物的分离

本节介绍从有机化合物的混合物中逐一分离出纯净物的方法。

要点

有机化合物溶于醚层，盐溶于水层

在分离有机化合物时需要使用分液漏斗。如下文所述，物质将被选择性分离至分液漏斗中的醚层和水层中去。

芳香族化合物的分离方法

在分液漏斗中同时加入醚（乙醚溶液）和水，漏斗内会出现右图所示的分层。其中醚层在上，水层在下（乙醚具有亲脂性且密度比水小）。

醚层

水层

将芳香族化合物的混合物溶于其中，芳香族化合物将全部溶于醚层（芳香族化合物具有亲脂性，所以溶于乙醚溶液。不仅是芳香族化合物，几乎所有的有机化合物都具有亲脂性，易溶于乙醚而难溶于水）。

不过，一旦芳香族化合物发生中和反应成为盐，盐就会因为能够电离而变得易溶于水而难溶于醚。

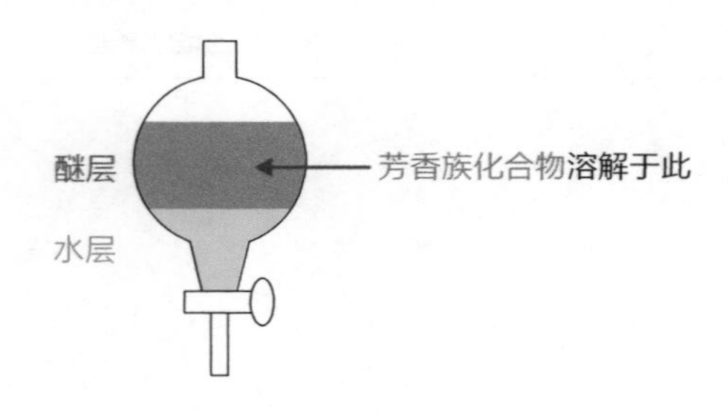

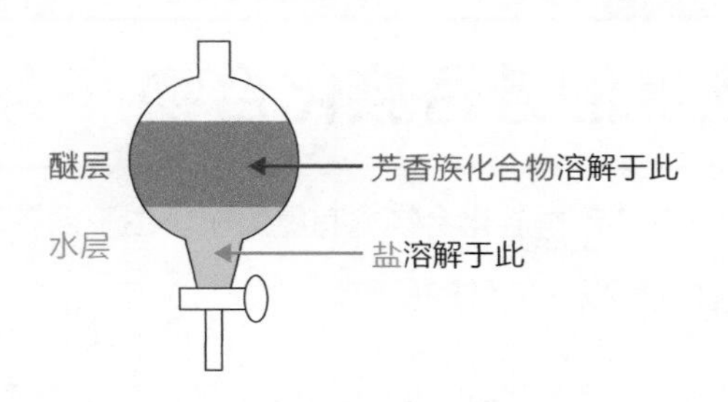

所以，打开上方的玻璃塞和下方的活塞排出水层，就能将变成盐的部分分离。这样一来，分液漏斗中留下的就只有芳香族化合物了。

有机化合物分离的具体示例

下面我们将介绍如何从乙醚溶液中分离混合在一起的苯胺、苯甲酸、苯酚和硝基苯。

首先，加入盐酸。于是，唯一的碱性物质苯胺反应生成盐并且溶解于水层。

其次，向醚层加入碳酸氢钠溶液。于是，在生成二氧化碳的同时，比碳酸更强的酸——苯甲酸就变成了盐并转移到水层。

再次，向醚层加入氢氧化钠溶液。在剩下的两种物质中，只有苯酚（酸性物质）能与氢氧化钠溶液发生反应，随后转化成苯酚钠（盐类物质）并向水层转移。

最后，只剩下硝基苯没有参与任何反应，依然在醚层中。

在了解物质会根据其性质分别溶于水层和醚层后，有机化合物的分离就变得易如反掌了。

入门 ★★★　　实用 ★★★★　　考试 ★★

13 含氮的芳香族化合物

有些芳香族化合物含有氮原子。由于含有氮原子，这类化合物能够发生特殊的反应。

要点

苯胺和硝基苯的性质

苯环上的一个氢原子被氨基（$-NH_2$）取代后成为苯胺，而氢原子被硝基（$-NO_2$）取代后则成为硝基苯。

二者外观相似，性质却完全不同。现将两者的性质归纳并做以下对比。

苯胺和硝基苯的性质

苯胺

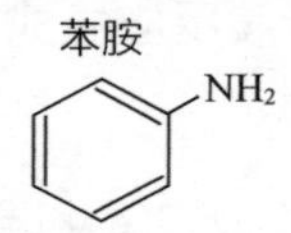

- 水溶液呈弱碱性
- 加入漂白粉后变成紫色
- 被重铬酸钾氧化后可以得到不溶于水的黑色物质（苯胺黑）

硝基苯

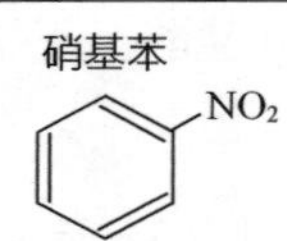

- 水溶液呈中性
- 有苦杏仁味
- 淡黄色的油状液体
- 密度大于水

苯胺和硝基苯的关系

硝基苯被还原后可以得到苯胺，这同时也是苯胺的一种制备方法。

- 苯胺的制备方法（硝基苯还原法）

向硝基苯中加入锡（或铁）和盐酸并加热。

$$C_6H_5NO_2 \xrightarrow[\triangle]{+Sn、HCl} C_6H_5NH_2 \cdot HCl$$

硝基苯 → 盐酸苯胺

于是，硝基苯被锡和盐酸还原成苯胺。但由于苯胺是碱性物质，很快就会与盐酸发生中和反应。

$$C_6H_5NH_2 + HCl \longrightarrow C_6H_5NH_2 \cdot HCl$$

为了使苯胺（弱碱）处于游离状态，需要再次向反应物中加入氢氧化钠（强碱）

$$C_6H_5NH_2 \cdot HCl + NaOH \longrightarrow C_6H_5NH_2 + NaCl + H_2O$$

盐酸苯胺 → 苯胺

有机化合物一般具有不易溶于水的性质和亲脂性。苯胺也是一种不易溶于水的物质。

我们现将其转化为**盐酸苯胺**，由于盐酸苯胺能够电离，可以将其萃取至水中。

接下来，在萃取出的盐酸苯胺溶液中加入氢氧化钠，随即生成油状的苯胺。苯胺的密度小于水，因此会漂浮于上层。

如果要将其分离，只需要加入乙醚进行进一步萃取即可（二者均具有亲脂性，所以苯胺能够溶于乙醚溶液）。

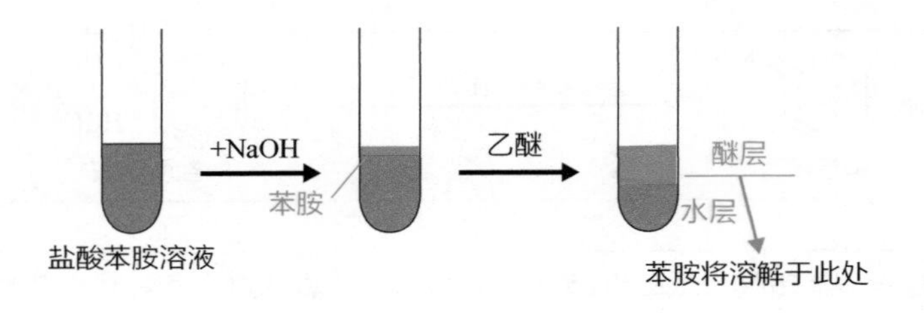

偶氮染料的合成

苯胺的另一个重要反应是用来**合成偶氮染料**。偶氮染料的生产需要经过**重氮化和偶合反应**这两个阶段。

- 偶氮染料的合成

$$C_6H_5NH_2\text{（苯胺）} + NaNO_2 + 2HCl \longrightarrow C_6H_5N^+\equiv NCl^-\text{（氯化重氮苯）} + NaCl + 2H_2O$$

R−N⁺≡NX⁻（R代表烃基；X⁻代表某−1价的阴离子），具有这种结构的物质被称为重氮盐，其生产反应叫作重氮化

⇩

偶合反应：氯化重氮苯与苯酚钠反应

$$C_6H_5N^+\equiv NCl^- + C_6H_5ONa\text{（苯酚钠）} \longrightarrow C_6H_5{-}N{=}N{-}C_6H_4{-}OH\text{（对羟基偶氮苯）} + NaCl$$

※ 这种重氮盐与酚类的反应属于偶合反应的一种

带有偶氮基（−N=N−）的化合物被称为**偶氮化合物**。因为偶氮基有显色作用，所以偶氮化合物常被用于生产染料（偶氮染料）和颜料（偶氮颜料）。上文出现的对羟基偶氮苯是一种呈橙红色的染料。

结束语

与其走马观花般地学习，不如进行深入的研究。工作与生活中一定有运用到物理知识、化学知识的时刻。本书中具体展示了物理知识和化学知识的实用性并介绍了它们的应用场景。

毫无疑问，阅读本书对不需要直接应用物理知识和化学知识的人同样大有裨益。在阅读中，读者能够意识到自己曾运用过的物理知识、化学知识，曾在无意之间从物理知识与化学知识中受益。

如今是一个计算机技术飞速发展的时代，单凭一台小小的智能手机已经能够做到许多事情，这在10年前是无法想象的。

在学会智能手机的使用方法之后，如果还能熟悉它的工作原理，或许可以更充分地利用智能手机。说不定，在智能手机的工作原理中还蕴藏着莫大的商机。在高新技术领域，物理知识、化学知识是必备的基础。其实，正确无误的知识正是催生新发现的种子！

另外，为了服务备战高考的考生，本书特别对重点考试内容进行了有针对性的提炼和讲解（对中国高考同样适用）。

本书的编排结构特殊，目的在于满足不同人群的阅读需求。愿读者朋友能够在阅读本书的同时掌握物理和化学两个领域的知识。

泽信行

2021年9月